21世纪高等职业教育机电类规划教材
21 Shiji Gaodeng Zhiye Jiaoyu Jidianlei Guihua Jiaocai

AutoCAD中文版机械制图习题集

AutoCAD ZHONGWENBAN JIXIE ZHITU XITIJI

姜勇 姜军 郑金 王定保 编著

人民邮电出版社
北京

精品系列

图书在版编目（CIP）数据

AutoCAD中文版机械制图习题集 / 姜勇等编著. --
北京 ：人民邮电出版社，2009.10（2015.4 重印）

21世纪高等职业教育机电类规划教材
ISBN 978-7-115-20213-0

Ⅰ. ①A… Ⅱ. ①姜… Ⅲ. ①机械制图：计算机制图
—应用软件，AutoCAD 2009—高等学校：技术学校—习题
Ⅳ. ①TH126-44

中国版本图书馆CIP数据核字(2009)第157696号

21 世纪高等职业教育机电类规划教材

AutoCAD 中文版机械制图习题集

◆ 编　著　姜　勇　姜　军　郑　金　王定保
责任编辑　李育民

◆ 人民邮电出版社出版发行　北京市丰台区成寿寺路 11 号
邮编　100164　电子邮件　315@ptpress.com.cn
网址　http://www.ptpress.com.cn
北京京华虎彩印刷有限公司印刷

◆ 开本：787×1092　1/16
印张：10.5　2009 年 10 月第 1 版
字数：258 千字　2015 年 4 月北京第 1 次印刷

ISBN 978-7-115-20213-0

定价：21.00 元

读者服务热线：(010)81055256　印装质量热线：(010)81055316
反盗版热线：(010)81055315

内容提要

本书提供了大量典型习题，还对有一定难度的习题给出了作图步骤提示。全书习题安排由易到难，系统而全面，既有基本命令及作图方法的练习，也有难度较大的综合性练习，对初学者及有一定基础的读者都有很高的参考价值。

全书分为3篇，共15章，主要内容有基本绘图及编辑命令练习、作图及编辑技巧练习、复杂平面图形综合练习、组合体三视图及零件表达方法练习、书写文字及标注尺寸练习、绘制复杂零件图练习、使用图块及属性练习、轴测图绘制练习、基本三维造型及编辑命令练习、构建复杂实体模型练习等。

本书可作为高职高专、中职中专机械类及相关专业的教学用书，也可作为工程设计人员及计算机爱好者学习AutoCAD时的参考资料及相关培训班的培训教材。

从书前言

目前，高职高专教育已经成为我国普通高等教育的重要组成部分。在高职高专教育如火如荼的发展形势下，高职高专教材也百花齐放。根据教育部发布的《关于全面提高高等职业教育教学质量的若干意见》（简称16号文）的文件精神，本着为进一步提高高等教育的教学质量服务的根本原则，同时针对高职高专院校机电一体化、数控、模具类专业教学思路和方法的不断改革和创新，人民邮电出版社精心策划了这套高质量、实用型的教材——“21世纪高等职业教育机电类规划教材”。

本套教材主要遵循“以就业为导向，工学结合”的原则，以实用为基础，根据企业的实际需求进行课程体系设置和相应教材内容的选取，注重提高案例教学的比重，突出培养机械类应用型人才解决实际问题的能力，满足高等职业教育“社会评估”的教学特征。本套教材中的每一部作品都特色鲜明，集高质量与实用性于一体。

本套教材中绝大多数品种是我社多年来高职高专机电类精品教材的积淀，经过了广泛的市场检验，赢得了广大师生的认可。为了适应新的教学要求，紧跟新的技术发展，我社再一次组织了广泛深入的调研，组织了上百名教师、专家对原有教材做认真的分析和研讨，在此基础上重新修订出版。本套教材中还有一部分品种是首次出版，其原稿也在教学过程中多次使用，是教师们多年来教学经验的总结，集中反映了高等职业教育近几年来教学改革的成果。

本套教材的作者都具有丰富的教学经验和写作经验，思路清晰，文笔流畅。教材充分体现了高职高专教学的特点，深入浅出，言简意赅。理论知识以“够用”为度，突出工作过程导向，突出实际技能的培养。

本套教材配套的教学辅助包充分利用现代技术手段，提供丰富的教学辅助资料，其中包括由电子教案、实例素材、习题库及答案、试卷及答案等组成的一般教辅资料，部分教材还配有由图片、动画或视频等组成的电子课件。

我们期望，本系列教材的编写和推广应用，能够进一步推动我国机电类职业教育的教学模式、课程体系和教学方法的改革，使我国机电类职业教育日臻成熟和完善。欢迎更多的老师参与到本系列教材的建设中来。对本系列教材有任何的意见和建议，或有意向参与本系列教材后续的编审工作，请与人民邮电出版社教材图书出版分社联系，联系方式：010-67170985，maxiaoxia@ptpress.com.cn。

前　言

目前，AutoCAD 已广泛应用于工程设计领域，它不但能帮助技术人员提高设计水平及工作效率，还能输出清晰、整洁的图纸，这些都是手工绘图无法做到的。从某种意义上讲，掌握了 AutoCAD，就等于拥有了更先进、更标准的“语言工具”。

学习 AutoCAD 并不是一件难事，最重要的一点就是“练习”。练习要循序渐进，而且要有系统性。只有通过实战演练，才能切实掌握绘图的基本原理和方法，获得应用技巧，并真正提高解决问题的能力。一般 AutoCAD 教材后都配有部分习题，但习题量比较少，不少老师需要到处去找题。本套书的特点就是题量大，练习多，由简到难，不但能充分满足教师上课所需要的案例，还能充分满足学生通过大量的练习去掌握软件使用的需要。

本书所有习题都是具有很高实用性的典型实例，包括基本命令练习、作图方法练习、应用技巧练习，以及难度较大的综合性练习等。这些习题涵盖了 AutoCAD 的大部分功能，已经学习了 AutoCAD 基本命令的读者可通过本书提供的练习来巩固所学的知识，并快速提高 AutoCAD 的应用水平。书中对有一定难度的习题都给出了作图步骤提示。

本书部分习题的绘制过程录制成了视频，并与素材文件和结果文件一起放在人民邮电出版社教学服务与资源网（www.ptpedu.com.cn）上。

本书可作为高职高专、中职中专机械类及相关专业的教学用书，也可作为相关培训班的培训教材，还可供工程设计人员及计算机爱好者学习 AutoCAD 时参考。

本书由姜勇、姜军、郑金、王定保编著，参加本书编写工作的还有赵永华、沈精虎、黄业清、宋一兵、谭雪松、向先波、冯辉、郭英文、计晓明、董彩霞、郝庆文、滕玲、管振起等。嘉兴职业技术学院的赵永华老师对本书的编写提出了很多建议和意见，在此表示感谢。由于作者水平和经验有限，书中难免有欠妥和错误之处，恳请读者批评指正。

编者

2009 年 9 月

目　录

第1篇　基础练习

第 2 篇 机械制图练习

第 3 篇 三维建模练习

第1篇

基础练习

本篇的内容是针对 AutoCAD 初学者设计的，如果读者已经掌握了 AutoCAD 的一些基本作图命令，就可以通过此部分提供的练习巩固所学的知识，并达到灵活运用的水平，从而为绘制复杂图形打下坚实的基础。

本篇包括以下主要内容。

- 创建二维图形实体。
- 编辑图形的方法。
- 平面作图的一般方法。
- 绘制及编辑图形的技巧。
- 组合体视图及零件表达方法。
- 添加文字注释及标注尺寸。

第 1 章　绘图命令练习

1.1　设置图层、线型比例及作图区域的大小

【练习 1-1】 创建图层，设定线型比例及作图区域的大小。

1. 利用 AutoCAD 的样板文件 "acad-Named Plot Styles.dwt" 来创建新图形。

2. 进入绘图空间，创建图层，图层的属性如表 1-1 所示。

表 1-1　图层的属性

名　称	颜　色	线　型	线　宽
轮廓线	白色	Continuous	0.5
中心线	红色	Center	默认
虚线	黄色	Dashed	默认
双点划线	粉色	Phantom	默认

3. 利用 LIMITS 命令设定绘图区域的大小为 800×800。打开栅格显示，设定栅格沿 x、y 方向的间距为 20，再将绘图区域范围内的栅格充满整个图形窗口并显示出来。

4. 关闭栅格，打开正交模式及线宽显示，分别在轮廓线层、中心线层、虚线层及双点划线层上绘制线段，设置线段的长度约为 500，结果如图 1-1（a）所示。设定全局线型比例因子为 10，结果如图 1-1（b）所示。

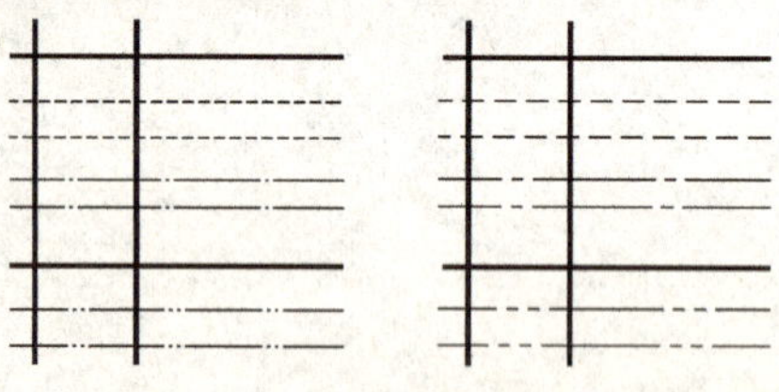

（a）　（b）

图 1-1

【练习 1-2】 修改对象所在的图层，改变对象的颜色及线宽。

1. 打开素材文件 "\dwg\第 01 章\1-2.dwg"。

2. 利用【图层】工具栏上的【图层控制】下拉列表中的选项将线框 *A* 修改到轮廓线层上。

3. 利用【标准】工具栏上的特性匹配工具 将线框 *B* 修改到轮廓线层上。

4. 利用【对象特性】工具栏上的【线型控制】下拉列表中的选项将线段 *C*、*D* 修改为中心线，再利用【颜色控制】下拉列表中的选项将线段 *C*、*D* 的颜色修改为红色。

5. 利用【对象特性】工具栏上的【线宽控制】下拉列表中的选项将线框 *A*、*B* 的线宽修改为 0.70，结果如图 1-2 所示。

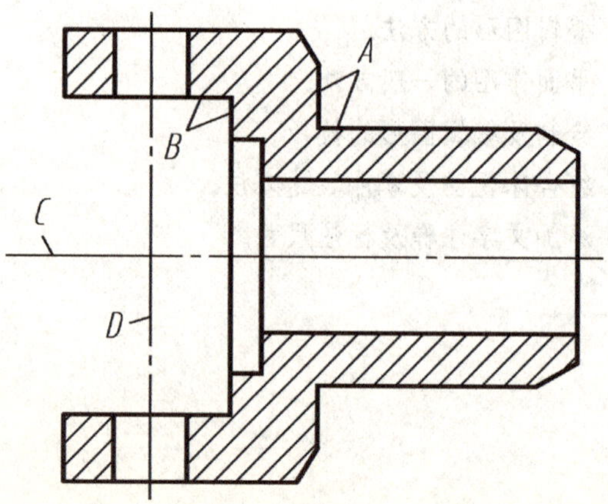

图 1-2

1.2　输入点的坐标绘制线段

【练习 1-3】 利用点的绝对直角坐标或相对直角坐标绘制图 1-3 所示的图形。

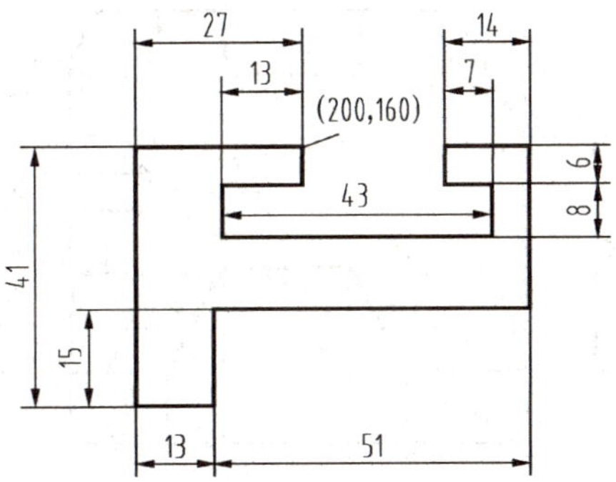

图 1-3

【练习 1-4】 利用点的绝对直角坐标或相对直角坐标绘制图 1-4 所示的图形。

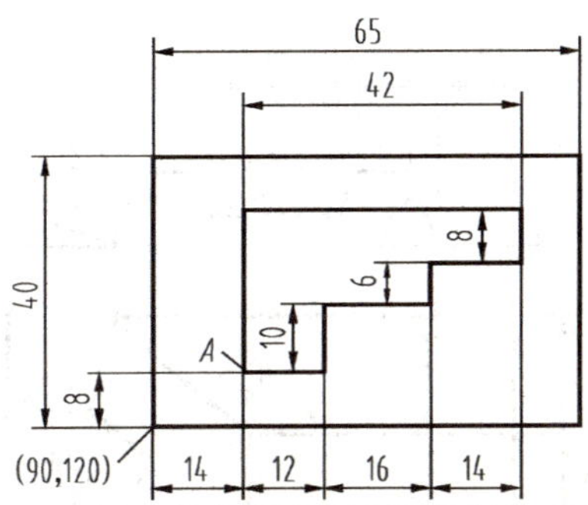

图 1-4

要点提示 点 *A* 可通过正交偏移捕捉“FROM”来确定。

【练习 1-5】利用点的相对直角坐标和相对极坐标绘制图 1-5 所示的图形。

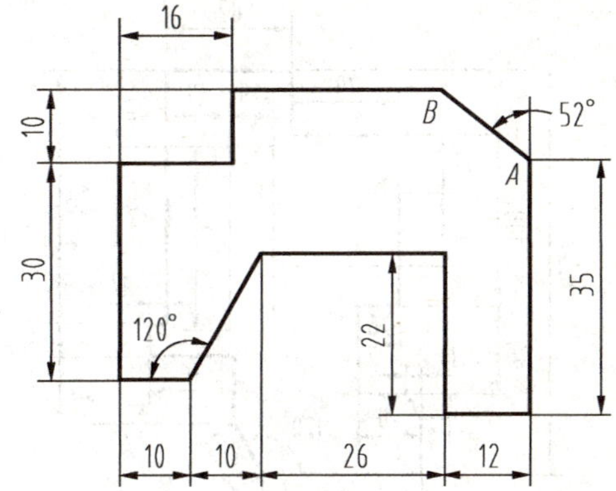

图 1-5

要点提示 利用角度覆盖方式（输入形式为“<角度”）绘制适当长度的线段 *AB*，然后将多余的部分修剪掉。

【练习 1-6】利用点的相对直角坐标和相对极坐标绘制图 1-6 所示的图形。

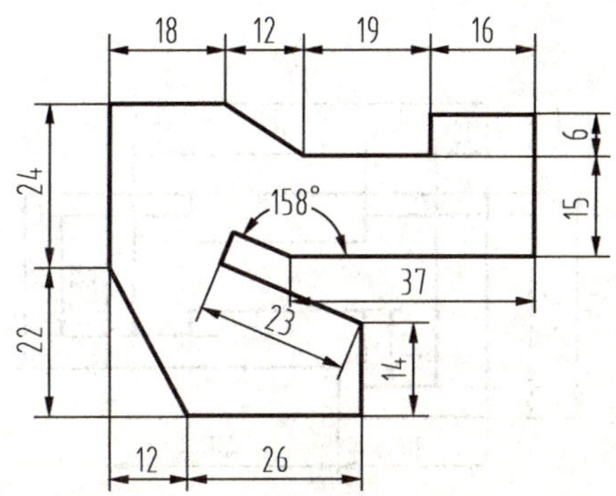

图 1-6

【练习 1-7】利用点的相对直角坐标和相对极坐标绘制图 1-7 所示的图形。

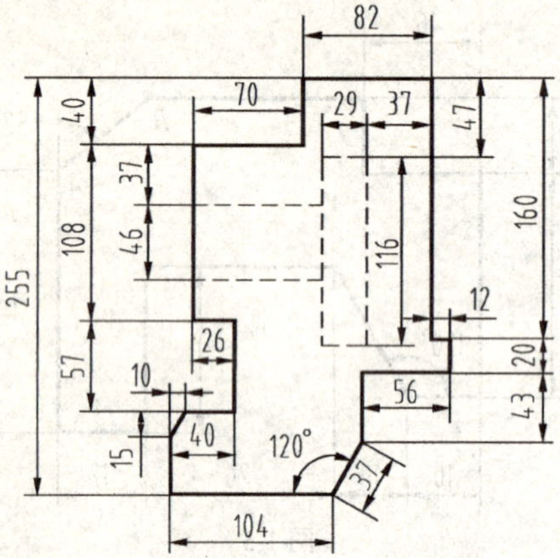

图 1-7

1.3 利用正交模式、极轴追踪模式或动态输入功能绘制线段

【练习 1-8】打开正交模式，通过输入线段的长度绘制图 1-8 所示的图形。

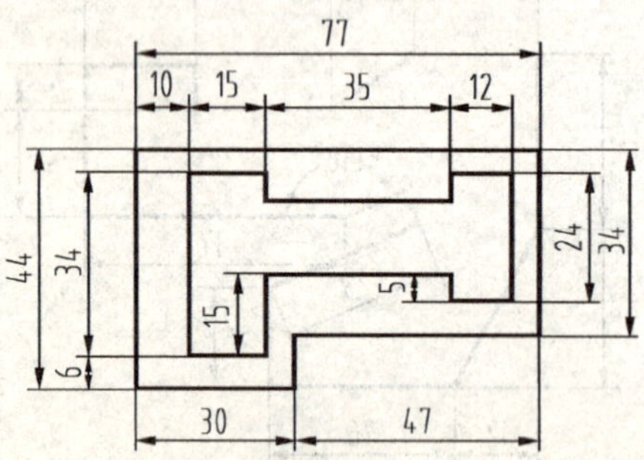

图 1-8

【练习 1-9】设定极轴追踪角度增量为 30°，再打开极轴追踪模式，然后通过输入线段的长度绘制图 1-9 所示的图形。

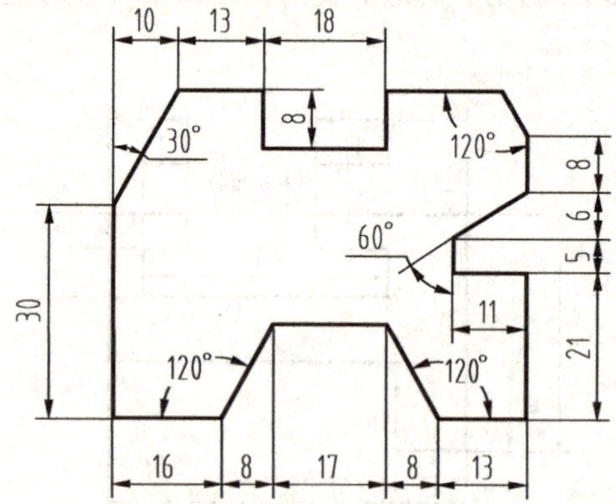

图 1-9

【练习 1-10】 设定极轴追踪角度增量为 10°，再打开极轴追踪模式，然后通过输入线段的长度绘制图 1-10 所示的图形。

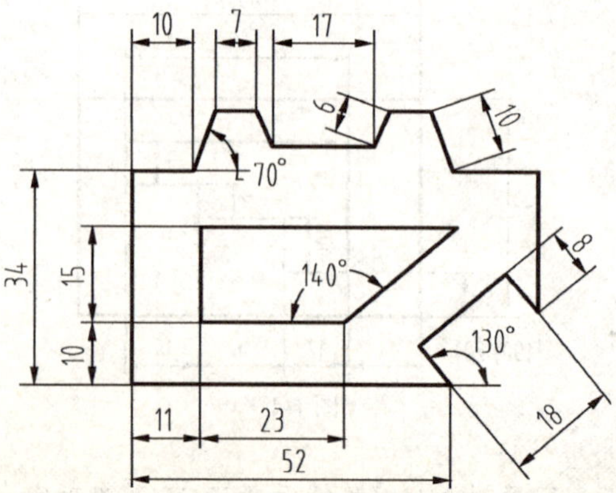

图 1-10

【练习 1-11】 打开动态输入功能，通过指定线段的长度及角度绘制线段，结果如图 1-11 所示。

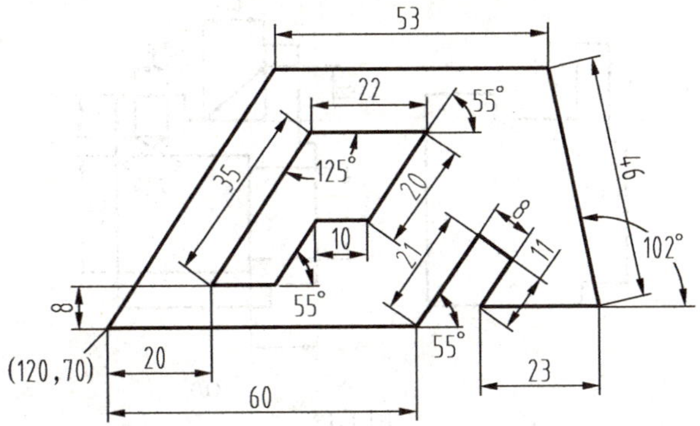

图 1-11

1.4　使用对象捕捉功能精确绘制线段

【练习 1-12】打开素材文件“\dwg\第 01 章\1-12.dwg”，利用 LINE 命令并结合对象捕捉功能将图 1-12（a）修改为图 1-12（b）。

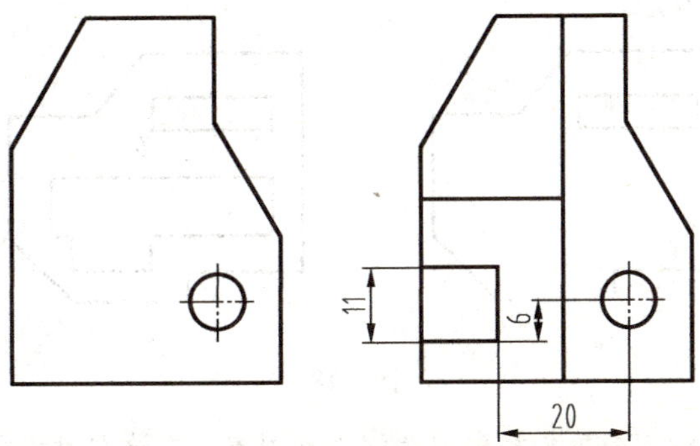

（a）　（b）

图 1-12

【练习 1-13】打开素材文件“\dwg\第 01 章\1-13.dwg”，利用 LINE 命令并结合对象捕捉功能将图 1-13（a）修改为图 1-13（b）。

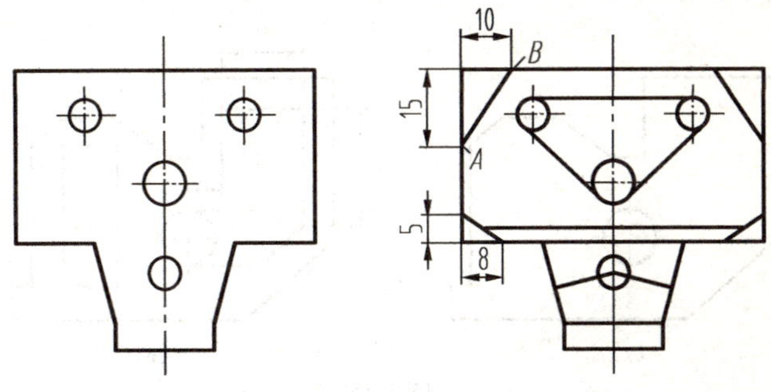

（a）　（b）

图 1-13

要点提示　点 *A*、*B* 可利用延伸捕捉功能“EXT”来确定。

【练习 1-14】 打开素材文件“\dwg\第 01 章\1-14.dwg”，利用 LINE 命令并结合两点间中点捕捉功能，将图 1-14（a）修改为图 1-14（b）。

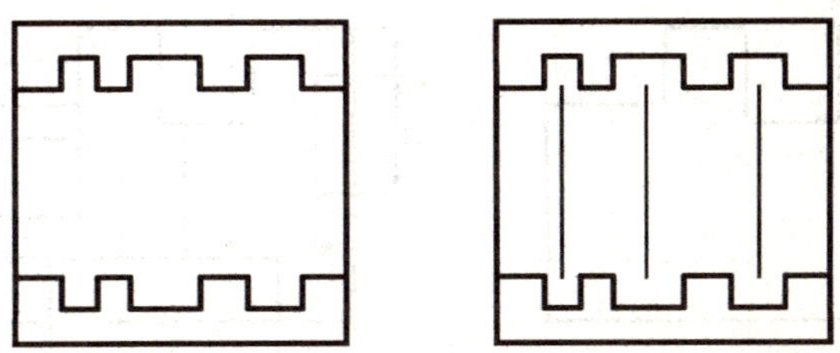

（a）　（b）

图 1-14

【练习 1-15】打开素材文件“\dwg\第 01 章\1-15.dwg”，利用平行捕捉功能“PAR”并结合建立临时追踪点“TT”的方法将图 1-15（a）修改为图 1-15（b）。

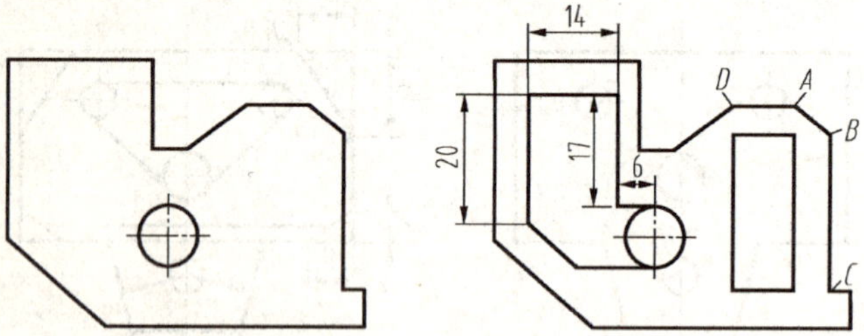

（a）　　　　（b）

图 1-15

要点提示 绘制矩形时，可依次在点 *A*、*B*、*C* 和 *D* 处建立临时追踪点。

1.5　结合极轴追踪、对象捕捉及自动追踪功能绘制线段

【练习 1-16】打开素材文件“\dwg\第 01 章\1-16.dwg”，利用极轴追踪、对象捕捉及自动追踪功能将图 1-16（a）修改为图 1-16（b）。

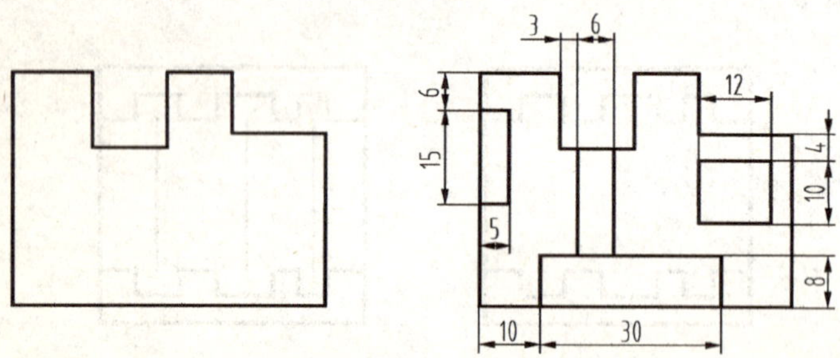

（a）　　　　（b）

图 1-16

【练习 1-17】打开素材文件“\dwg\第 01 章\1-17.dwg”，利用极轴追踪、对象捕捉及自动追踪功能将图 1-17（a）修改为图 1-17（b）。

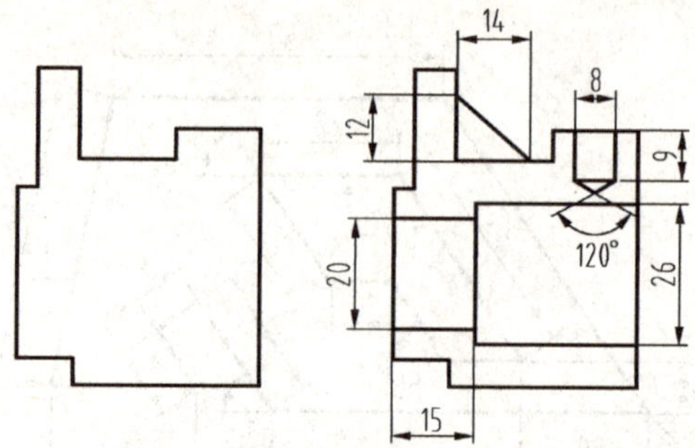

（a）　　　　（b）

图 1-17

要点提示 设置极轴追踪角度增量为 30°，设定自动捕捉类型为端点、中点和交点。

【练习 1-18】打开素材文件“\dwg\第 01 章\1-18.dwg”，利用 LINE 命令并结合极轴追踪、对象捕捉及自动追踪功能将图 1-18（a）修改为图 1-18（b）。

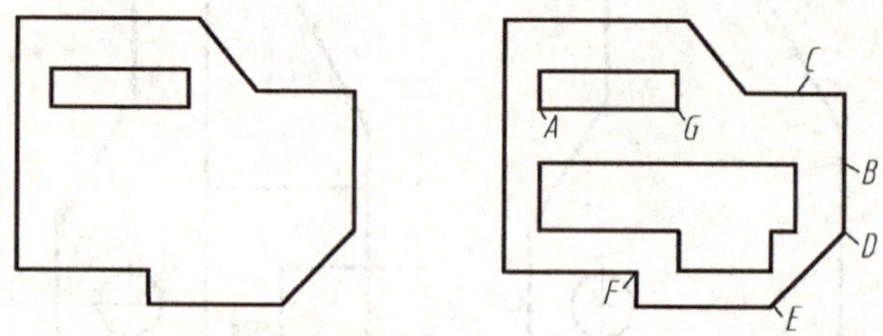

（a）　　　　（b）

图 1-18

要点提示 设定对象捕捉类型为端点和中点。在绘图过程中，依次在点 *A*、*B*、*C*、*D*、*E*、*F* 和 *G* 处建立追踪参考点。

【练习 1-19】利用极轴追踪、对象捕捉及自动追踪功能绘制图 1-19 所示的图形。

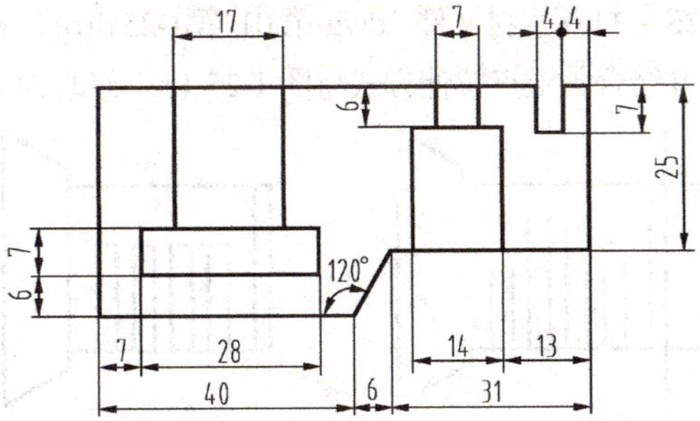

图 1-19

要点提示 设置极轴追踪增量角为 30°，设定对象捕捉类型为端点和交点。

【练习 1-20】利用极轴追踪、对象捕捉及自动追踪功能绘制图 1-20 所示的图形。

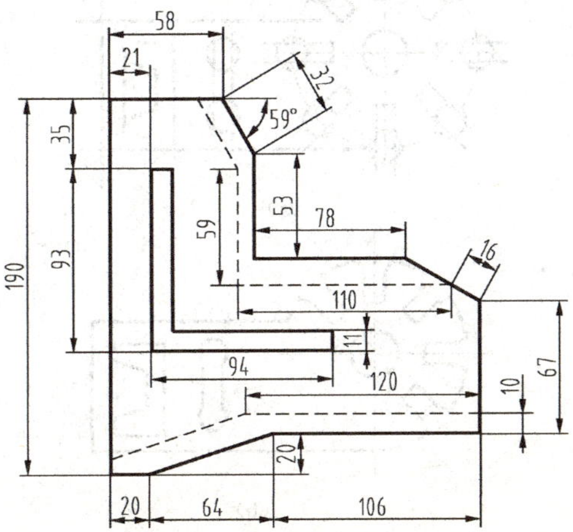

图 1-20

【练习 1-21】利用极轴追踪、对象捕捉及自动追踪功能绘制图 1-21 所示的图形。

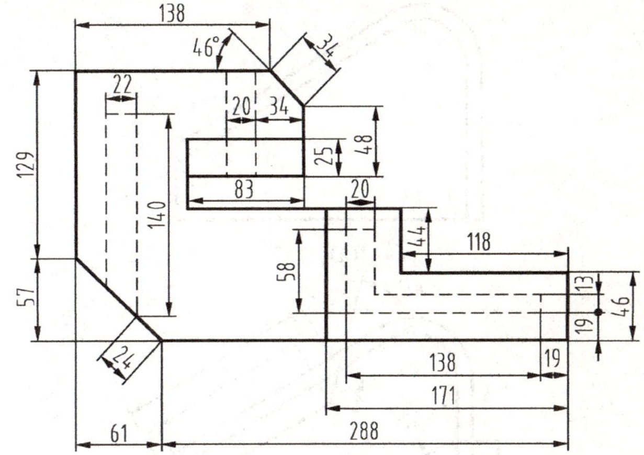

图 1-21

1.6　绘制倾斜线段

【练习 1-22】 打开素材文件“\dwg\第 01 章\1-22.dwg”，利用 XLINE、TRIM 等命令将图 1-22（a）修改为图 1-22（b）。

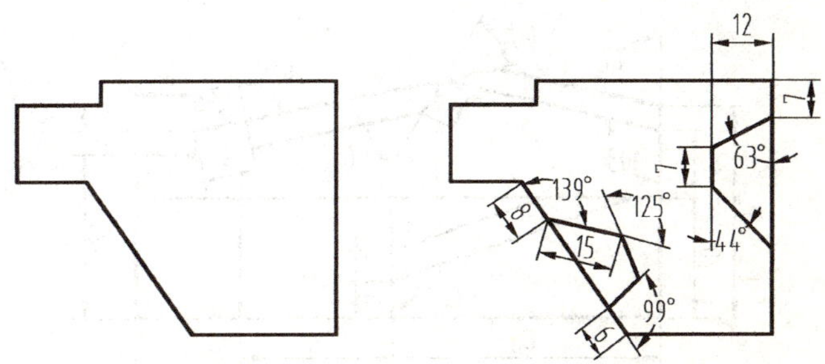

（a）　（b）

图 1-22

【练习 1-23】打开素材文件"\dwg\第 01 章\1-23.dwg"，利用 XLINE 和 TRIM 命令并结合角度覆盖方式将图 1-23（a）修改为图 1-23（b）。

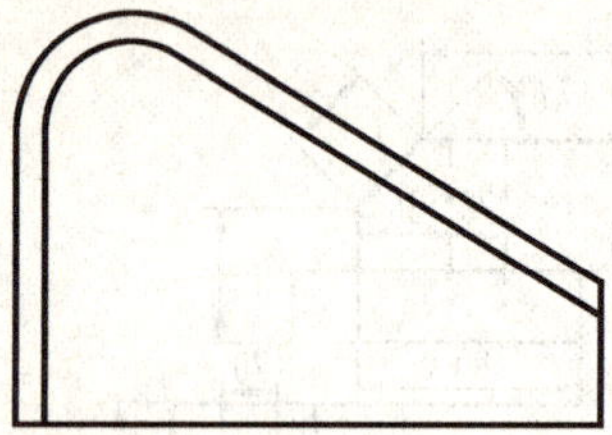

（a）

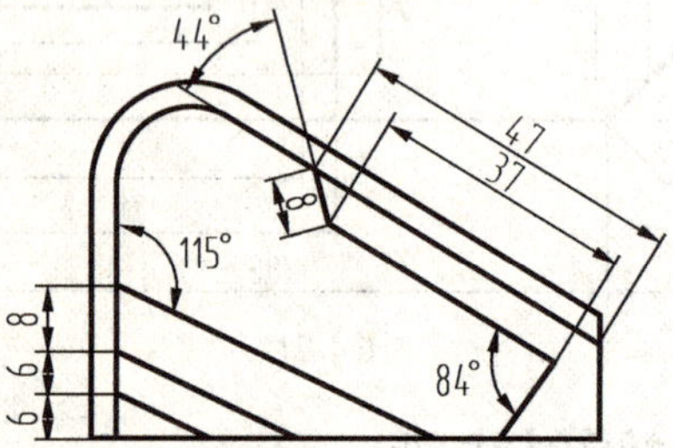

（b）

图 1-23

【练习 1-24】利用 LINE、XLINE 等命令绘制图 1-24 所示的图形。

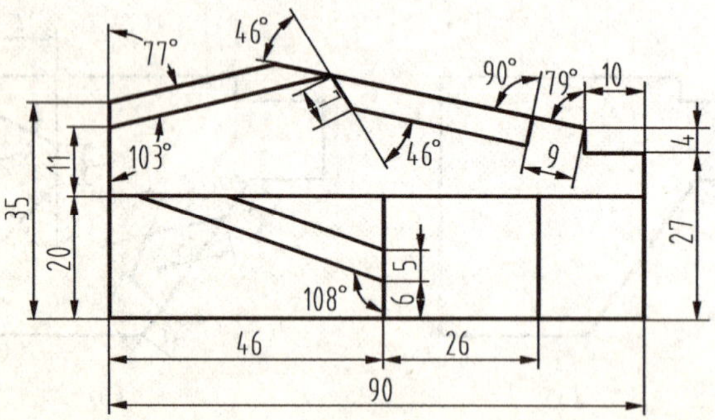

图 1-24

1.7 延伸线条及调整线条的长度

【练习 1-25】打开素材文件"\dwg\第 01 章\1-25.dwg"，利用 EXTEND 和 TRIM 命令并结合关键点拉伸方式将图 1-25（a）修改为图 1-25（b）。

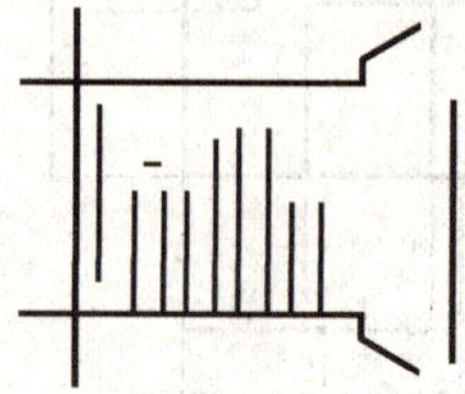

（a）

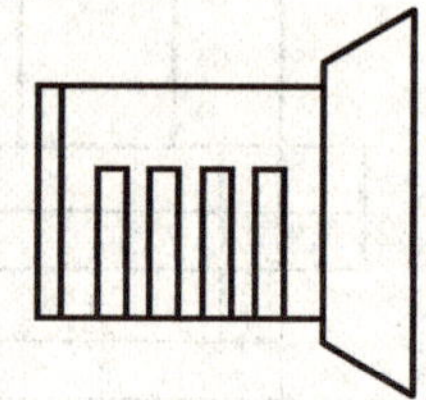

（b）

图 1-25

【练习 1-26】打开素材文件"\dwg\第 01 章\1-26.dwg"，利用 TRIM、EXTEND 及 ERASE 命令将图 1-26（a）修改为图 1-26（b）。

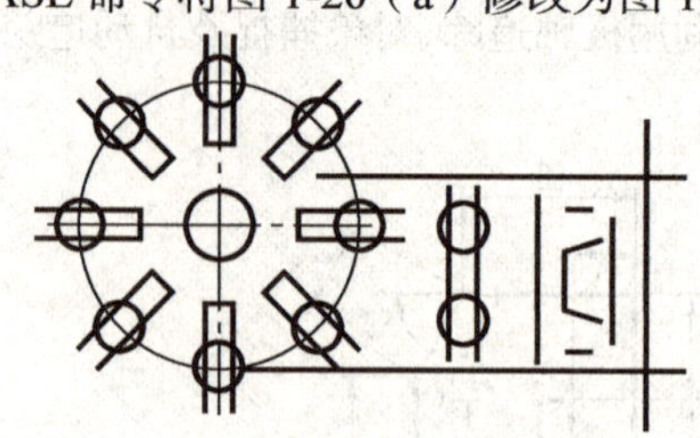

（a）

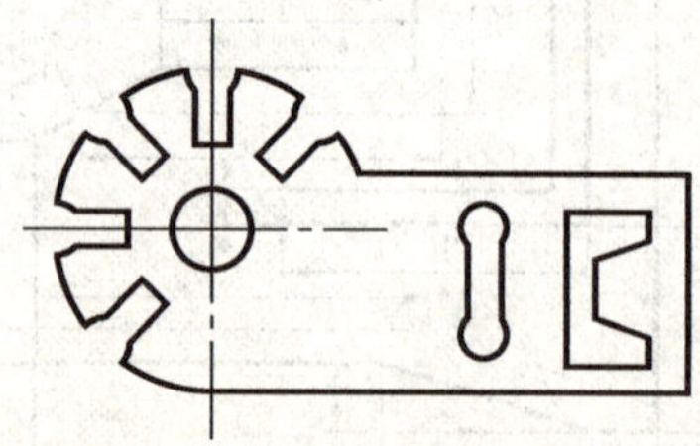

（b）

图 1-26

【练习 1-27】 打开素材文件“\dwg\第 01 章\1-27.dwg”，利用 BREAK 和 ERASE 命令将图 1-27（a）修改为图 1-27（b）。

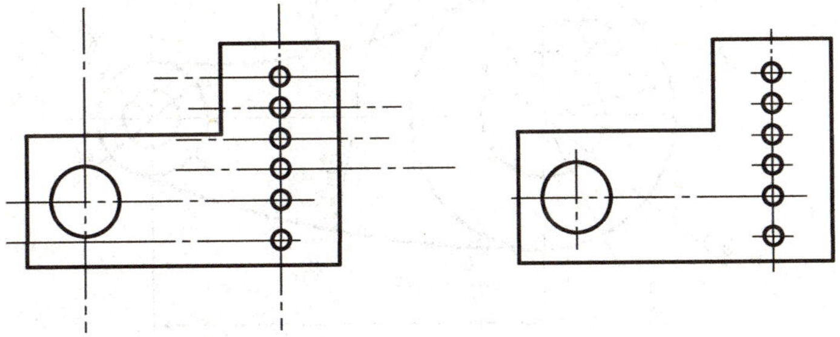

（a）　　　　（b）

图 1-27

【练习 1-28】 打开素材文件“\dwg\第 01 章\1-28.dwg”，利用 LENGTHEN 命令将图 1-28（a）修改为图 1-28（b）。

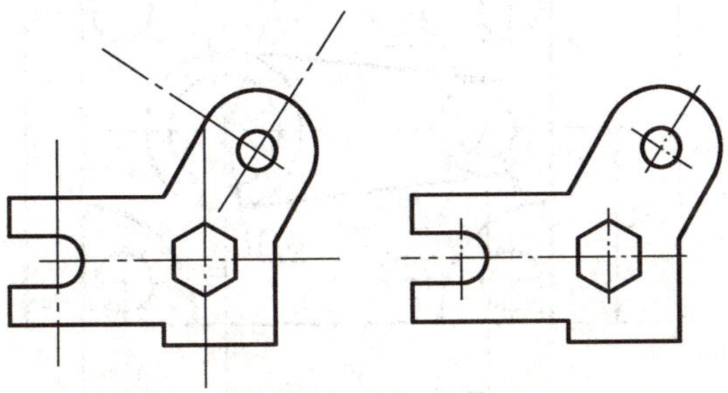

（a）　　　　（b）

图 1-28

【练习 1-29】 打开素材文件“\dwg\第 01 章\1-29.dwg”，利用 LENGTHEN、LINE 等命令将图 1-29（a）修改为图 1-29（b）。

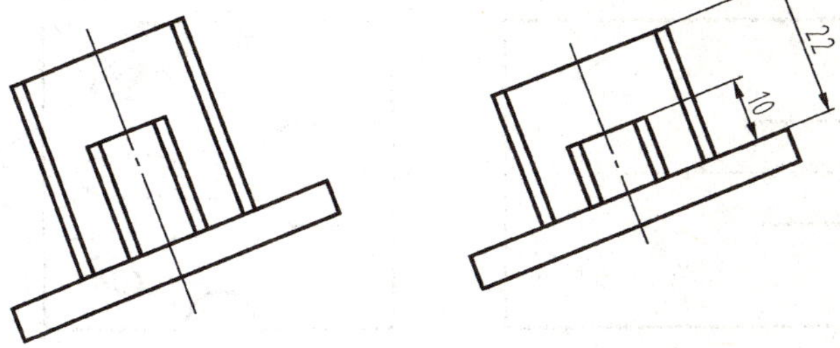

（a）　　　　（b）

图 1-29

1.8 绘制圆和椭圆

【练习 1-30】 打开素材文件“\dwg\第 01 章\1-30.dwg”，利用 CIRCLE 和 TRIM 命令将图 1-30（a）修改为图 1-30（b）。

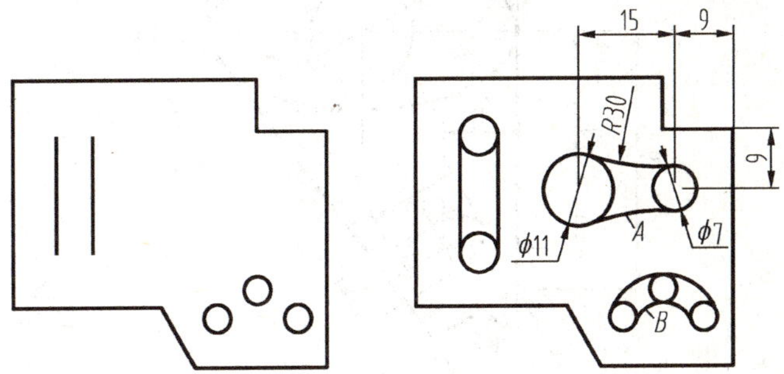

（a）　　　　（b）

图 1-30

要点提示　可分别使用 CIRCLE 命令中的“T”和“3P”选项来绘制圆弧 *A*、*B*。

【练习 1-31】 打开素材文件“\dwg\第 01 章\1-31.dwg”，利用 CIRCLE、ELLIPSE 和 TRIM 命令将图 1-31（a）修改为图 1-31（b）。

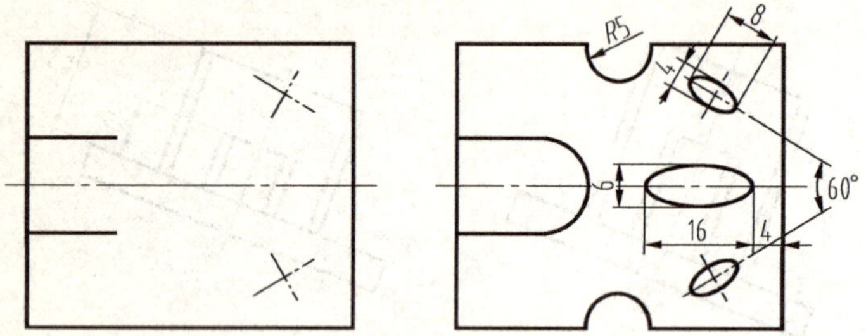

(a)　　(b)

图 1-31

【练习 1-32】 绘制图 1-32 所示的图形。

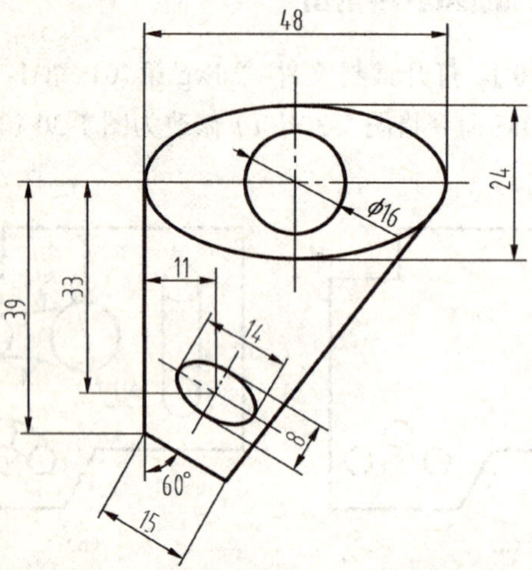

图 1-32

要点提示 利用 ELLIPSE 命令中的“C”选项绘制倾斜椭圆，其中心点可利用正交偏移捕捉功能“FROM”来确定。

【练习 1-33】 绘制图 1-33 所示的图形。

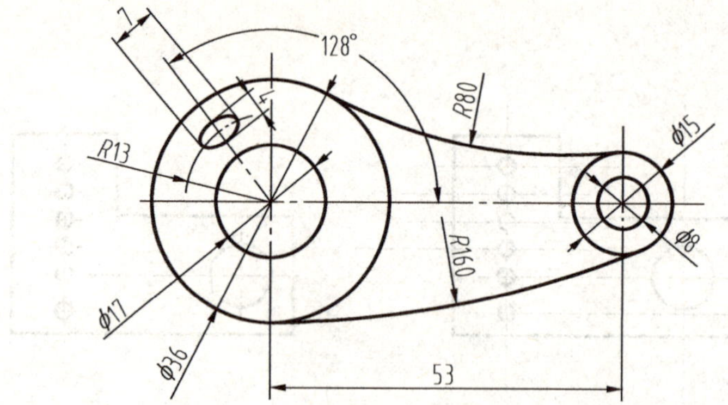

图 1-33

【练习 1-34】 绘制图 1-34 所示的图形。

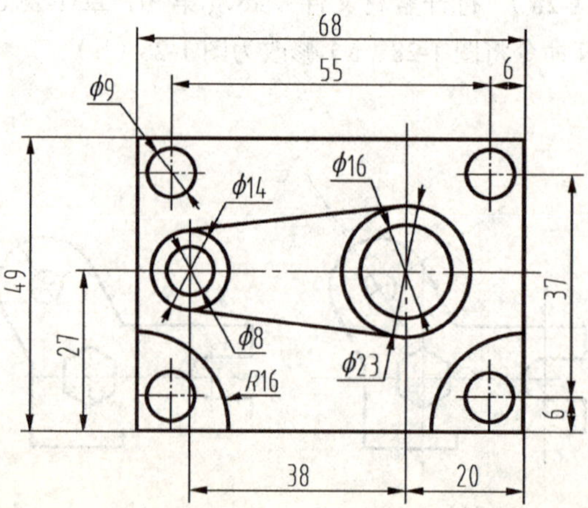

图 1-34

1.9　绘制矩形和正多边形

【**练习 1-35**】 利用 RECTANG 命令绘制图 1-35 所示的图形。

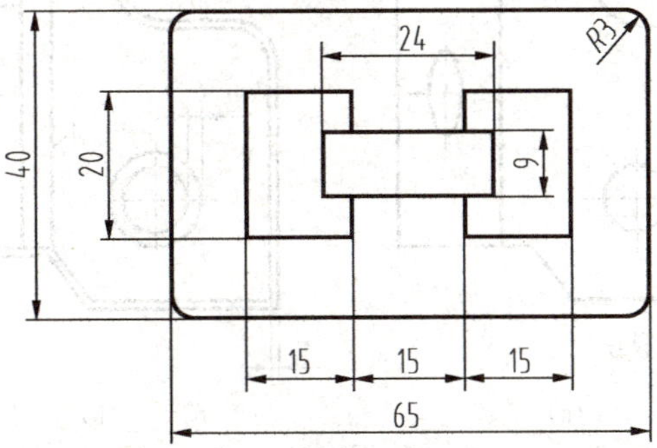

图 1-35

要点提示 利用 RECTANG 命令中的“F”选项来绘制图中的大矩形。

【**练习 1-36**】 利用 POLYGON 和 CIRCLE 命令绘制图 1-36 所示的图形。

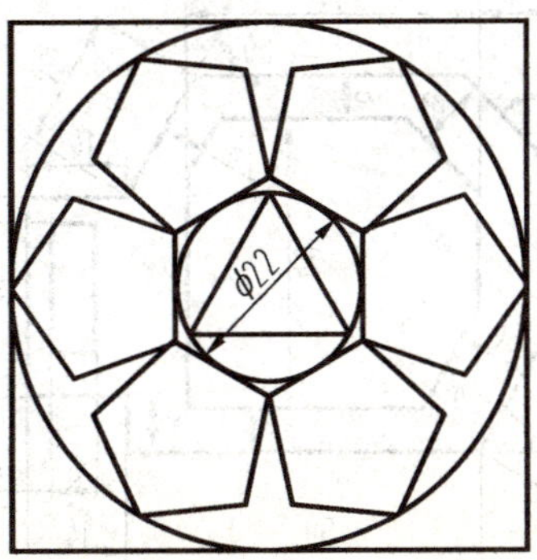

图 1-36

【**练习 1-37**】 绘制图 1-37 所示的图形。

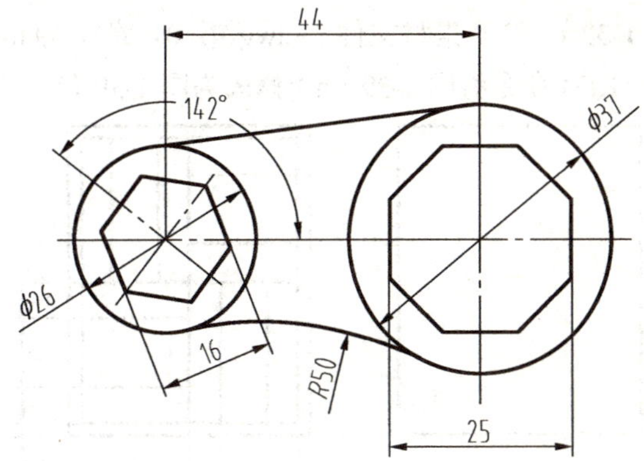

图 1-37

【**练习 1-38**】 绘制图 1-38 所示的图形。

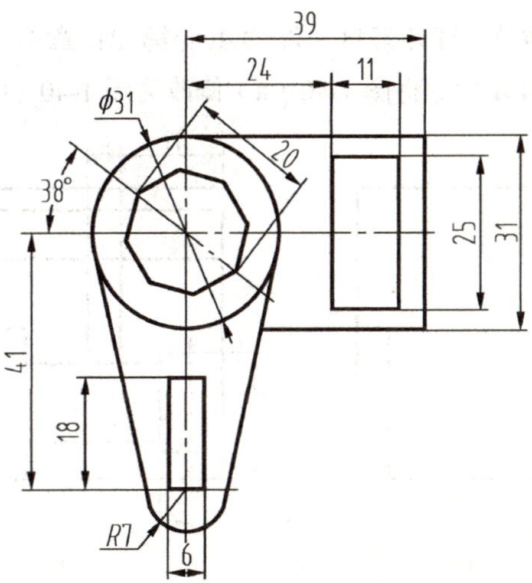

图 1-38

1.10 平行关系

【练习 1-39】 打开素材文件“\dwg\第 01 章\1-39.dwg”，利用 OFFSET 和 TRIM 命令将图 1-39（a）修改为图 1-39（b）。

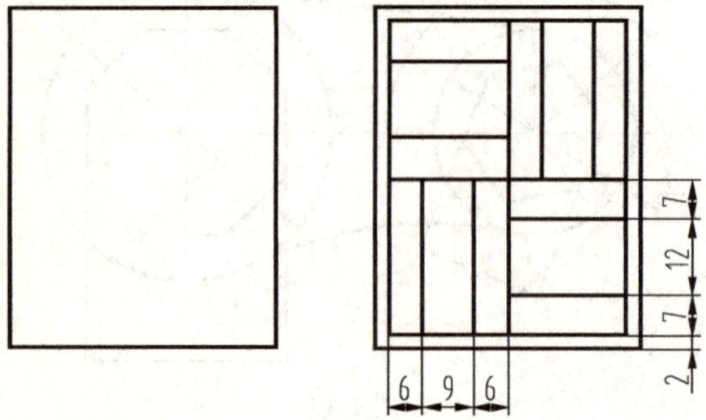

（a）　　　　（b）

图 1-39

【练习 1-40】 打开素材文件“\dwg\第 01 章\1-40.dwg”，利用 OFFSET 和 TRIM 命令将图 1-40（a）修改为图 1-40（b）。

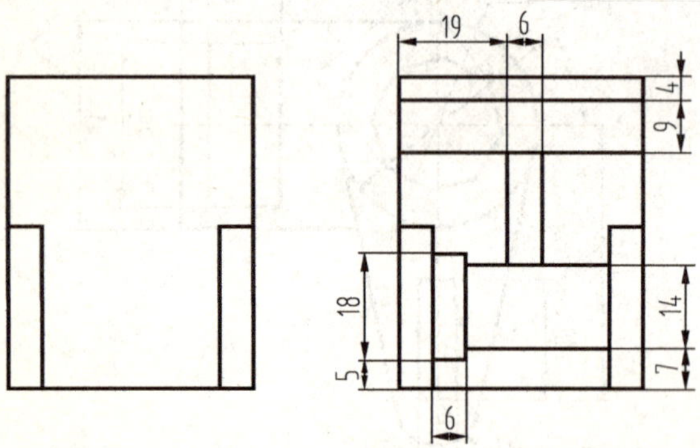

（a）　　　　（b）

图 1-40

【练习 1-41】 打开素材文件“\dwg\第 01 章\1-41.dwg”，利用 OFFSET 命令将图 1-41（a）修改为图 1-41（b）。

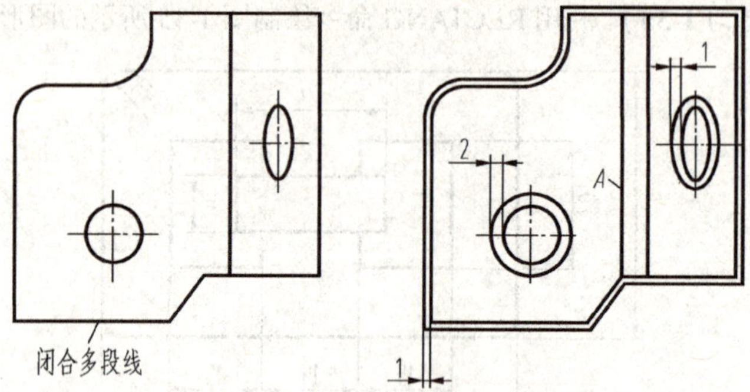

（a）　　　　（b）

图 1-41

要点提示　可利用 OFFSET 命令中的“T”选项来绘制平行线 *A*。

【练习 1-42】 利用 LINE 命令绘制图 1-42 所示的外轮廓线，再利用 OFFSET 命令绘制此图形的内部元素。

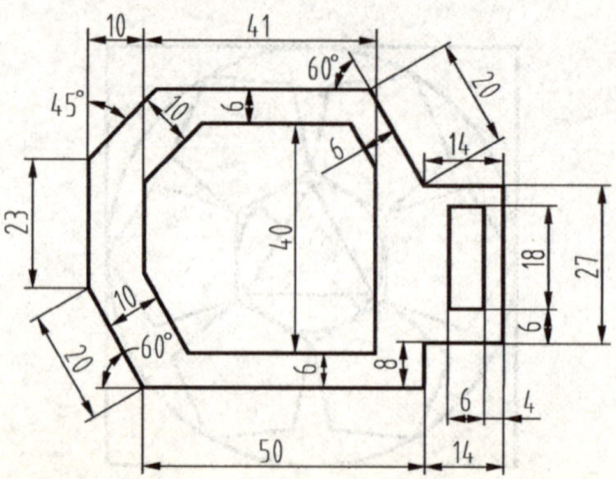

图 1-42

1.11　垂直及倾斜关系

【练习 1-43】打开素材文件 “\dwg\第 01 章\1-43.dwg”，将图 1-43（a）修改为图 1-43（b）。

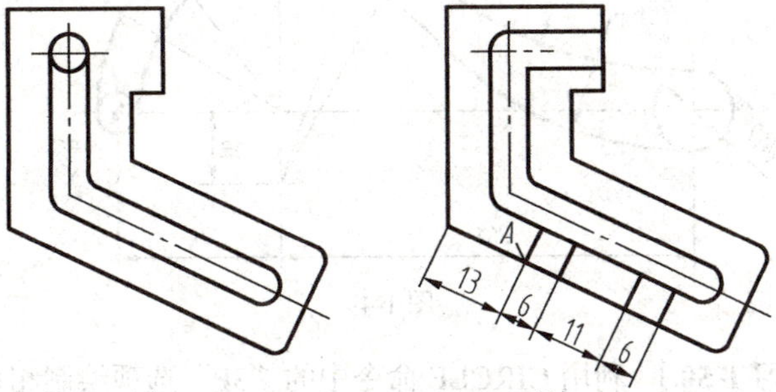

（a）　　　　　　（b）

图 1-43

要点提示 图中的 *A* 点可利用延伸捕捉功能 “EXT” 来确定。

【练习 1-44】打开素材文件“\dwg\第 01 章\1-44.dwg”，利用 XLINE 命令中的 “A” 选项，将图 1-44（a）修改为图 1-44（b）。

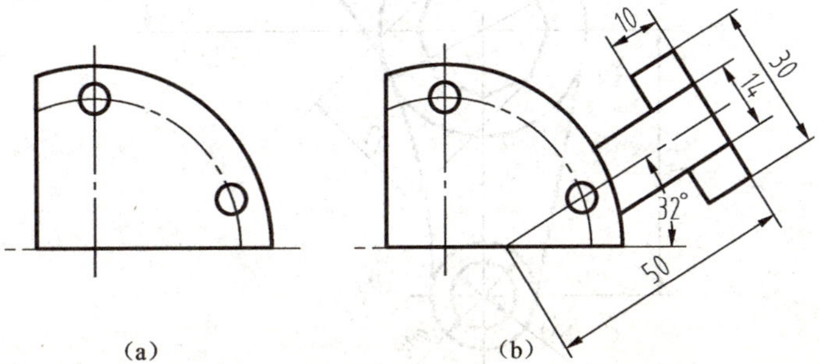

（a）　　　　　　（b）

图 1-44

【练习 1-45】打开素材文件“\dwg\第 01 章\1-45.dwg”，利用 XLINE 命令中的 “A” 选项，并结合延伸捕捉功能 “EXT”，将图 1-45（a）修改为图 1-45（b）。

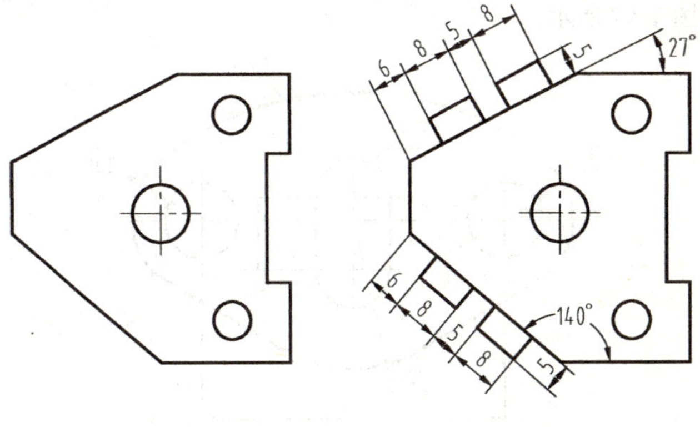

（a）　　　　　　（b）

图 1-45

【练习 1-46】利用 LINE 命令绘制图 1-46 所示的外轮廓线，再利用 XLINE 命令绘制与倾斜轮廓线垂直的线段。

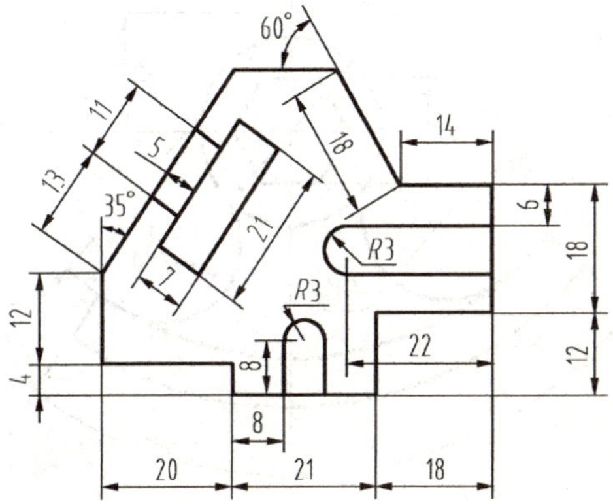

图 1-46

1.12　相切关系

【练习 1-47】 利用 CIRCLE 命令中的“T”选项绘制圆弧连接线，结果如图 1-47 所示。

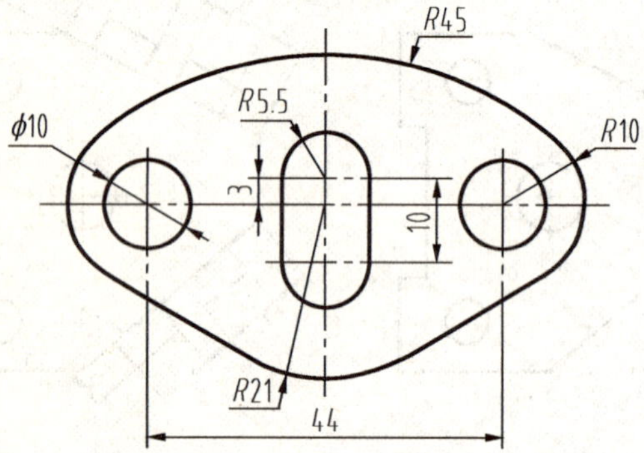

图 1-47

【练习 1-48】 利用 CIRCLE 命令中的“T”选项绘制圆弧连接线，结果如图 1-48 所示。

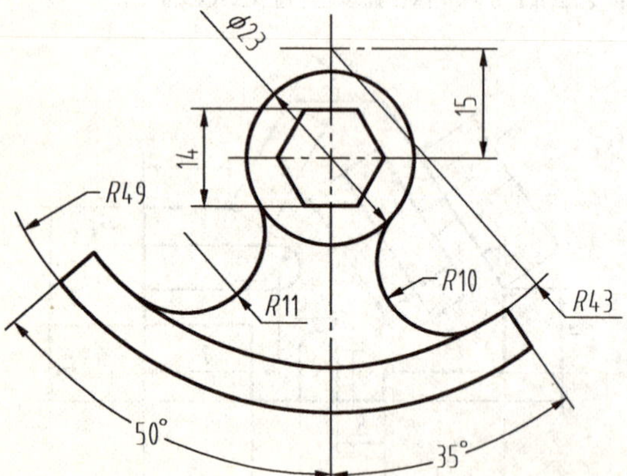

图 1-48

【练习 1-49】 绘制较复杂的圆弧连接线，结果如图 1-49 所示。

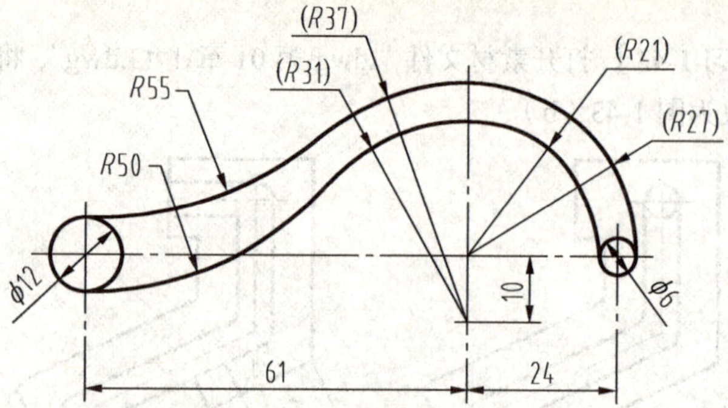

图 1-49

【练习 1-50】 利用 CIRCLE 命令中的“3P”选项绘制相切圆弧，结果如图 1-50 所示。

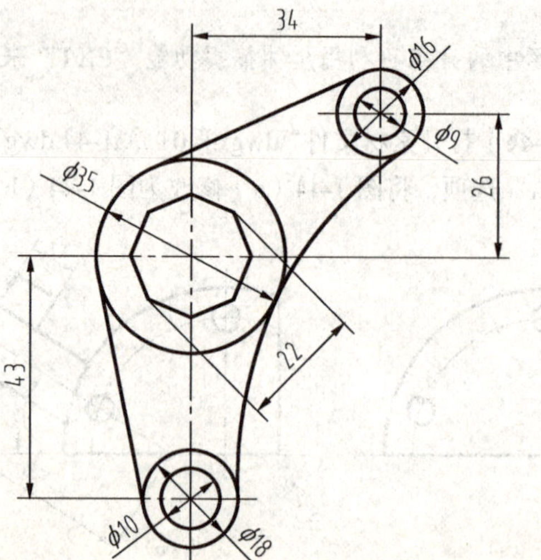

图 1-50

【练习 1-51】绘制圆弧和光滑过渡的椭圆弧，结果如图 1-51 所示。

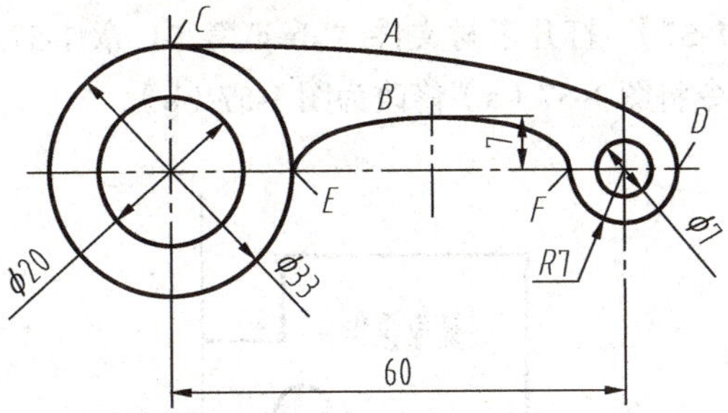

曲线 *A* 是椭圆弧，点 *C*、*D* 分别是短轴、长轴的端点
曲线 *B* 是椭圆弧，点 *E*、*F* 是长轴的端点

图 1-51

1.13　绘制均布几何特征

【练习 1-52】 创建矩形阵列，结果如图 1-52 所示。

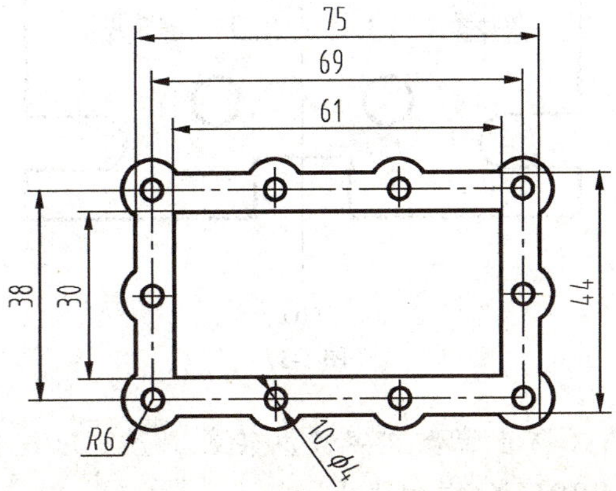

图 1-52

【练习 1-53】 创建环行阵列，结果如图 1-53 所示。

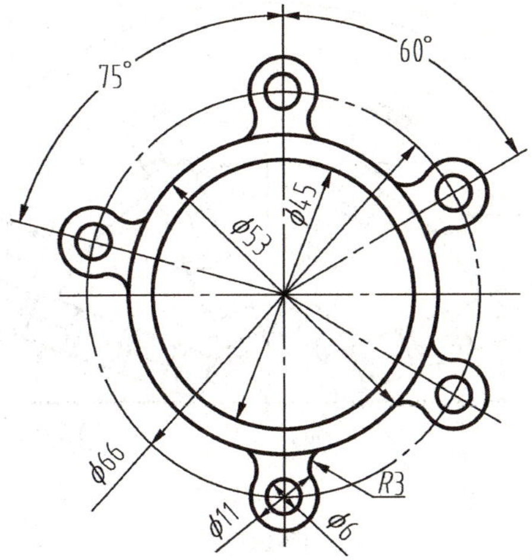

图 1-53

【练习 1-54】 打开素材文件“\dwg\第 01 章\1-54.dwg”，将图 1-54（a）修改为图 1-54（b）。

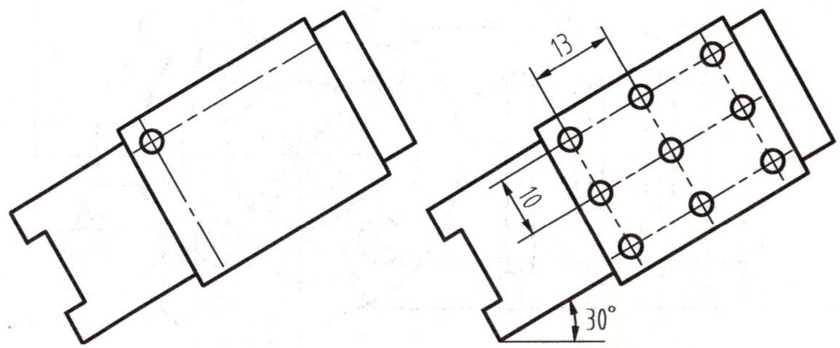

（a）　　（b）

图 1-54

【练习 1-55】 绘制图 1-55 所示的图形。

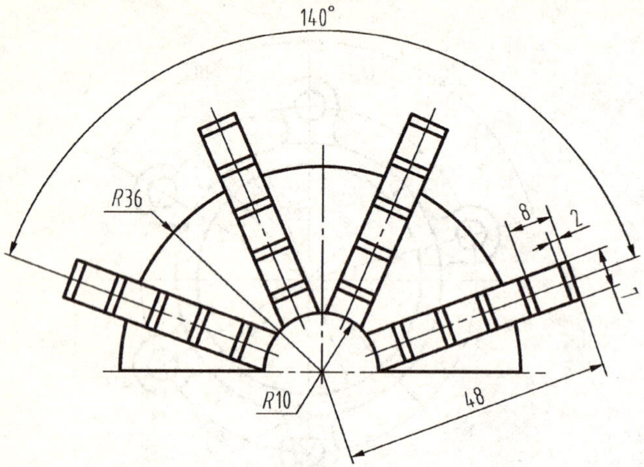

图 1-55

【练习 1-56】 绘制图 1-56 所示的图形。

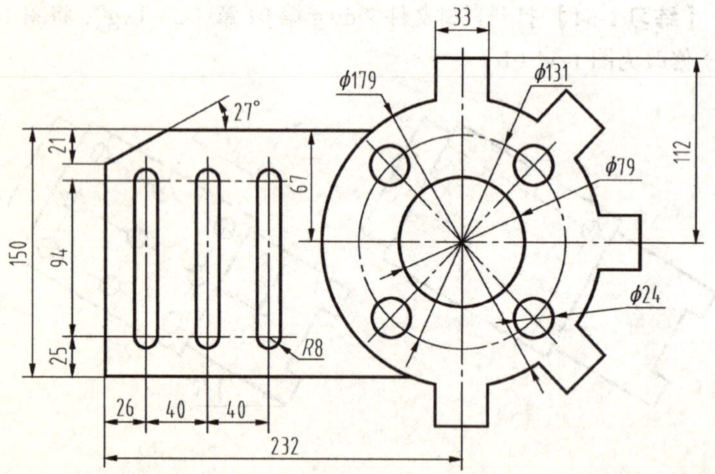

图 1-56

1.14 绘制对称的几何特征

【练习 1-57】 打开素材文件“\dwg\第 01 章\1-57.dwg”，利用 MIRROR 命令将图 1-57（a）修改为图 1-57（b）。

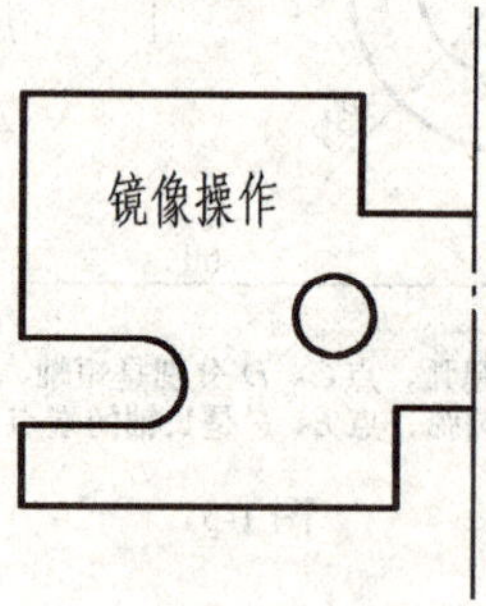

（a）

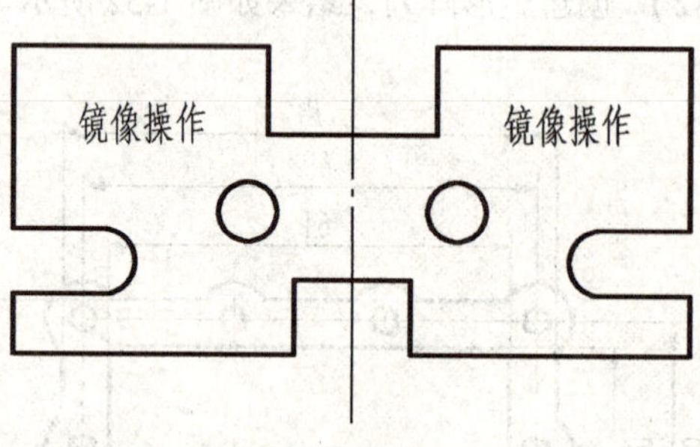

（b）

图 1-57

要点提示 为了防止镜像文字被反转或倒置，应设置系统变量 MIRRTEXT 的值为 0。

【练习 1-58】 绘制图 1-58 所示的对称几何图形。

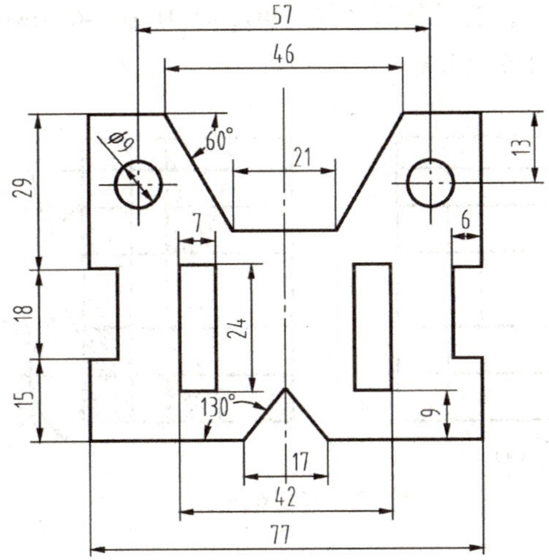

图 1-58

【练习 1-59】 绘制图 1-59 所示的图形。

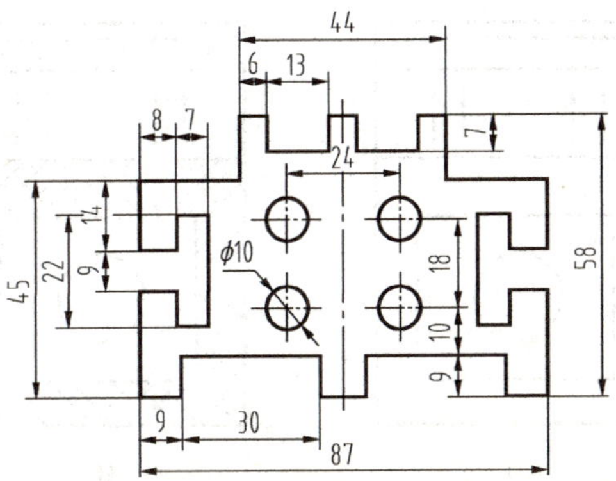

图 1-59

【练习 1-60】 绘制图 1-60 所示的图形。

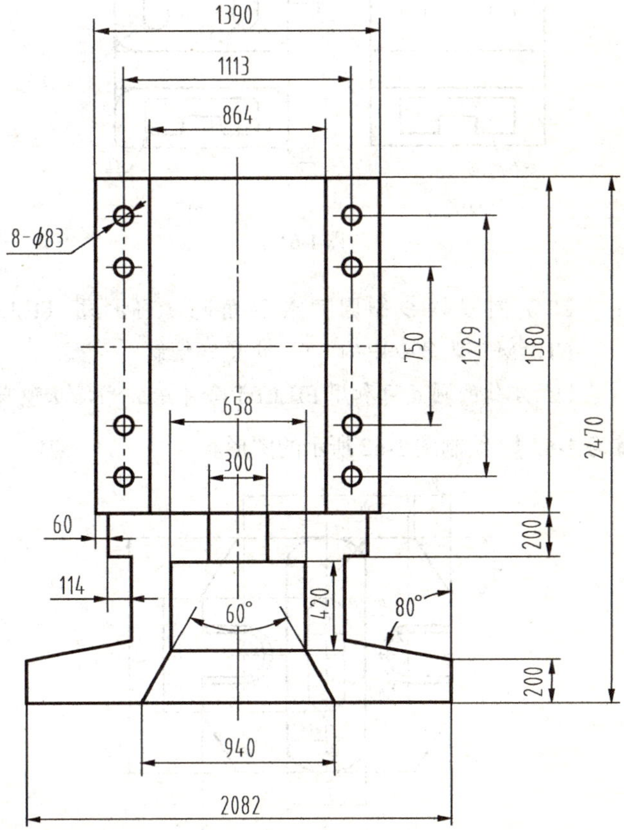

图 1-60

1.15　倒圆角和斜角

【练习 1-61】 打开素材文件“\dwg\第 01 章\1-61.dwg”，将图 1-61（a）修改为图 1-61（b）。

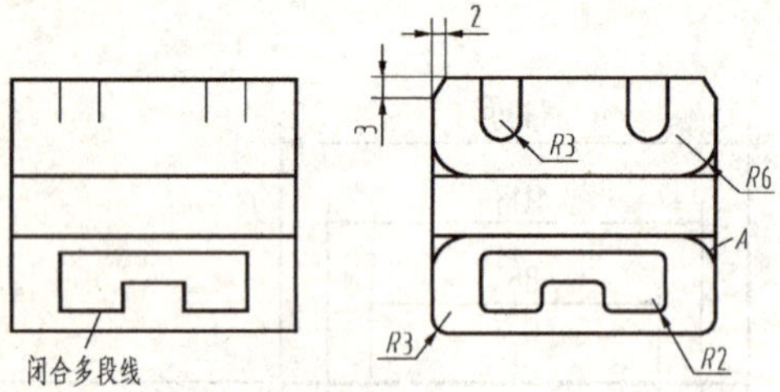

(a)　(b)

图 1-61

要点提示 （1）对多段线倒圆角或斜角时，可利用 FILLET 或 CHAMFER 命令中的“P”选项来绘制。
（2）*A* 处的圆角可利用 FILLET 命令中的“N”选项来绘制。

【练习 1-62】 绘制图 1-62 所示的图形。

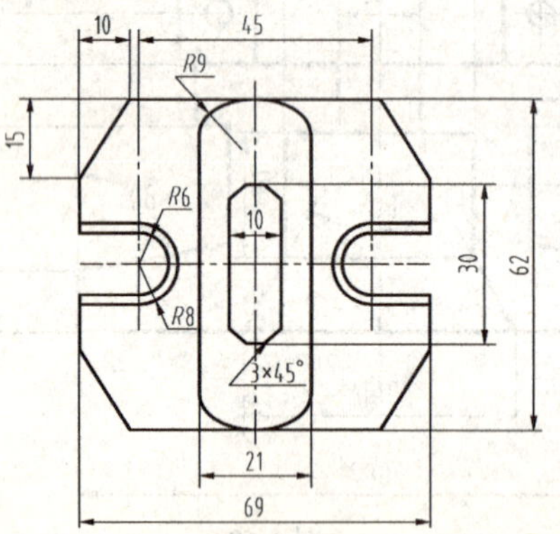

图 1-62

1.16　绘制断裂线及填充剖面图案

【练习 1-63】 打开素材文件“\dwg\第 01 章\1-63.dwg”，将图 1-63（a）修改为图 1-63（b）。

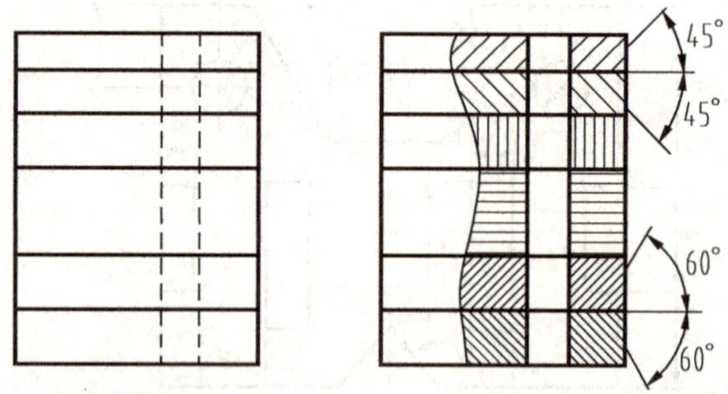

(a)　(b)

图 1-63

【练习 1-64】 打开素材文件“\dwg\第 01 章\1-64.dwg”，将图 1-64（a）修改为图 1-64（b）。

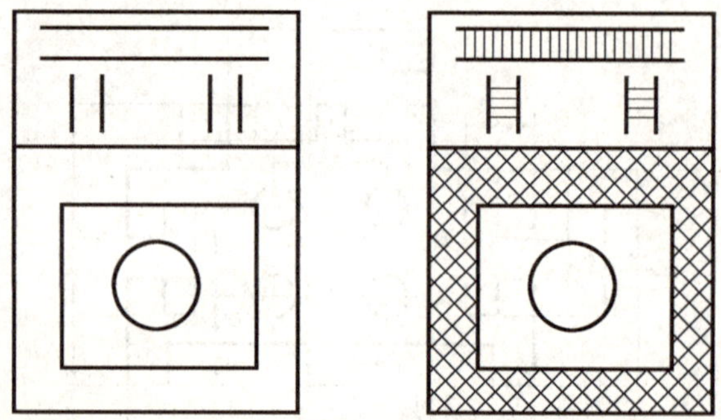

(a)　(b)

图 1-64

第 2 章　编辑命令练习

2.1　移动对象

【练习 2-1】 打开素材文件"\dwg\第 02 章\2-1.dwg"，利用 MOVE 和 MIRROR 命令将图 2-1（a）修改为图 2-1（b）。

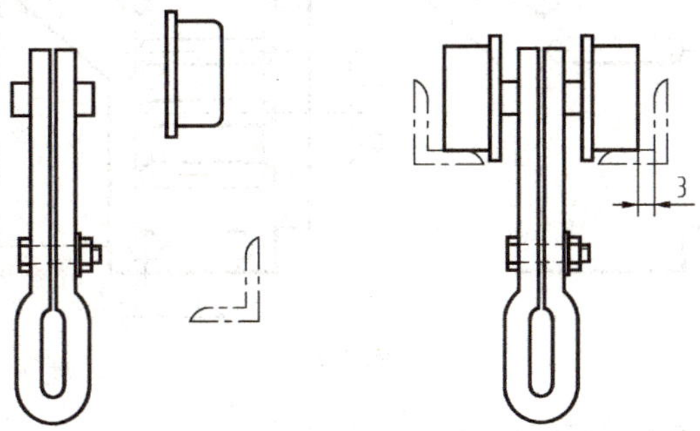

(a)　　(b)

图 2-1

【练习 2-2】 打开素材文件"\dwg\第 02 章\2-2.dwg"，利用 MOVE 命令并通过输入位移值来移动图形元素，将图 2-2(a)修改为图 2-2(b)。

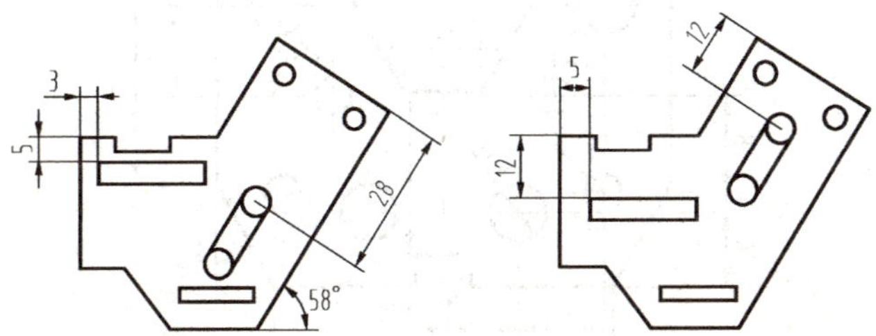

(a)　　(b)

图 2-2

要点提示　以"*x*, *y*"方式输入对象沿 *x* 轴、*y* 轴移动的距离，或用"距离<角度"的方式输入对象位移的距离和方向。当 AutoCAD 提示"指定基点或 [位移(D)]"时，输入位移值。当提示"指定第二个点或 <使用第一个点作为位移>"时，按 Enter 键确认，这样，AutoCAD 就以输入的位移值来移动对象了。

【练习 2-3】 绘制图 2-3 所示的图形。

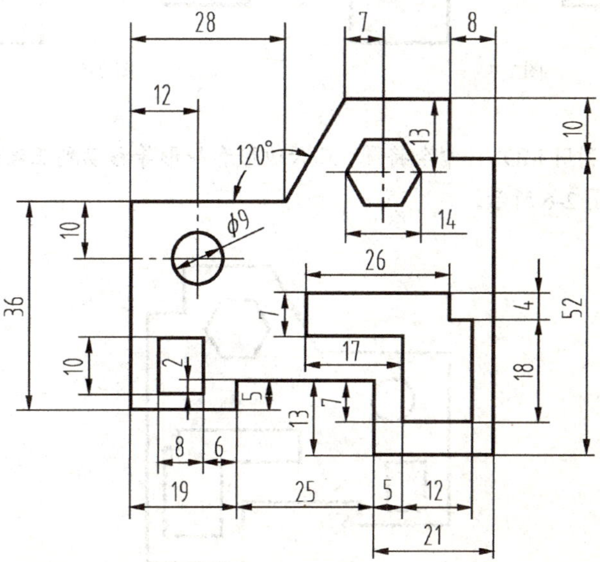

图 2-3

操作步骤提示

1. 利用 LINE 命令绘制图形的外轮廓线，结果如图 2-4 所示。

2. 在容易定位的地方绘制圆、正六边形和矩形等，结果如图 2-5 所示。

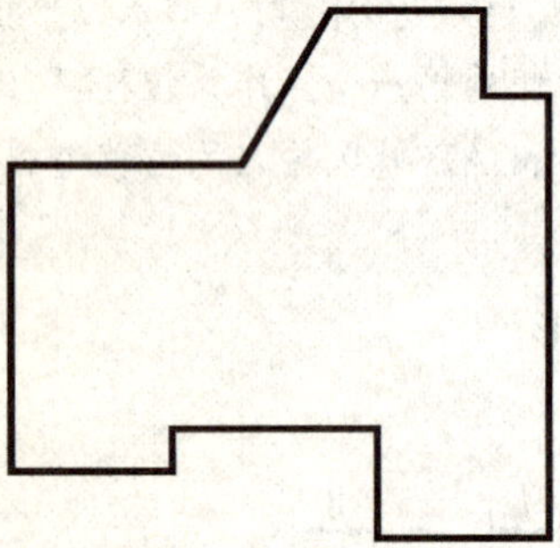

图 2-4

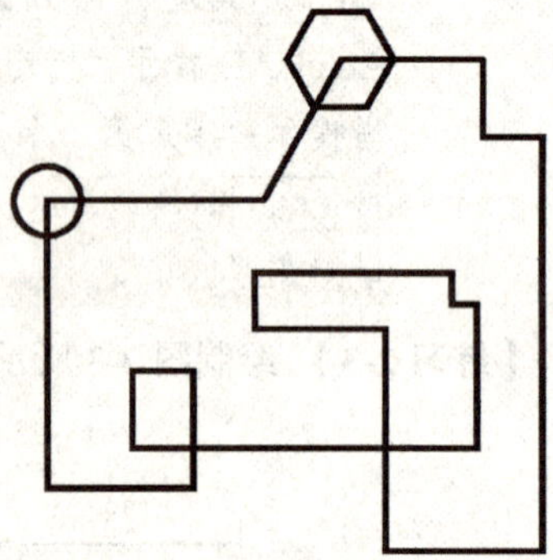

图 2-5

3. 利用 MOVE 命令将圆、正六边形和矩形等移动到正确的位置，结果如图 2-6 所示。

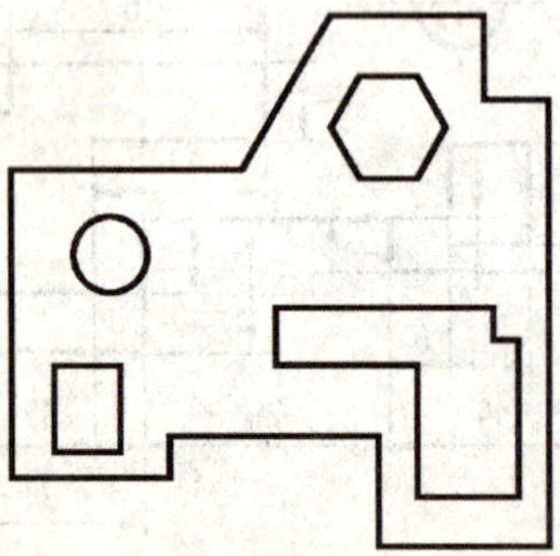

图 2-6

2.2 复制对象

【练习 2-4】 打开素材文件“\dwg\第 02 章\2-4.dwg”，利用 COPY 命令将图 2-7（a）修改为图 2-7（b）。

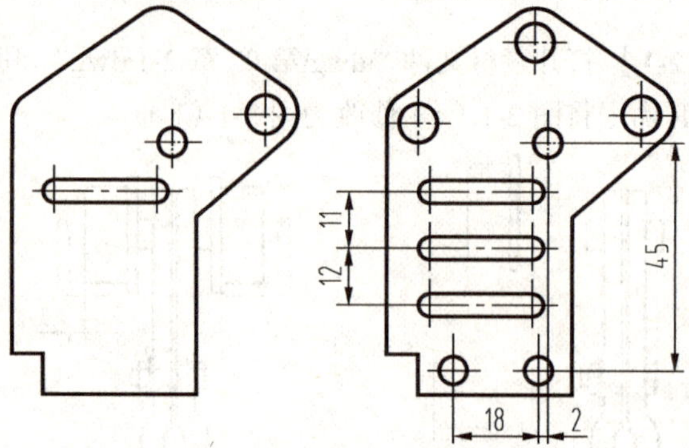

图 2-7

【练习 2-5】 绘制图 2-8 所示的图形。

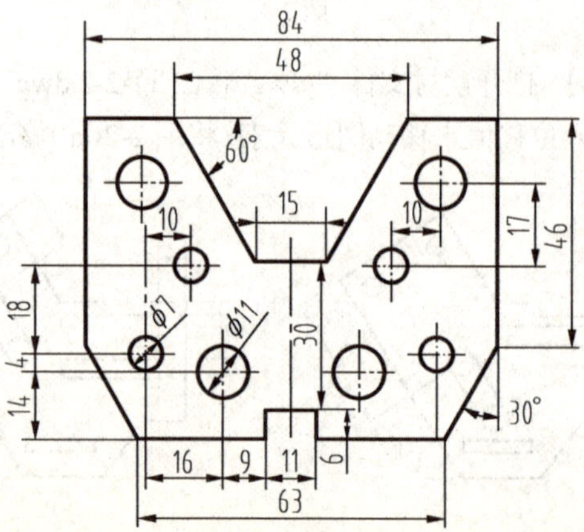

图 2-8

操作步骤提示

1. 利用 LINE 命令绘制图 2-9 所示的图形。

2. 绘制圆 *A*、*B*，结果如图 2-10 所示。圆心位置可利用正交偏移捕捉功能“FROM”来确定。

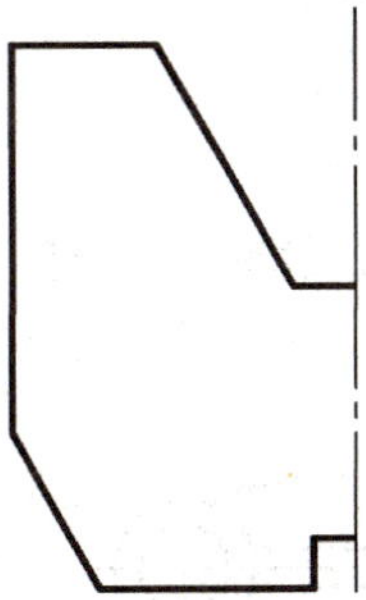

图 2-9

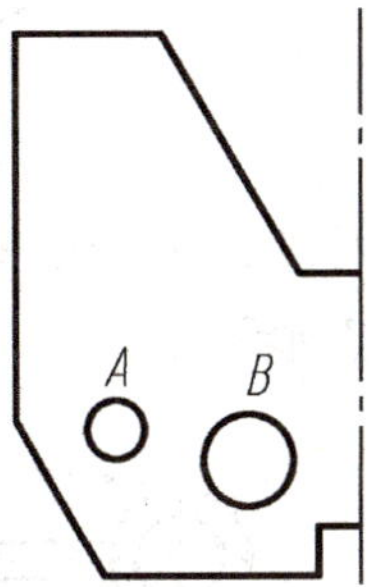

图 2-10

3. 将圆 *A*、*B* 分别复制到 *C*、*D* 处，结果如图 2-11 所示。

4. 将左部分图形镜像，结果如图 2-12 所示。

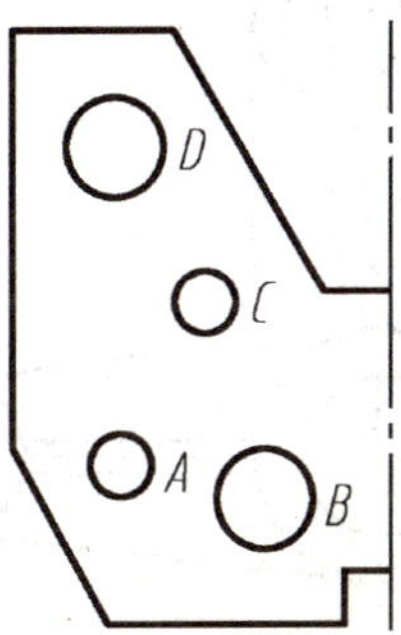

图 2-11

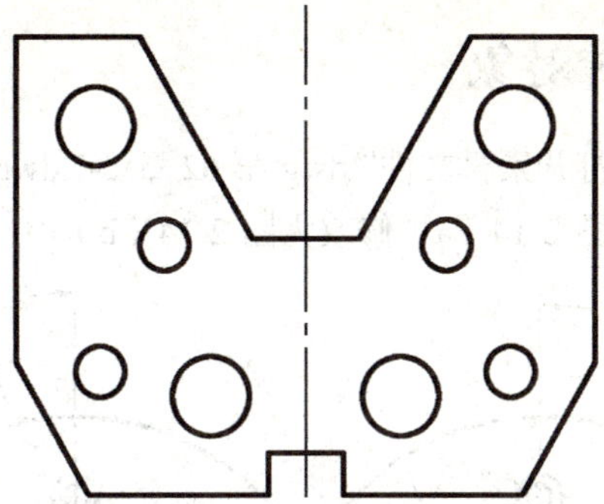

图 2-12

【练习 2-6】 利用 LINE 命令绘制图 2-13 所示图形的轮廓线，再利用 COPY 命令绘制图形的内部元素。

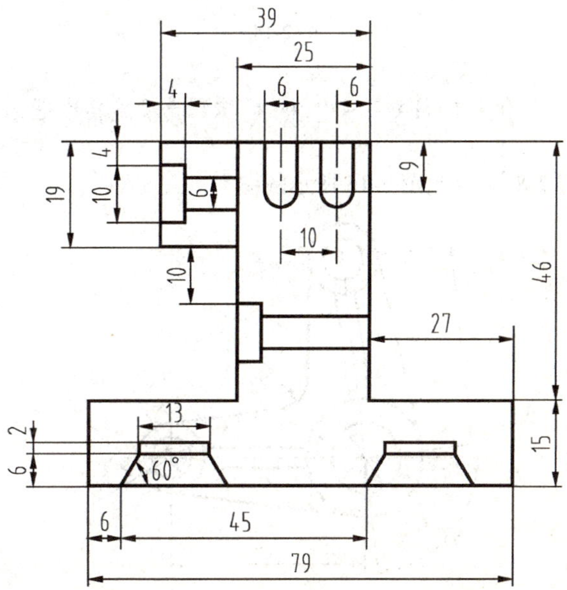

图 2-13

2.3 旋转对象

【练习 2-7】打开素材文件"\dwg\第 02 章\2-7.dwg",利用 ROTATE 和 COPY 命令将图 2-14（a）修改为图 2-14（b）。

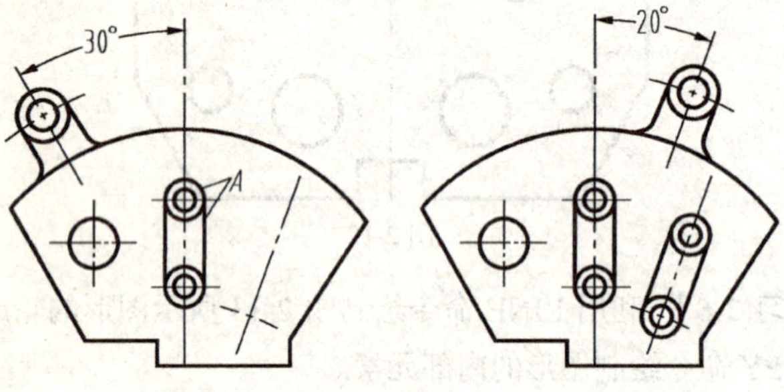

（a） （b）

图 2-14

> **要点提示** 可利用 ROTATE 命令中的"R"选项旋转线框 *A*。

【练习 2-8】 绘制图 2-15 所示的图形。

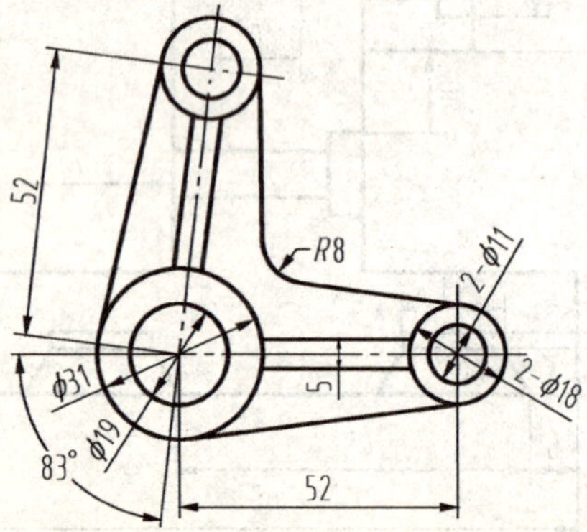

图 2-15

操作步骤提示

1. 绘制图 2-16 所示的图形。

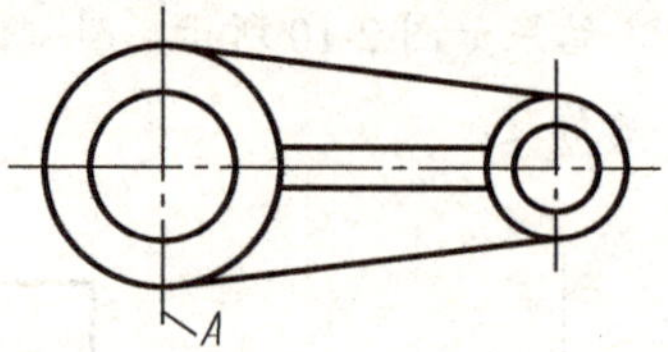

图 2-16

2. 对图 2-16 的右侧部分进行镜像操作，镜像线是线段 *A*，结果如图 2-17 所示。

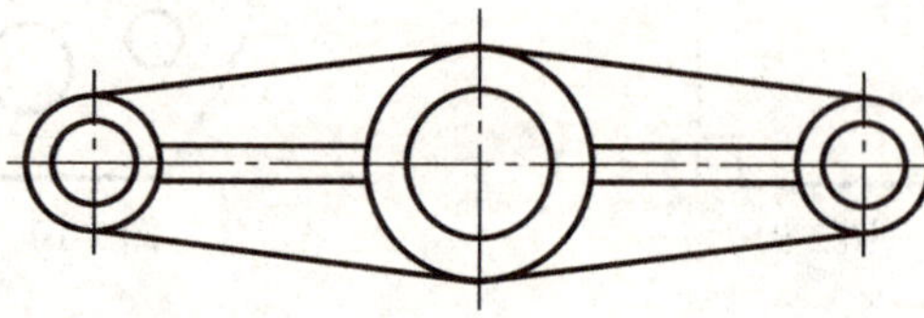

图 2-17

3. 对图 2-17 的左半部分进行旋转，然后倒圆角，结果如图 2-18 所示。

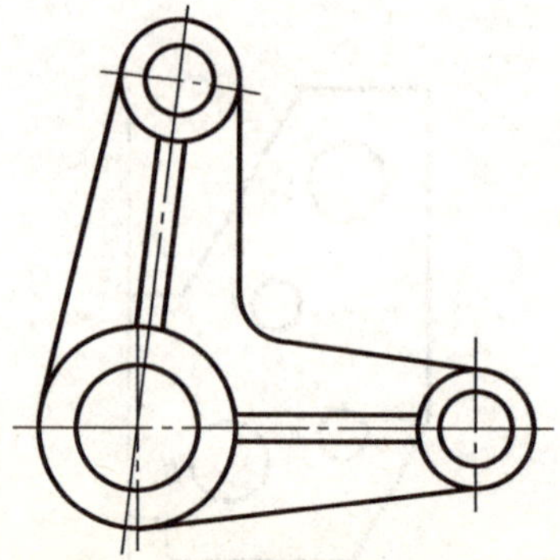

图 2-18

【练习 2-9】 绘制图 2-19 所示的图形。

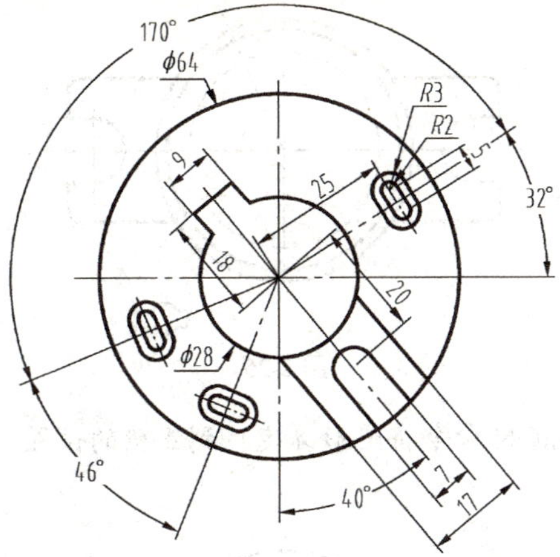

图 2-19

【练习 2-10】 绘制图 2-20 所示的图形。

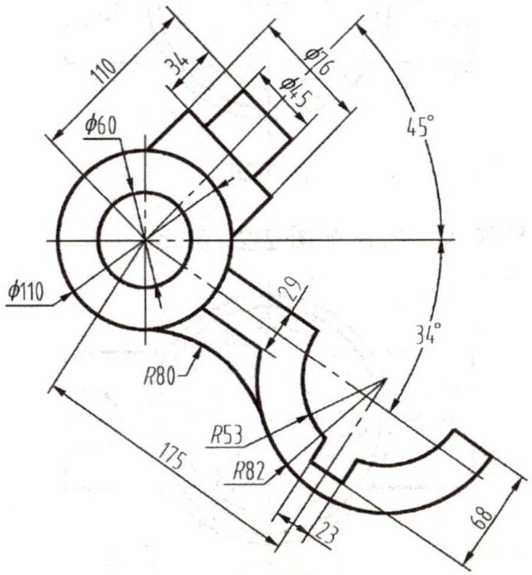

图 2-20

【练习 2-11】 绘制图 2-21 所示的图形。

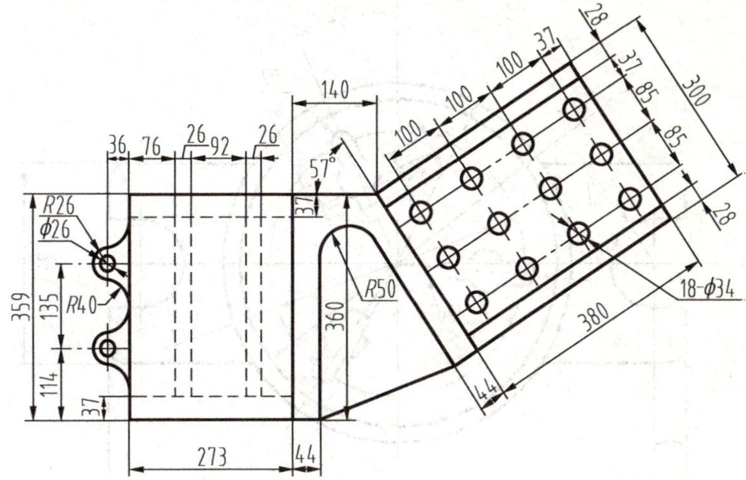

图 2-21

2.4　对齐对象

【练习 2-12】 打开素材文件"\dwg\第 02 章\2-12.dwg"，利用 ALIGN 命令将图 2-22（a）修改为图 2-22（b）。

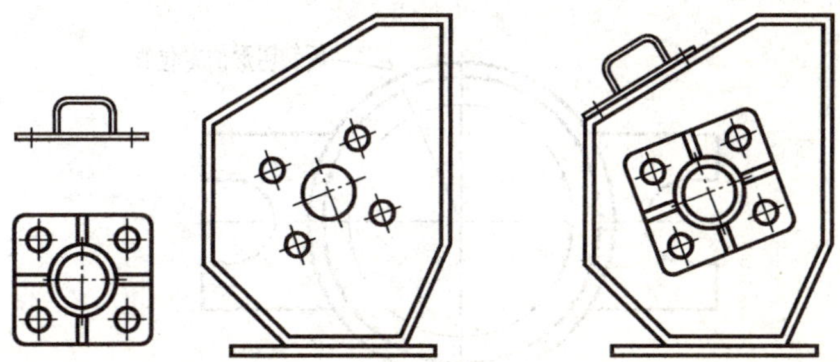

（a）　　（b）

图 2-22

【**练习 2-13**】 绘制图 2-23 所示的图形。

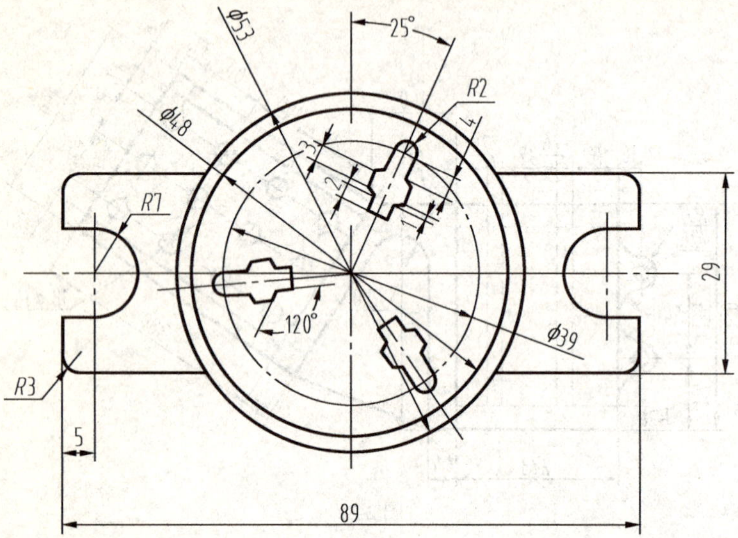

图 2-23

操作步骤提示

1. 绘制图形的对称部分，再绘制倾斜图形的定位线，结果如图 2-24 所示。

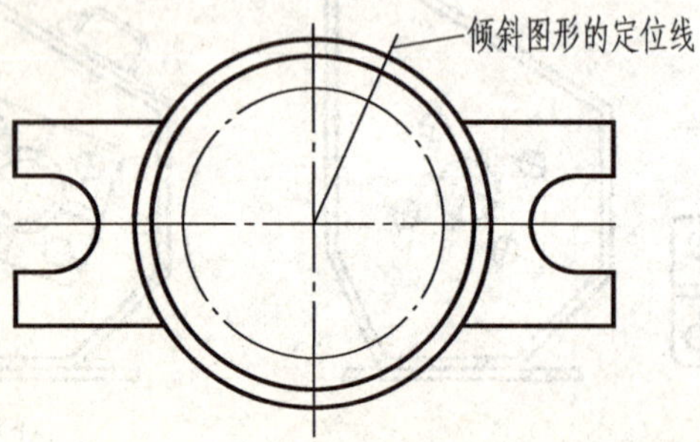

图 2-24

2. 在水平位置绘制倾斜图形 *A*，结果如图 2-25 所示。

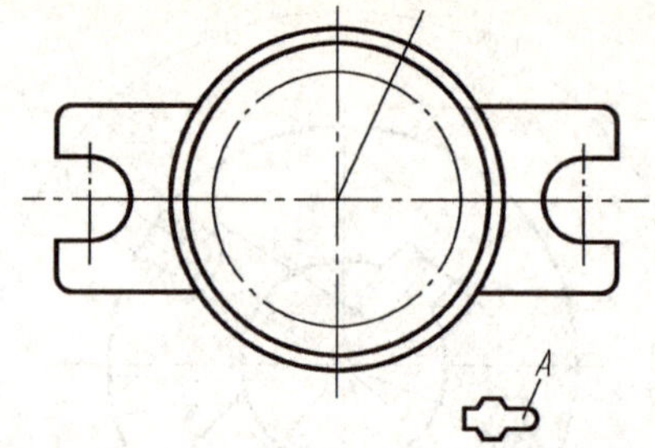

图 2-25

3. 利用 ALIGN 命令将图形 *A* 定位到正确的位置，结果如图 2-26 所示。

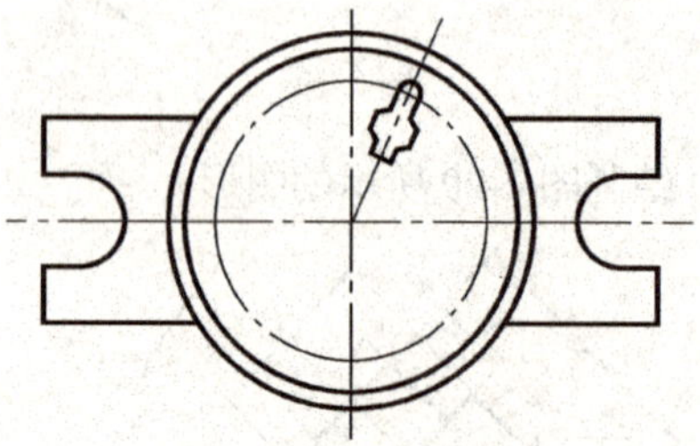

图 2-26

4. 创建环形阵列，结果如图 2-27 所示。

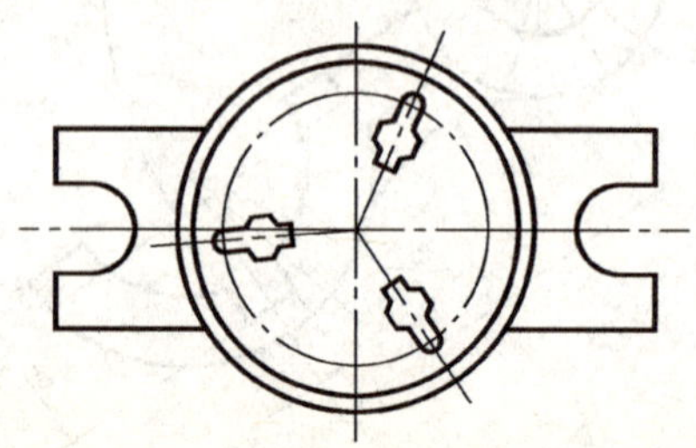

图 2-27

【练习 2-14】 绘制图 2-28 所示的图形。

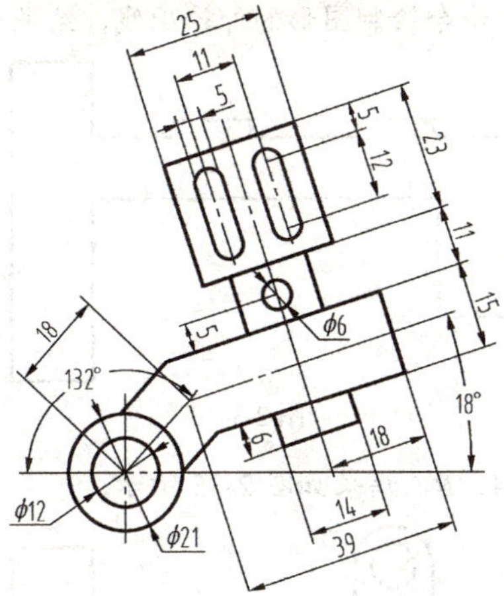

图 2-28

【练习 2-15】打开素材文件“\dwg\第 02 章\2-15.dwg”,利用 LINE、RECTANG、ALIGN 等命令将图 2-29（a）修改为图 2-29（b）。

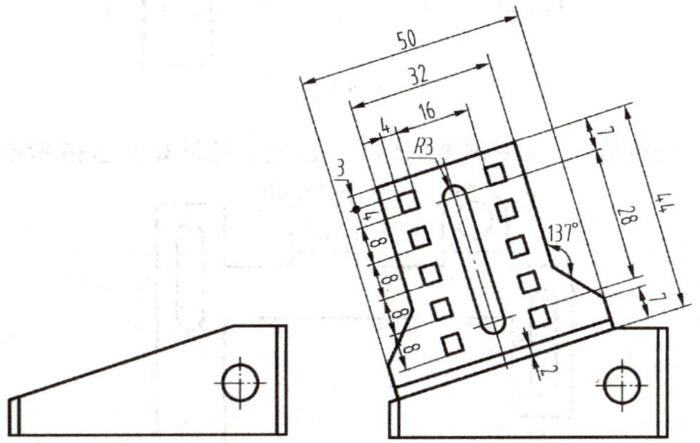

（a）　　（b）

图 2-29

2.5　拉伸对象

【练习 2-16】 打开素材文件“\dwg\第 02 章\2-16.dwg”，利用 STRETCH 命令将图 2-30（a）修改为图 2-30（b）。

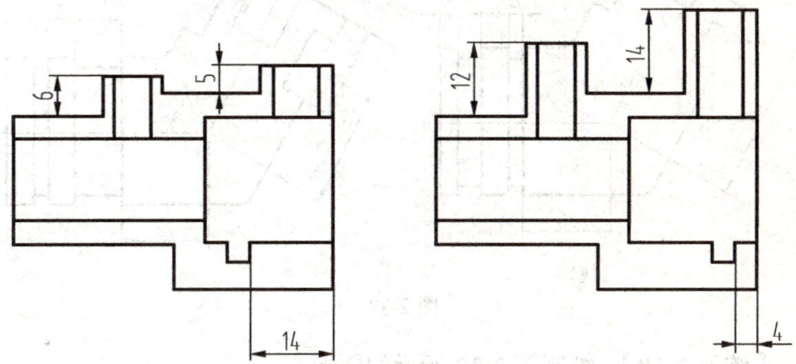

（a）　　（b）

图 2-30

【练习 2-17】 打开素材文件“\dwg\第 02 章\2-17.dwg”，利用 STRETCH 命令将图 2-31（a）修改为图 2-31（b）。

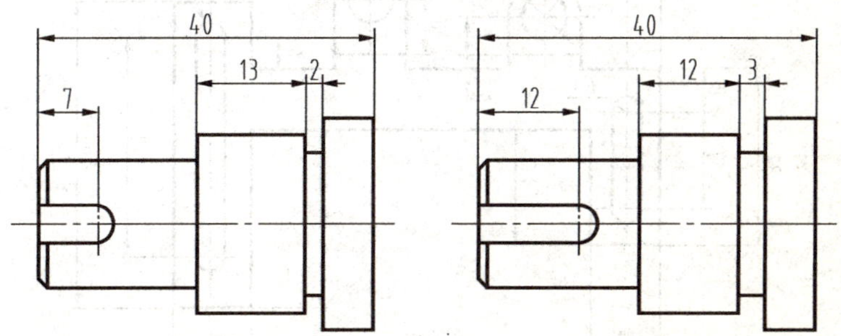

（a）　　（b）

图 2-31

【练习 2-18】 打开素材文件"\dwg\第 02 章\2-18.dwg"，利用 STRETCH 命令将图 2-32（a）修改为图 2-32（b）。

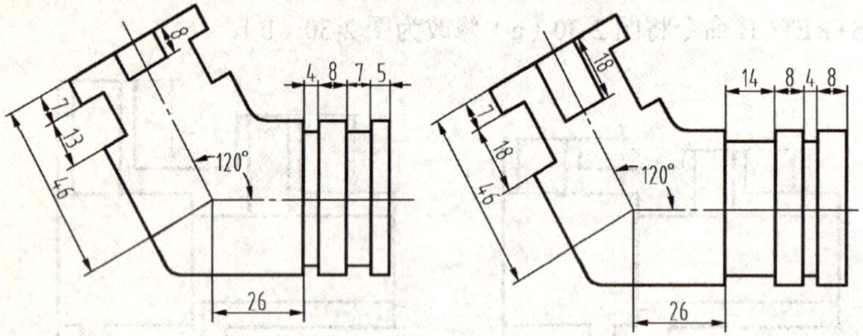

(a)　　(b)

图 2-32

【练习 2-19】 绘制图 2-33 所示的图形。

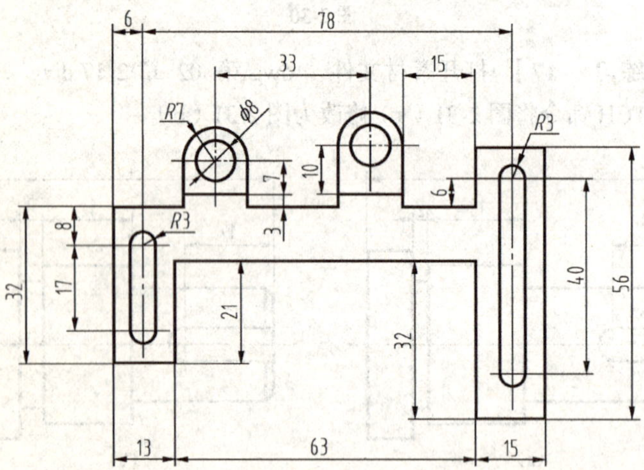

图 2-33

操作步骤提示

1. 利用 LINE 命令绘制图形的外轮廓线，结果如图 2-34 所示。

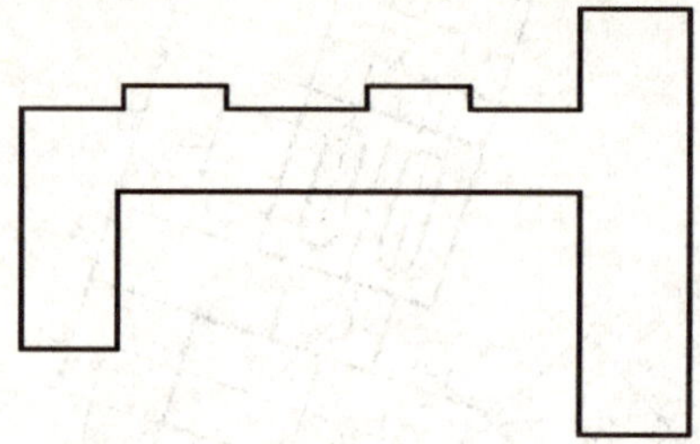

图 2-34

2. 绘制线框 *A*、*B*，结果如图 2-35 所示。

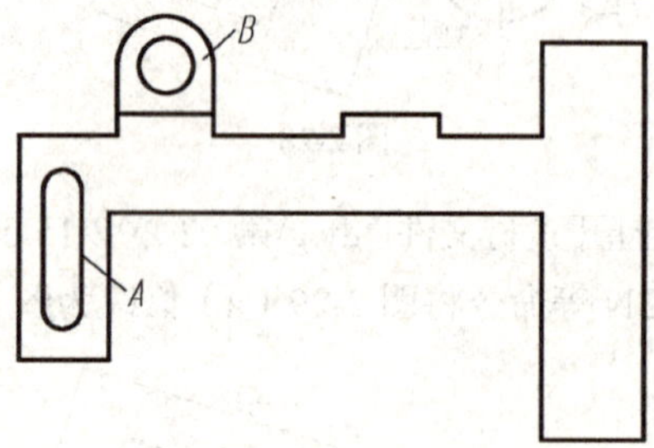

图 2-35

3. 将线框 *A*、*B* 分别复制到 *C*、*D* 处，结果如图 2-36 所示。

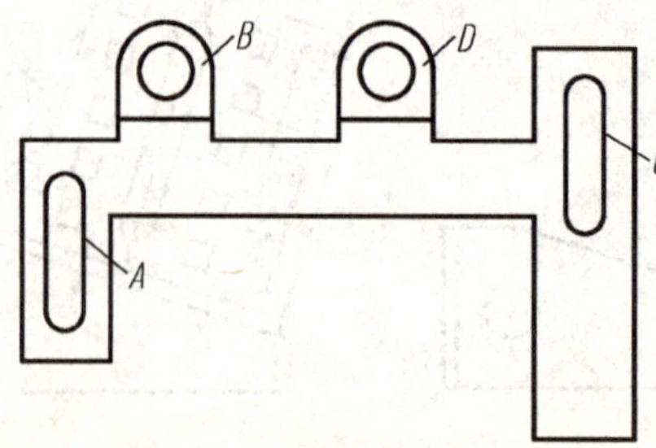

图 2-36

4. 拉伸线框 *C*、*D*，结果如图 2-37 所示。

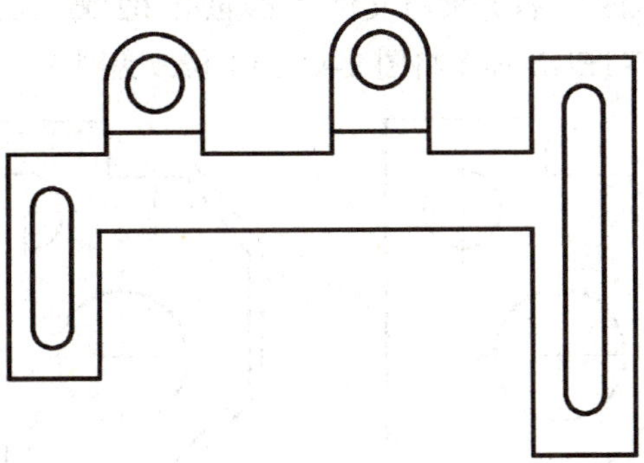

图 2-37

【练习 2-20】 绘制图 2-38 所示的图形。

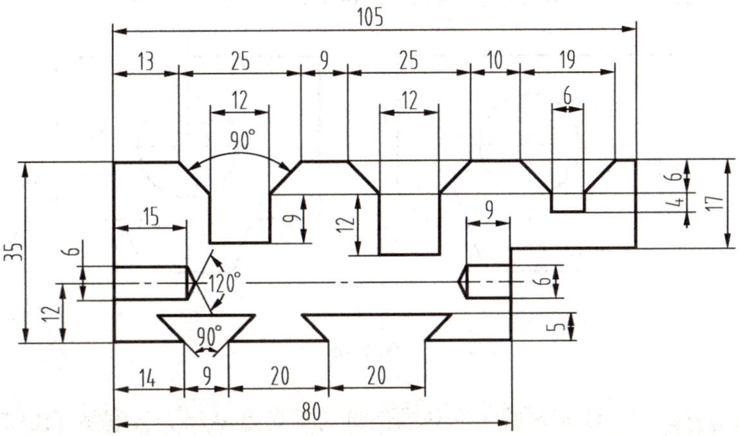

图 2-38

2.6 比例缩放对象

【练习 2-21】打开素材文件“\dwg\第 02 章\2-21.dwg”，利用 SCALE 和 COPY 命令将图 2-39（a）修改为图 2-39（b）。

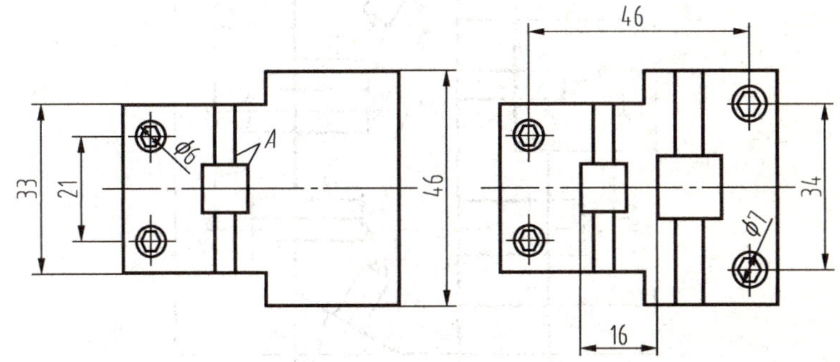

（a）　　（b）

图 2-39

要点提示　可利用 SCALE 命令中的“R”选项将对象 *A* 缩放到新的尺寸。

【练习 2-22】 打开素材文件 “\dwg\第 02 章\2-22.dwg”，利用 SCALE、COPY 等命令将图 2-40（a）修改为图 2-40（b）。

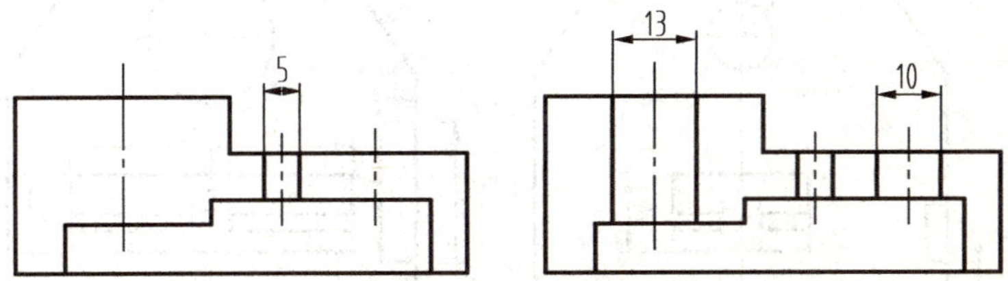

（a）　　（b）

图 2-40

【练习 2-23】 绘制图 2-41 所示的图形。

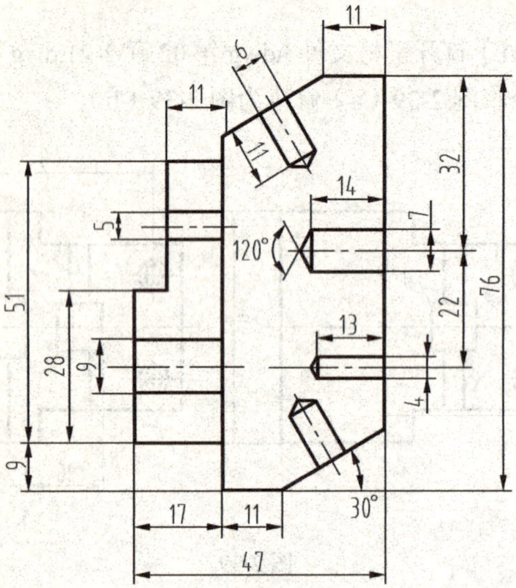

图 2-41

【练习 2-24】 打开素材文件“\dwg\第 02 章\2-24.dwg”，利用 SCALE、EXTEND 等命令将图 2-42（a）修改为图 2-42（b）。

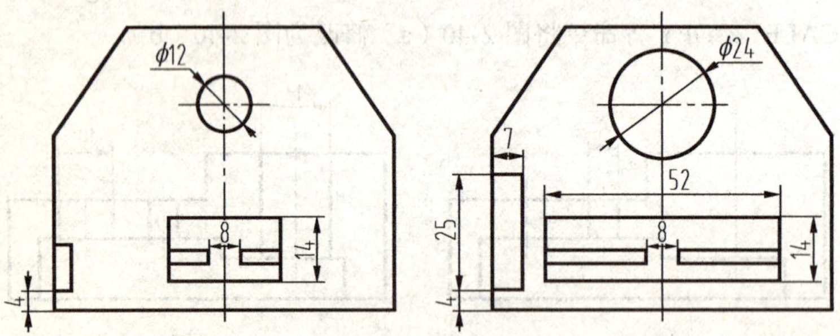

（a）　　（b）

图 2-42

2.7 连接对象

【练习 2-25】 打开素材文件“\dwg\第 02 章\2-25.dwg”，利用 OFFSET 和 EXTEND 命令将图 2-43（a）修改为图 2-43（b）。

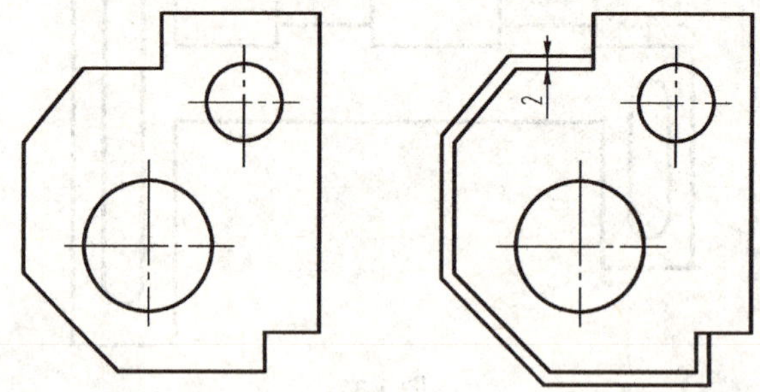

（a）　　（b）

图 2-43

【练习 2-26】 打开素材文件“\dwg\第 02 章\2-26.dwg”，利用 FILLET 和 CHAMFER 命令将图 2-44（a）修改为图 2-44（b）。

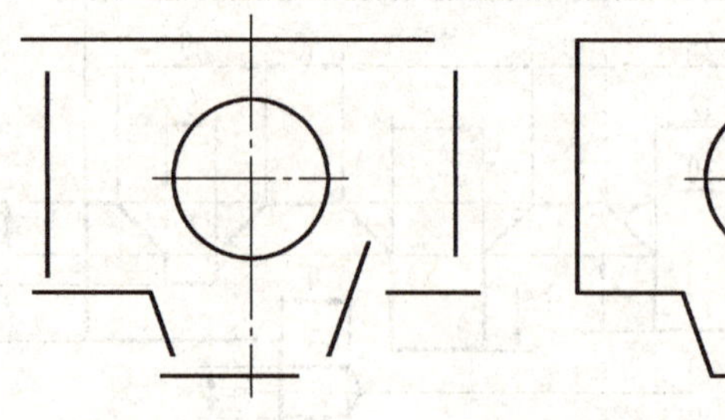

（a）　　（b）

图 2-44

要点提示 当设定倒圆角半径或倒斜角距离为 0 时，可利用 FILLET 或 CHAMFER 命令来连接线段。

2.8　断开对象

【**练习 2-27**】打开素材文件“\dwg\第 02 章\2-27.dwg”，利用 BREAK 和 PROPERTIES 命令将图 2-45（a）修改为图 2-45（b）。

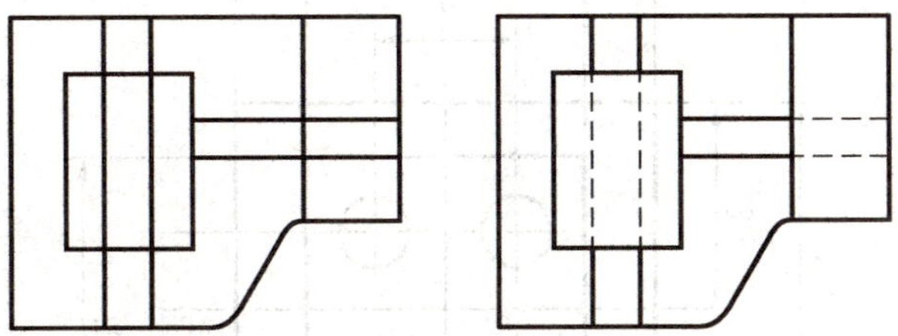

（a）　　（b）

图 2-45

【**练习 2-28**】打开素材文件“\dwg\第 02 章\2-28.dwg”，利用 BREAK 和 PROPERTIES 命令将图 2-46（a）修改为图 2-46（b）。

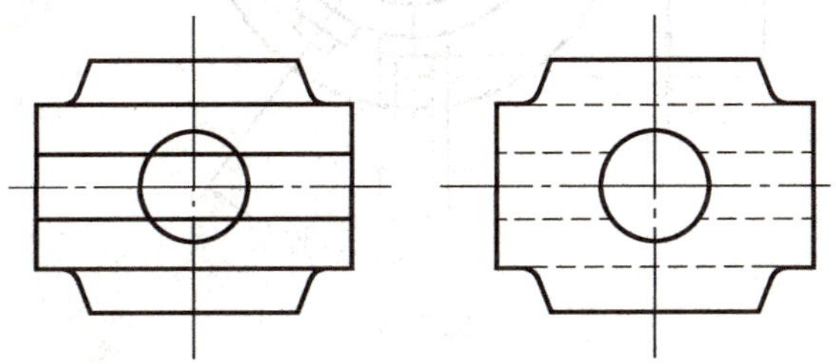

（a）　　（b）

图 2-46

2.9　关键点编辑方式

【**练习 2-29**】打开素材文件“\dwg\第 02 章\2-29.dwg”，利用关键点编辑方式的拉伸功能将图 2-47（a）修改为图 2-47（b）（调整中心线的长度）。

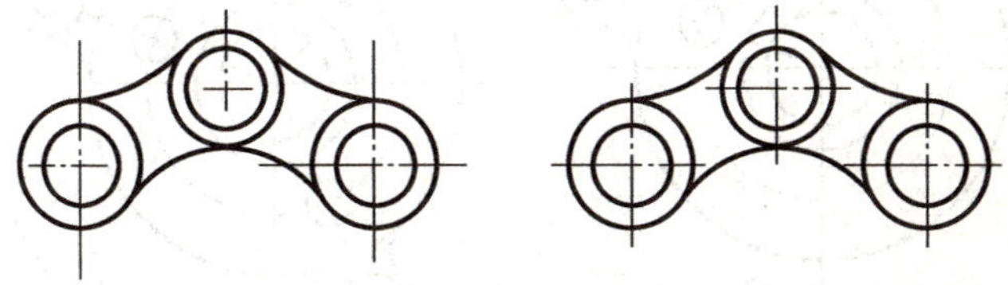

（a）　　（b）

图 2-47

要点提示 在正交模式下这样操作就能精确地沿水平或竖直方向进行拉伸。

【**练习 2-30**】打开素材文件“\dwg\第 02 章\2-30.dwg”，利用关键点编辑方式的复制和镜像功能将图 2-48（a）修改为图 2-48（b）。

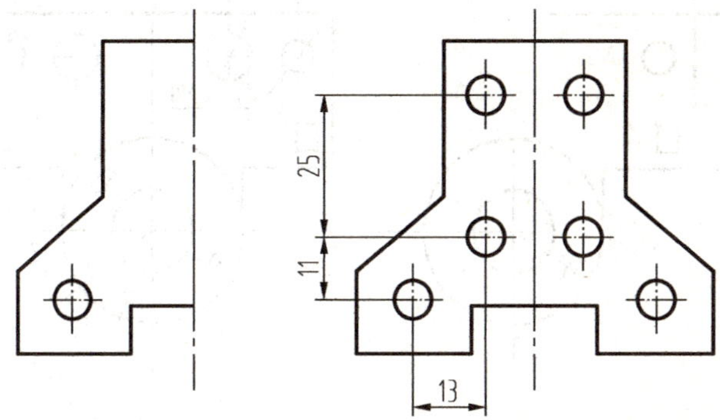

（a）　　（b）

图 2-48

【**练习 2-31**】 打开素材文件“\dwg\第 02 章\2-31.dwg”，利用关键点编辑方式的旋转功能将图 2-49（a）修改为图 2-49（b）。

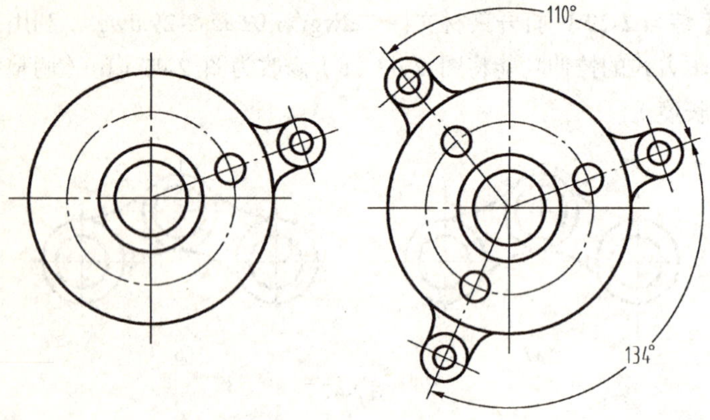

（a）　　（b）

图 2-49

【**练习 2-32**】 打开素材文件“\dwg\第 02 章\2-32.dwg”，利用关键点编辑方式将图 2-50（a）修改为图 2-50（b）。

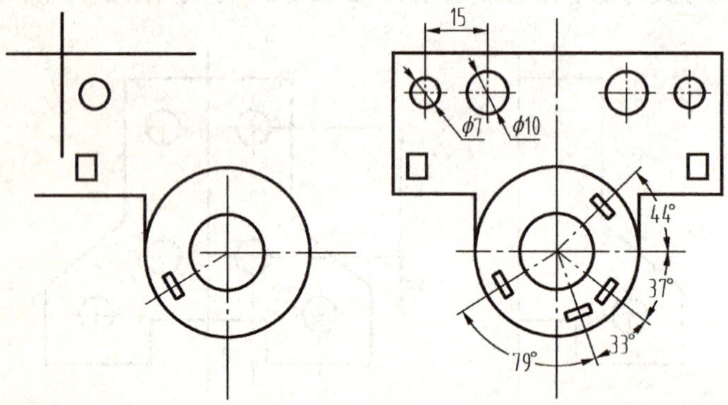

（a）　　（b）

图 2-50

【**练习 2-33**】 绘制图 2-51 所示的图形。

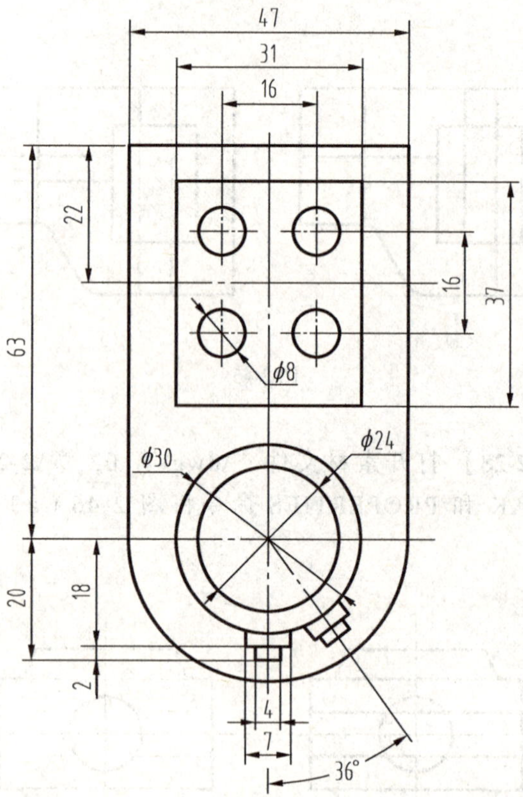

图 2-51

第 3 章　平面作图方法综合练习

3.1　平面图形布局

【练习 3-1】 绘制图 3-1 所示的图形。

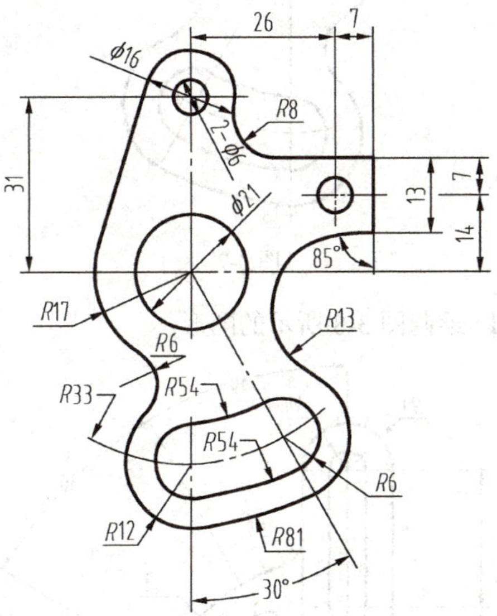

图 3-1

操作步骤提示

1. 根据平面图形的大小，设置作图区域的大小为 100×100，再设定全局线型比例因子为 0.2。

2. 利用 LINE 和 OFFSET 命令绘制图形元素的定位线 *A*、*B*、*C*、*D* 和 *E* 等，结果如图 3-2 所示。

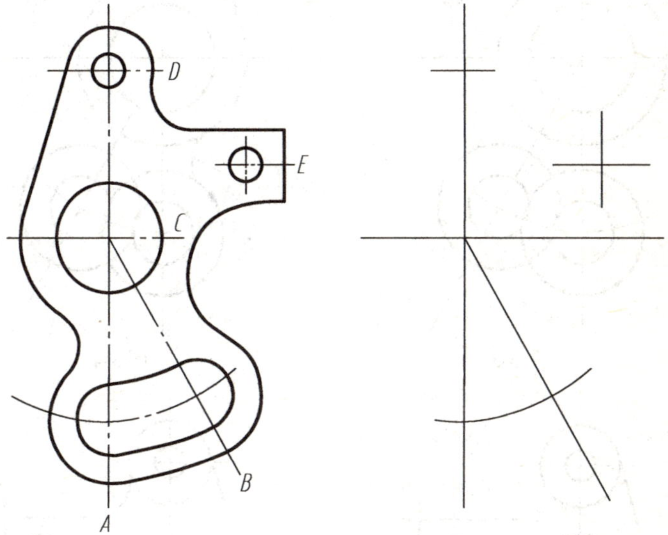

图 3-2

3. 绘制圆，结果如图 3-3 所示。

4. 利用 LINE 命令绘制圆的切线 *A*，再利用 FILLET 命令绘制过渡圆弧 *B*，结果如图 3-4 所示。

5. 绘制平行线 *C*、*D* 及斜线 *E*，结果如图 3-5 所示。

6. 绘制过渡圆弧 *G*、*H*、*M* 和 *N*，结果如图 3-6 所示。

7. 修剪多余线段，再将定位线的线型修改为中心线，结果如图 3-7 所示。

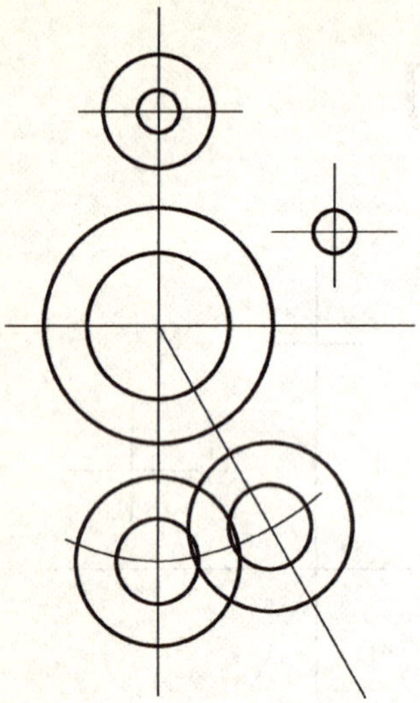

图 3-3

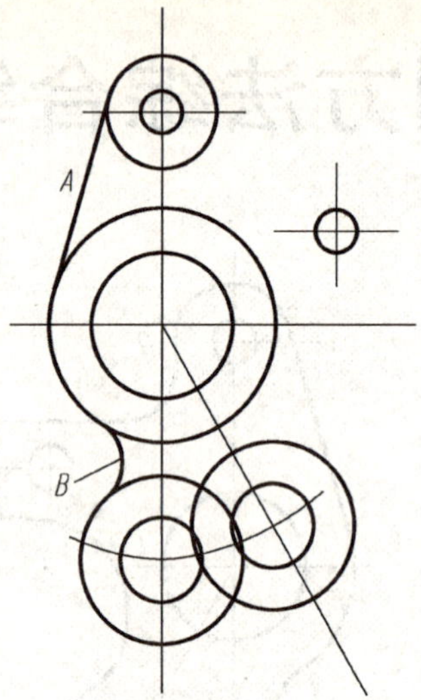

图 3-4

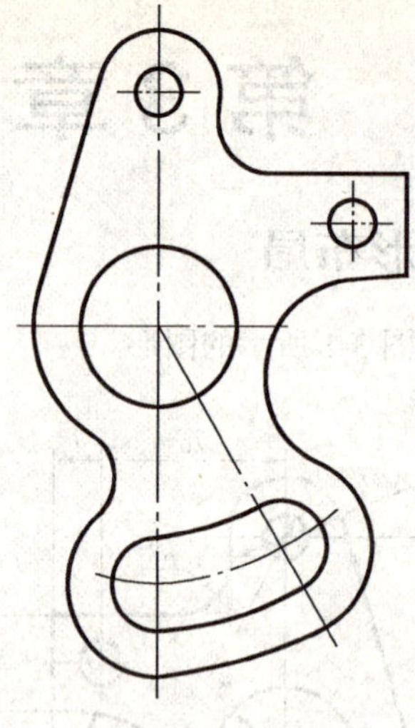

图 3-7

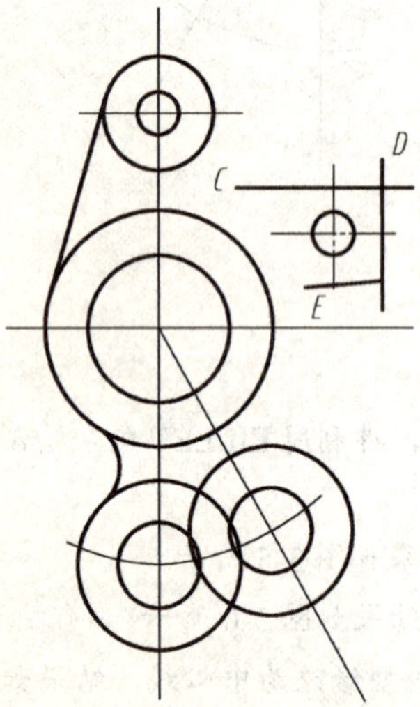

图 3-5

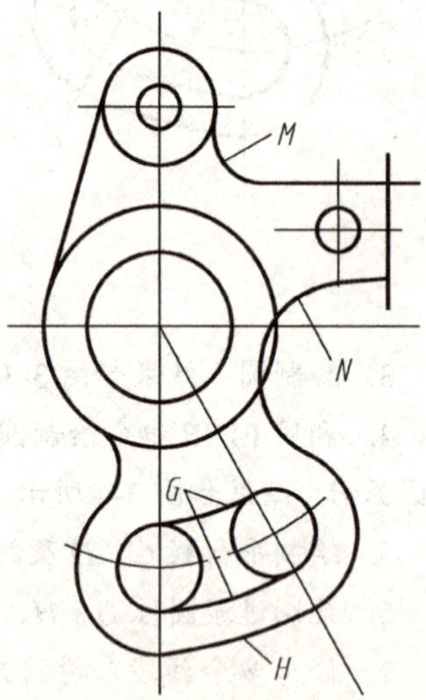

图 3-6

【练习 3-2】 绘制图 3-8 所示的图形。

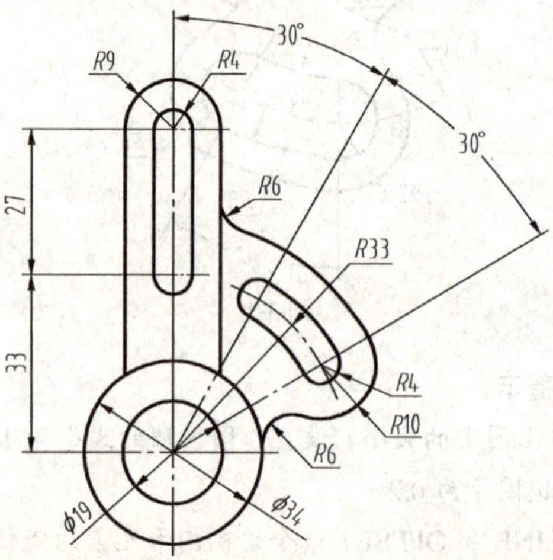

图 3-8

【练习 3-3】 绘制图 3-9 所示的图形。

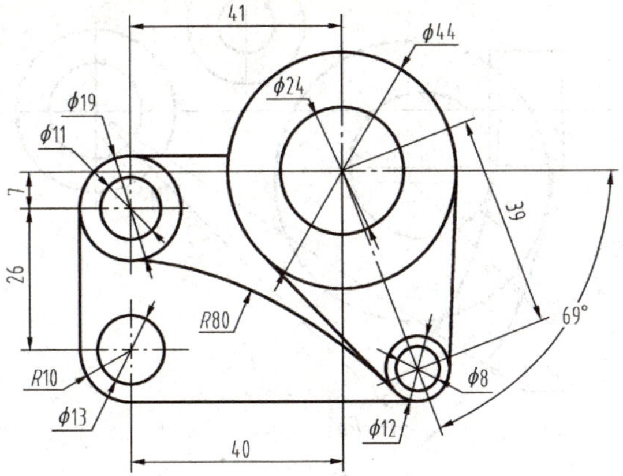

图 3-9

【练习 3-4】 绘制图 3-10 所示的图形。

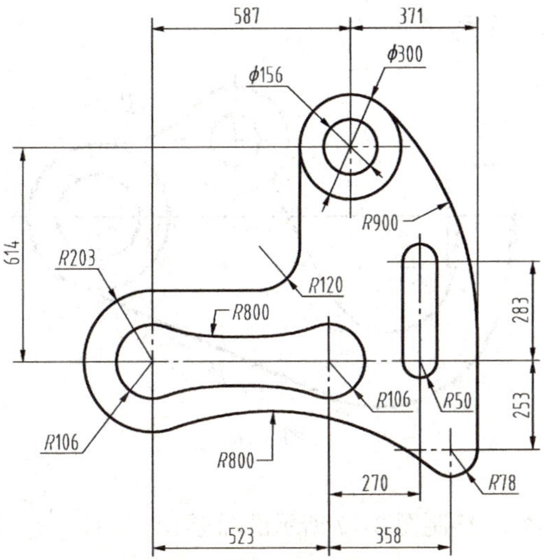

图 3-10

【练习 3-5】 绘制图 3-11 所示的图形。

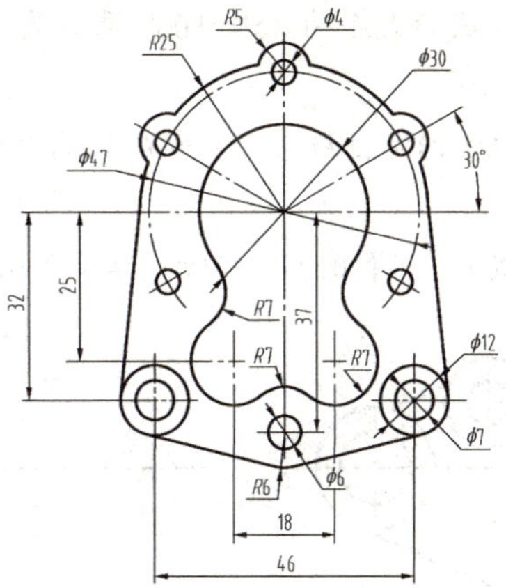

图 3-11

3.2 形成复杂的连接关系

【练习 3-6】 绘制图 3-12 所示的图形。

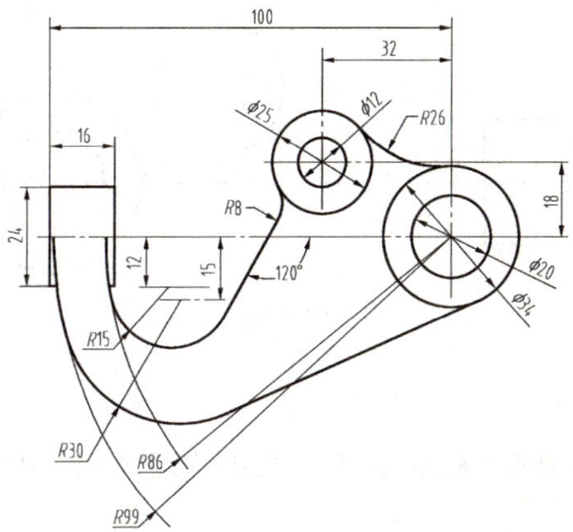

图 3-12

操作步骤提示

1. 设置作图区域的大小为 150×100，再设定全局线型比例因子为 0.2。

2. 绘制图形元素的定位线 *A*、*B* 和 *C* 及端面线 *D* 等，结果如图 3-13 所示。

3. 绘制平行线 *E*、*F* 和圆 *G*、*H* 等，结果如图 3-14 所示。

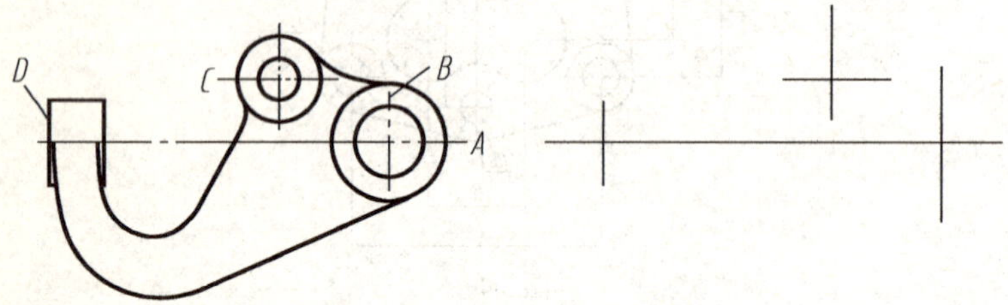

图 3-13

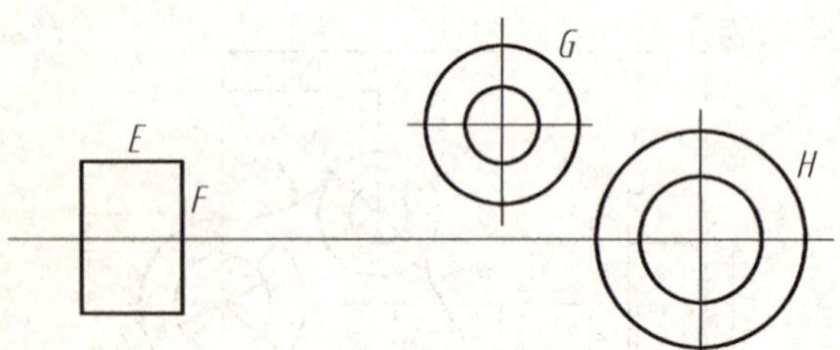

图 3-14

4. 绘制圆 *R*99、*R*86、*R*15 和 *R*30，结果如图 3-15 所示。

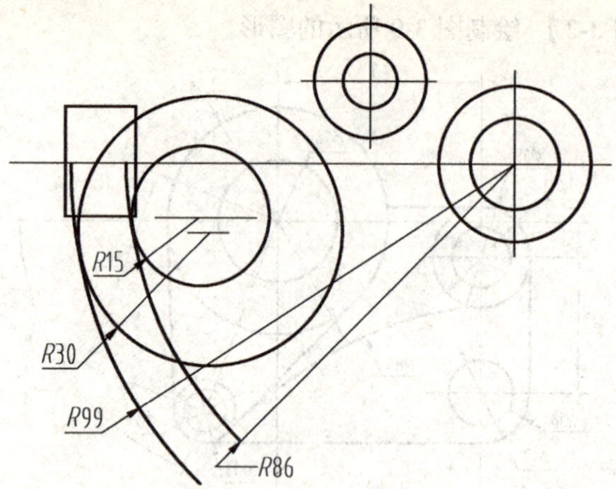

图 3-15

5. 绘制圆的切线 *A*、*B* 及过渡圆弧 *C*、*D*，再修改不适当的线型，结果如图 3-16 所示。

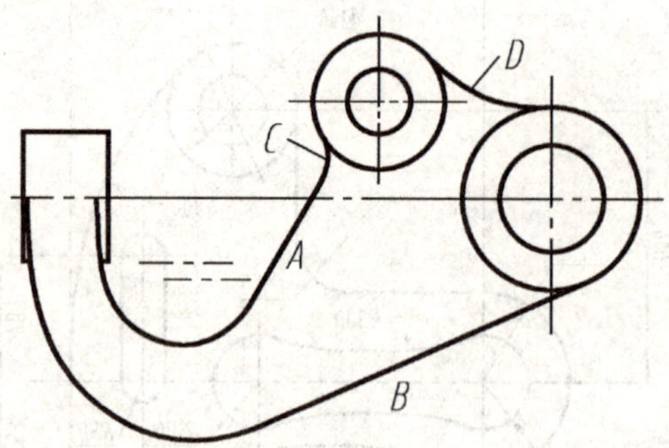

图 3-16

【练习 3-7】 绘制图 3-17 所示的图形。

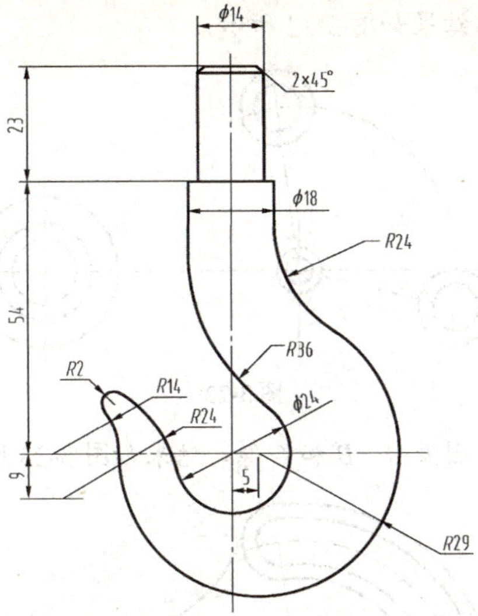

图 3-17

【练习 3-8】 绘制图 3-18 所示的图形。

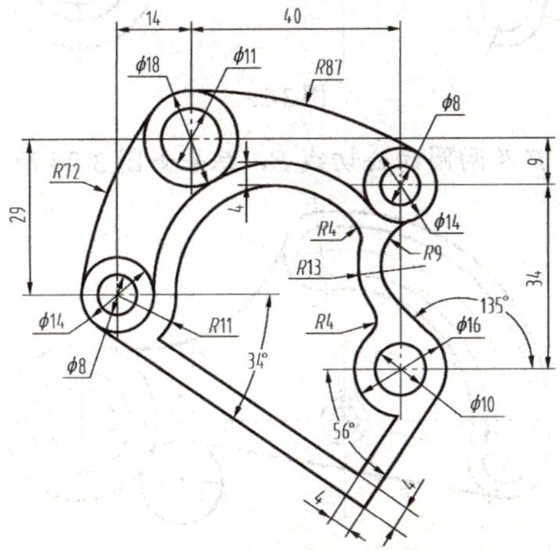

图 3-18

【练习 3-9】 绘制图 3-19 所示的图形。

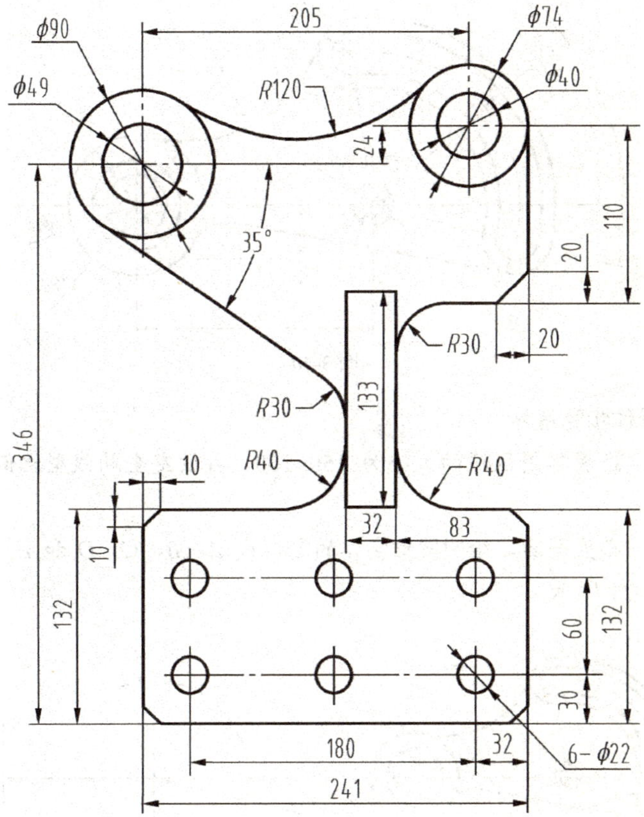

图 3-19

3.3　利用辅助线作图

【练习 3-10】 绘制图 3-20 所示的图形。

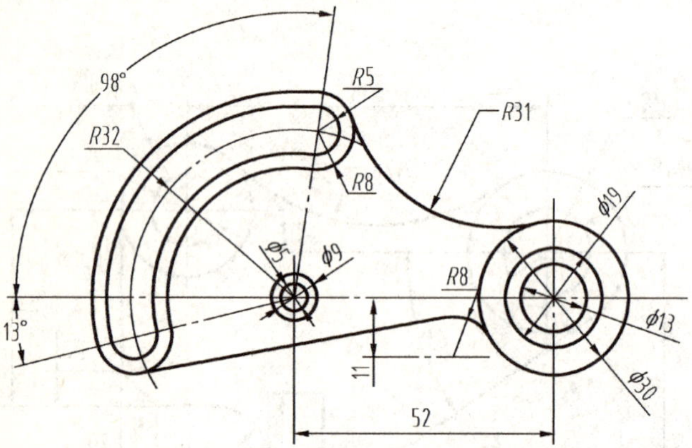

图 3-20

操作步骤提示

1. 设置作图区域的大小为 150×100，再设定全局线型比例因子为 0.2。

2. 布置图面，绘制图形实体的定位线 *A*、*B*、*C*、*D* 和 *E*，结果如图 3-21 所示。

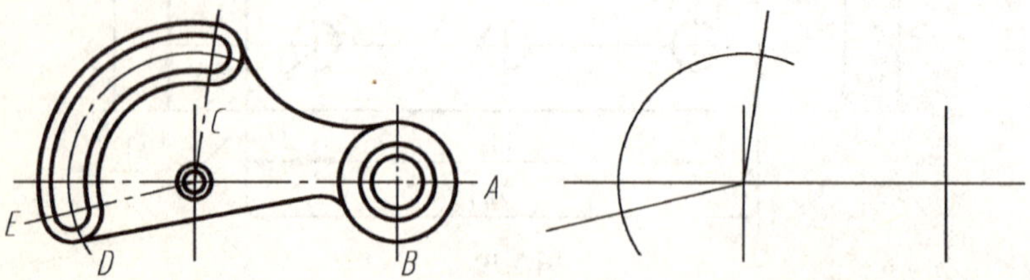

图 3-21

3. 绘制圆，结果如图 3-22 所示。

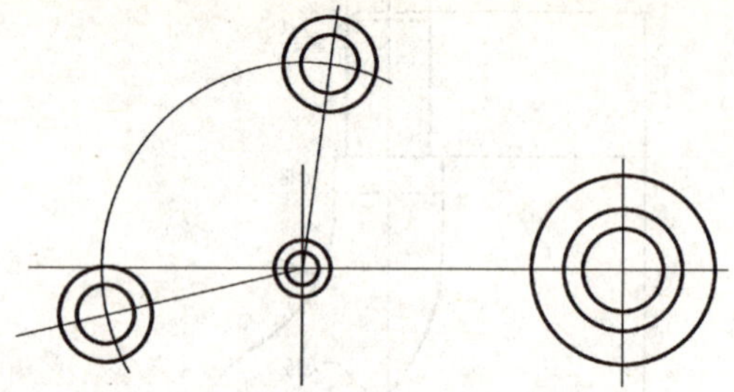

图 3-22

4. 绘制过渡圆弧 *A*、*B* 和 *C* 等，结果如图 3-23 所示。

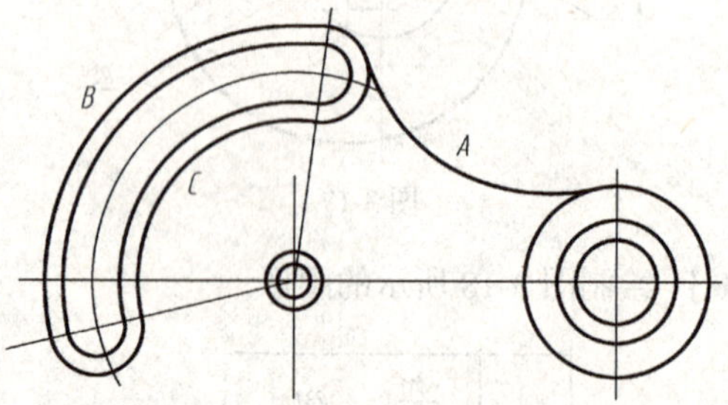

图 3-23

5. 绘制圆 *F* 及两圆的公切线 *E*，结果如图 3-24 所示。

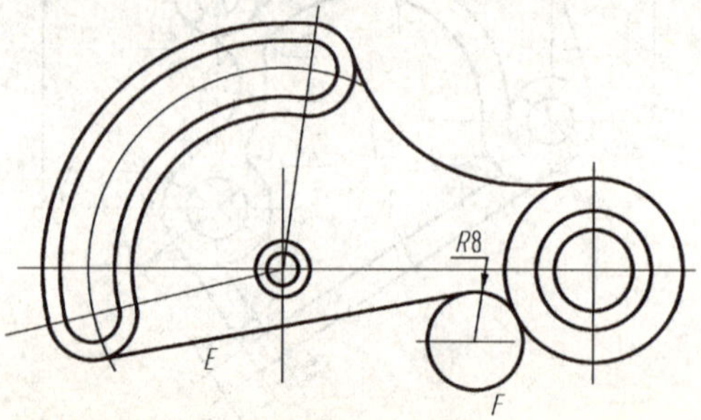

图 3-24

6. 修剪多余线条，并修改不适当的线型，结果如图 3-25 所示。

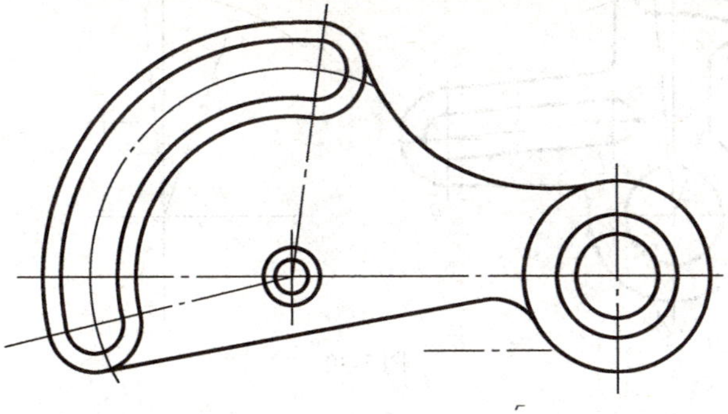

图 3-25

【练习 3-11】 绘制图 3-26 所示的图形。

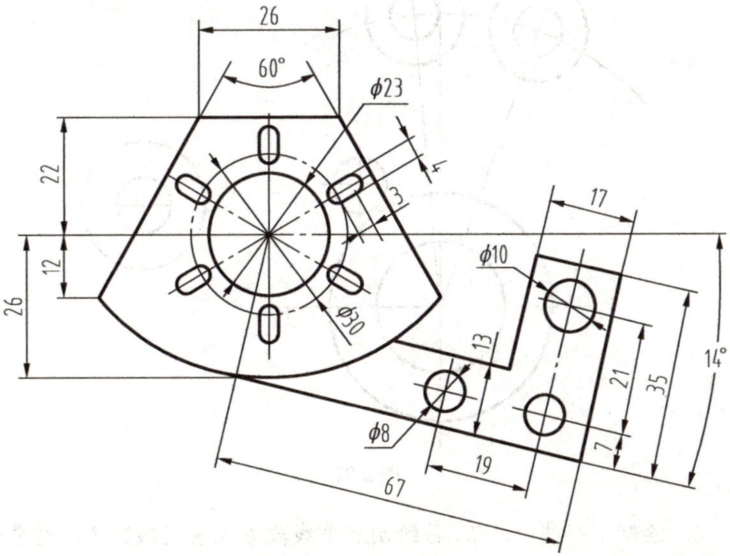

图 3-26

【练习 3-12】 绘制图 3-27 所示的图形。

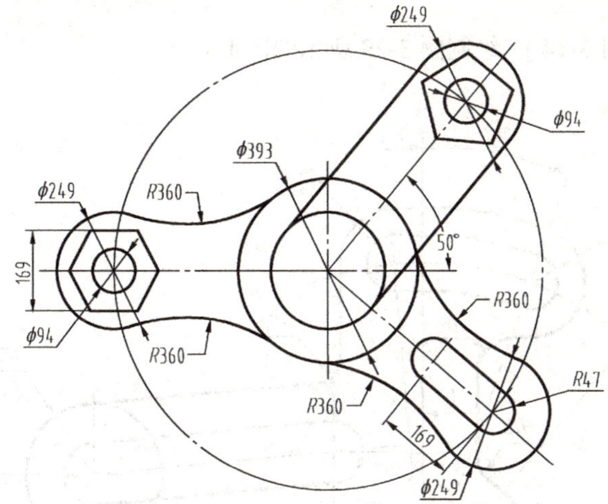

图 3-27

【练习 3-13】 绘制图 3-28 所示的图形。

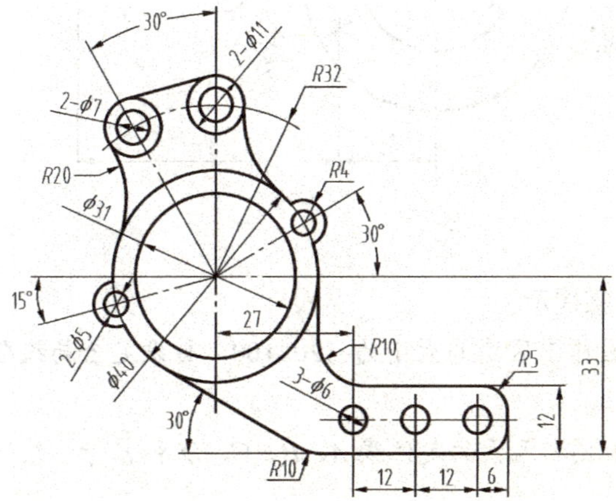

图 3-28

3.4 布图技巧练习

【练习 3-14】 绘制图 3-29 所示的图形。

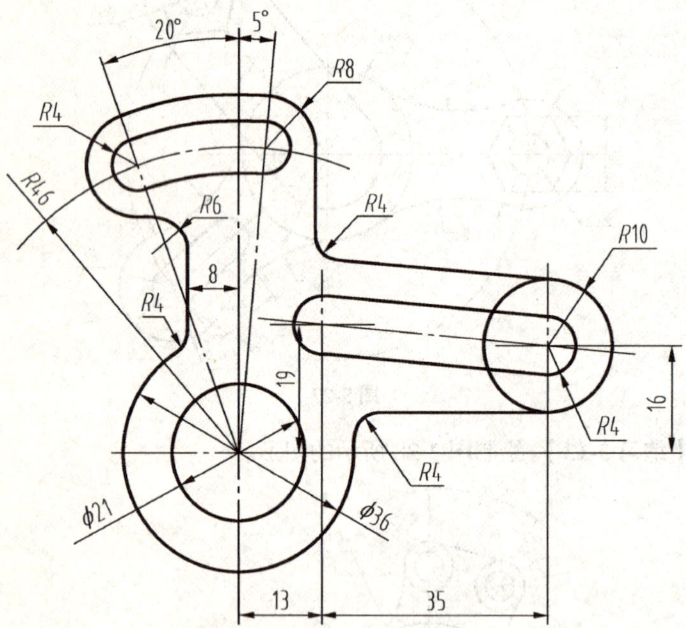

图 3-29

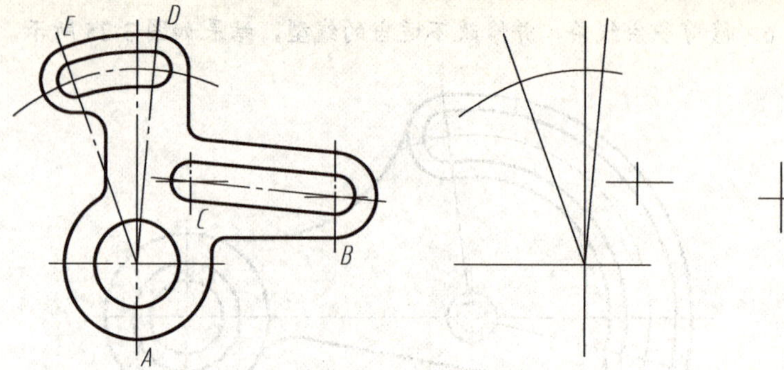

图 3-30

操作步骤提示

1. 设置作图区域的大小为 120×100，再设定全局线型比例因子为 0.2。

2. 绘制图形元素的定位线 *A*、*B*、*C*、*D* 和 *E* 等，结果如图 3-30 所示。

3. 绘制圆，结果如图 3-31 所示。

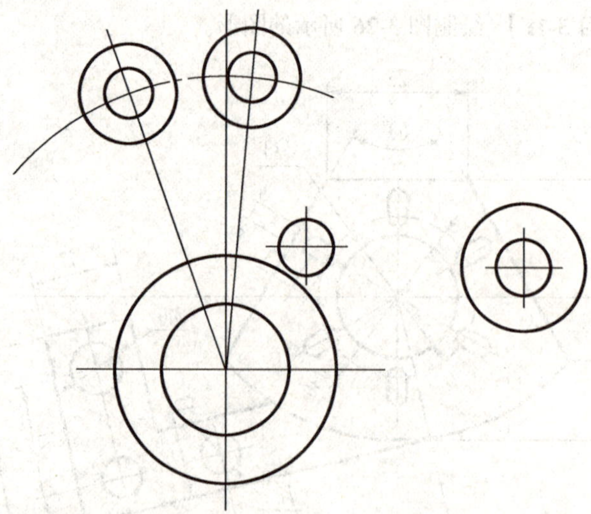

图 3-31

4. 绘制平行线 *A*、*C*，再绘制水平线段 *B* 及竖直线段 *D*，结果如图 3-32 所示。

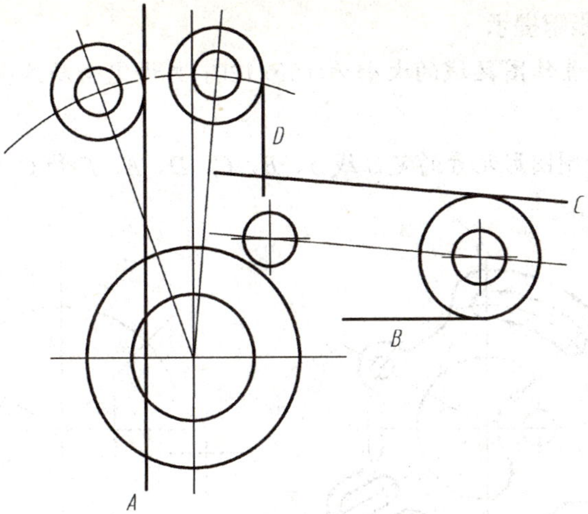

图 3-32

5. 绘制过渡圆弧 E、F 及公切线 G、H 等，然后修改不适当的线型，结果如图 3-33 所示。

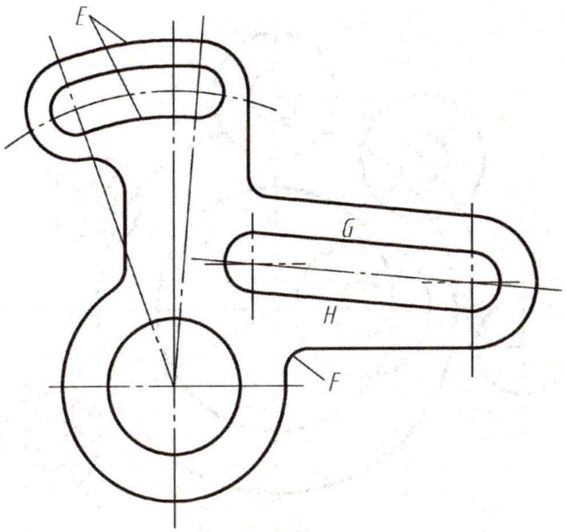

图 3-33

【练习 3-15】 绘制图 3-34 所示的图形。

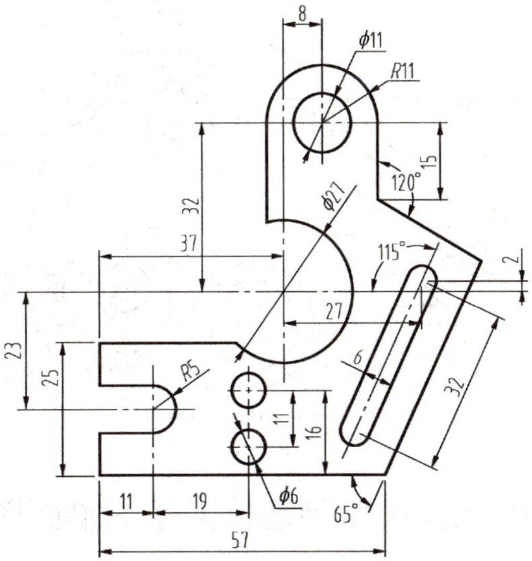

图 3-34

【练习 3-16】 绘制图 3-35 所示的图形。

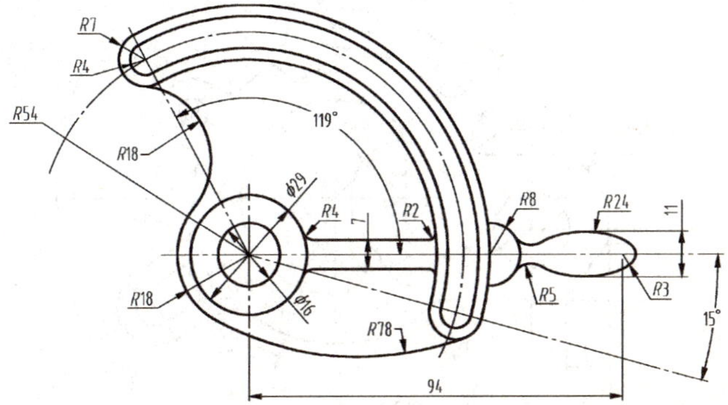

图 3-35

【练习 3-17】 绘制图 3-36 所示的图形。

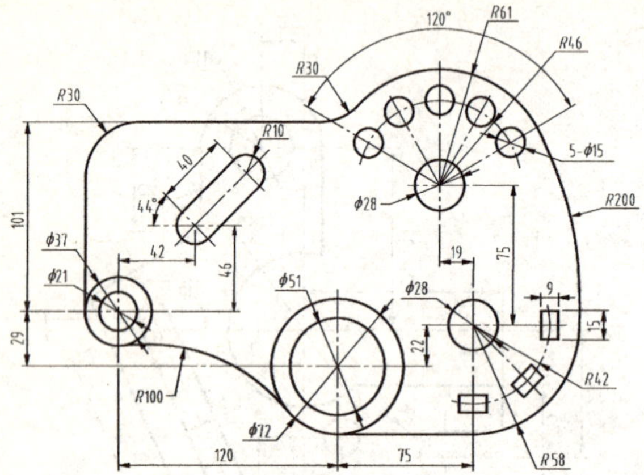

图 3-36

3.5 绘制包含多种连接关系的平面图形

【练习 3-18】 绘制图 3-37 所示的图形。

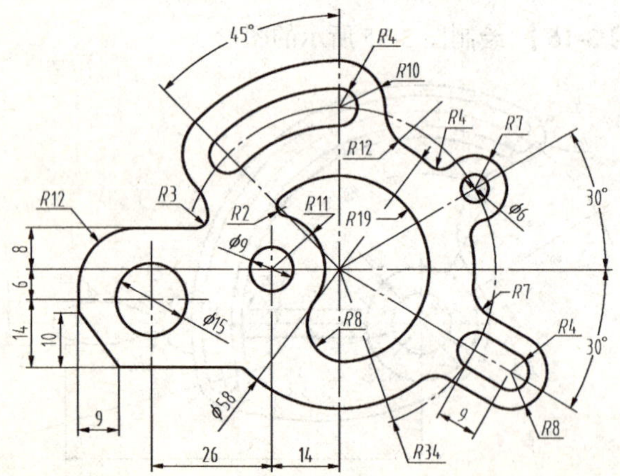

图 3-37

操作步骤提示

1. 设置作图区域的大小为 150×120，再设定全局线型比例因子为 0.2。

2. 绘制图形元素的定位线 *A*、*B*、*C*、*D*、*E*、*F* 和 *G* 等，结果如图 3-38 所示。

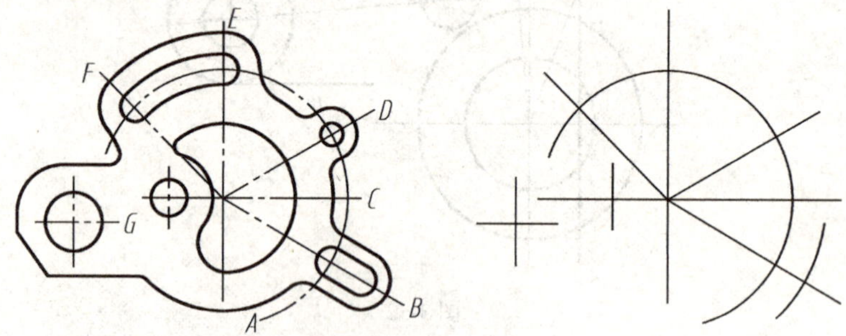

图 3-38

3. 绘制圆，结果如图 3-39 所示。

图 3-39

4. 绘制过渡圆弧 *A*、*B*、*C* 和 *D* 等，结果如图 3-40 所示。

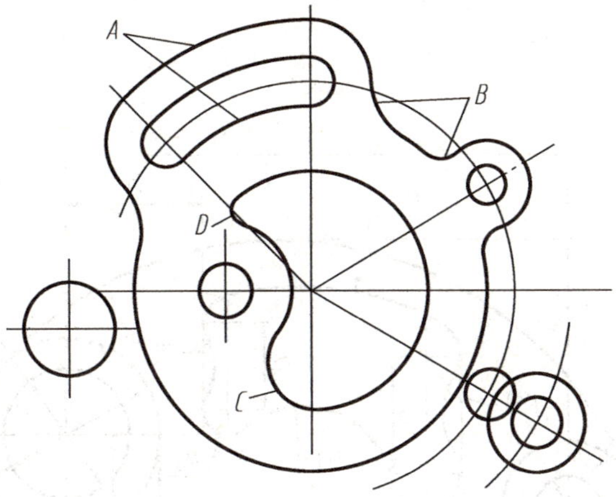

图 3-40

5. 绘制平行线 *M*、*P* 及公切线 *N* 等，结果如图 3-41 所示。

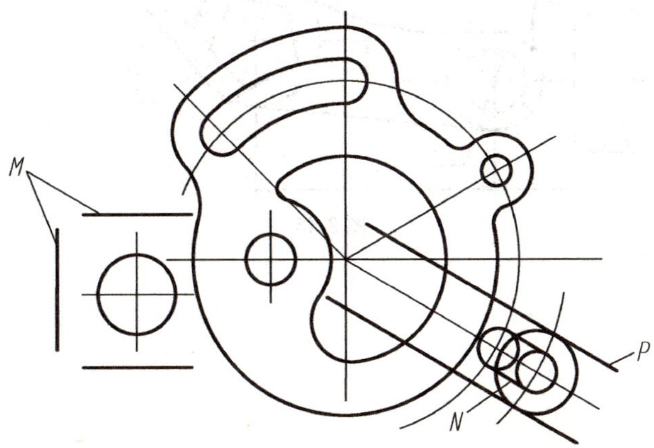

图 3-41

6. 倒斜角 *A* 及倒圆角 *B*，再绘制过渡圆弧 *C*、*D* 等，然后修改不适当的线型，结果如图 3-42 所示。

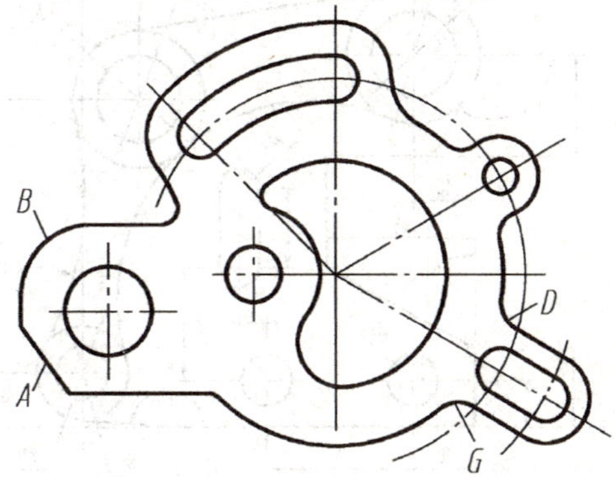

图 3-42

【**练习 3-19**】 绘制图 3-43 所示的图形。

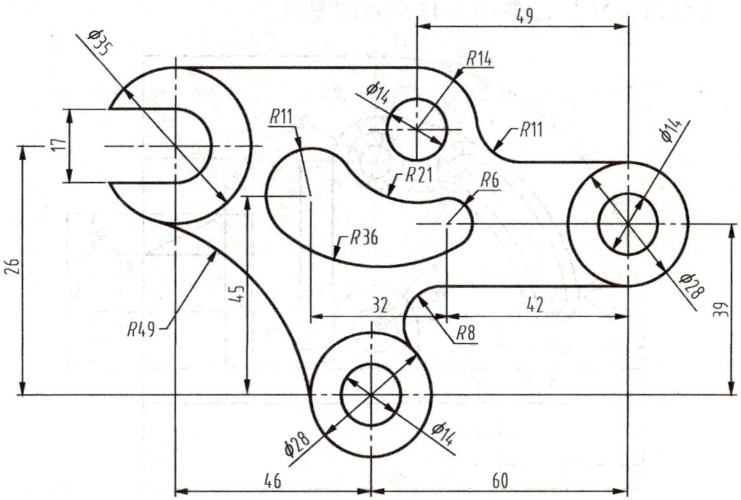

图 3-43

【练习 3-20】 绘制图 3-44 所示的图形。

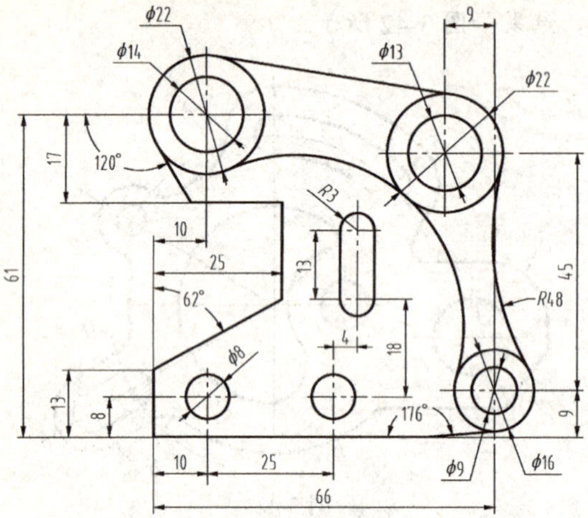

图 3-44

【练习 3-21】 绘制图 3-45 所示的图形。

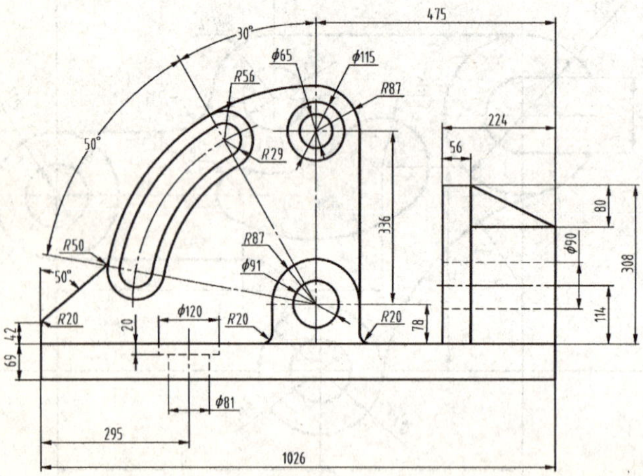

图 3-45

【练习 3-22】 绘制图 3-46 所示的图形。

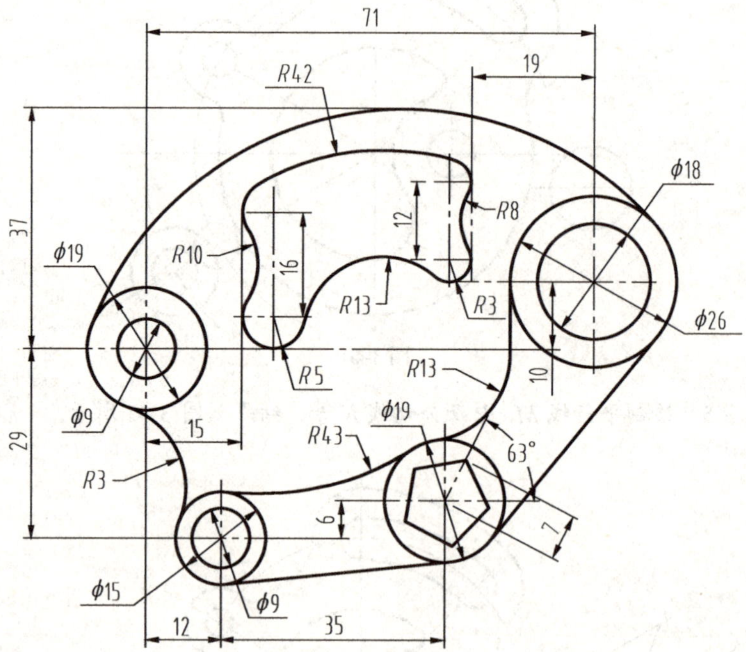

图 3-46

3.6　绘制复杂平面图形

【练习 3-23】 绘制图 3-47 所示的图形。

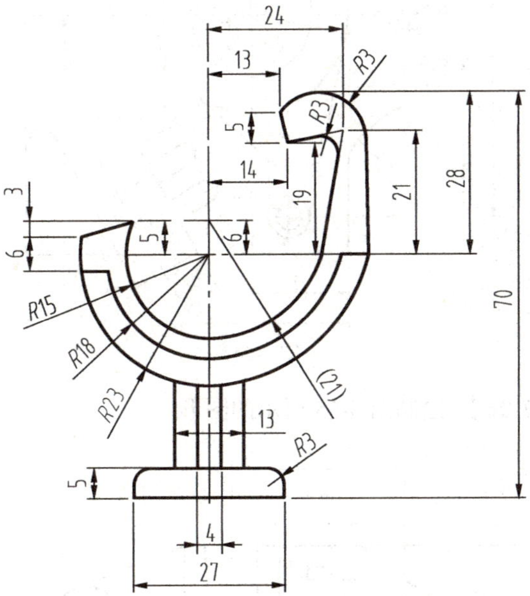

图 3-47

操作步骤提示

1. 设置作图区域的大小为 100×100，再设定全局线型比例因子为 0.2。

2. 绘制图形元素的定位线 *A*、*B* 及端面线 *C* 等，结果如图 3-48 所示。

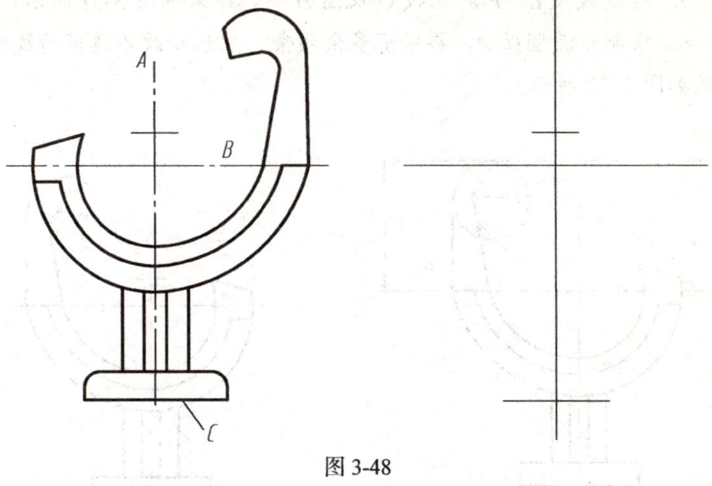

图 3-48

3. 绘制平行线 *E* 及圆 *F* 等，结果如图 3-49 所示。

4. 绘制线段 *A*、*B* 及圆弧 *C*、*D* 等，结果如图 3-50 所示。

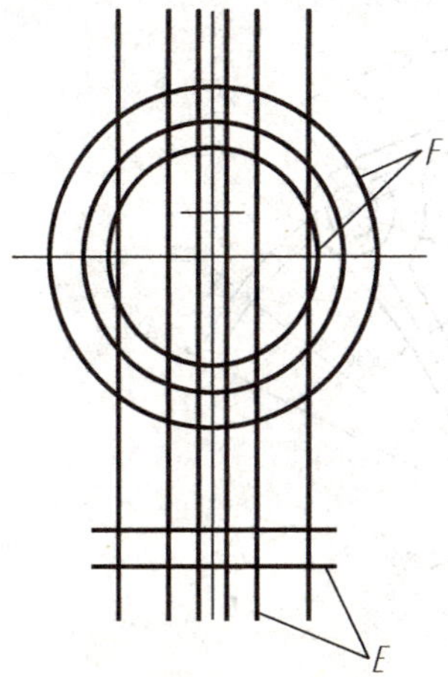

图 3-49

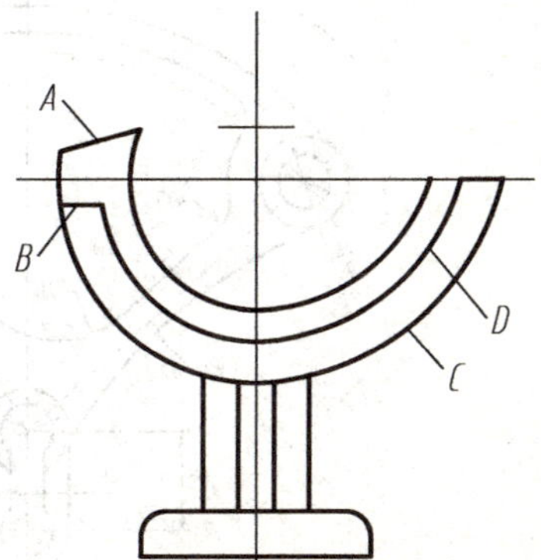

图 3-50

5. 绘制线段 *E*、*F* 和切线 *G* 及圆 *H* 等，结果如图 3-51 所示。

6. 绘制过渡圆弧 *A*，再修剪多余线条，然后修改不适当的线型，结果如图 3-52 所示。

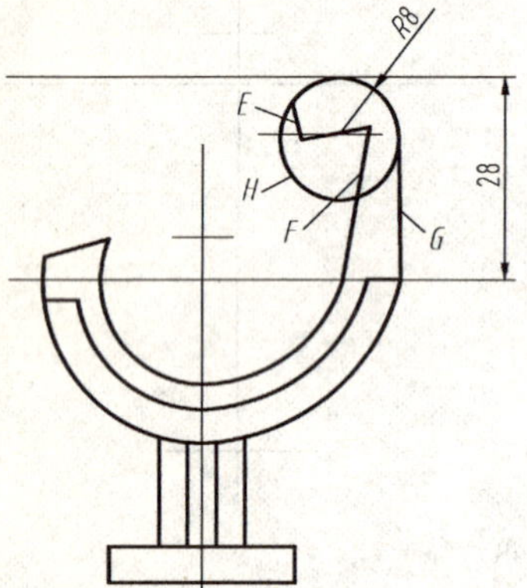

图 3-51

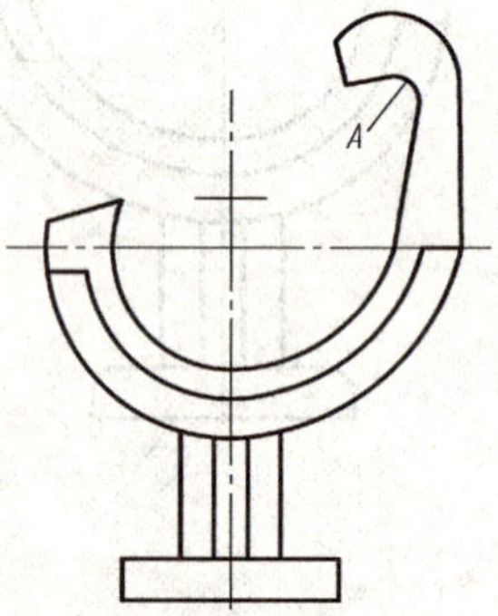

图 3-52

【练习 3-24】 绘制图 3-53 所示的图形。

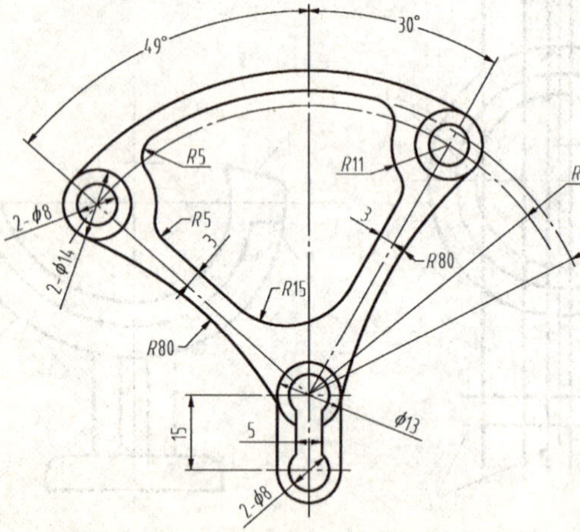

图 3-53

【练习 3-25】 绘制图 3-54 所示的图形。

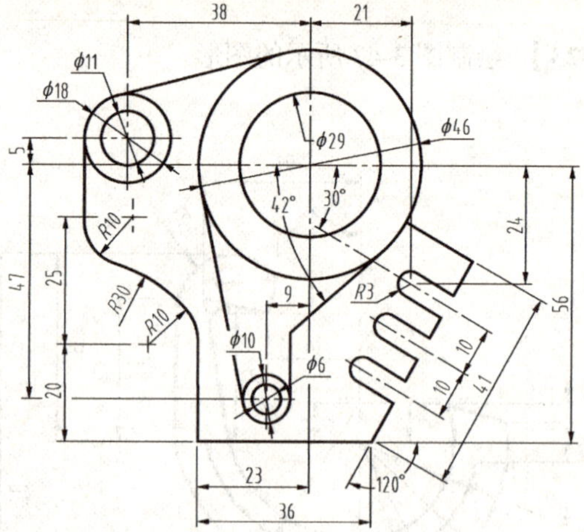

图 3-54

【练习 3-26】 绘制图 3-55 所示的图形。

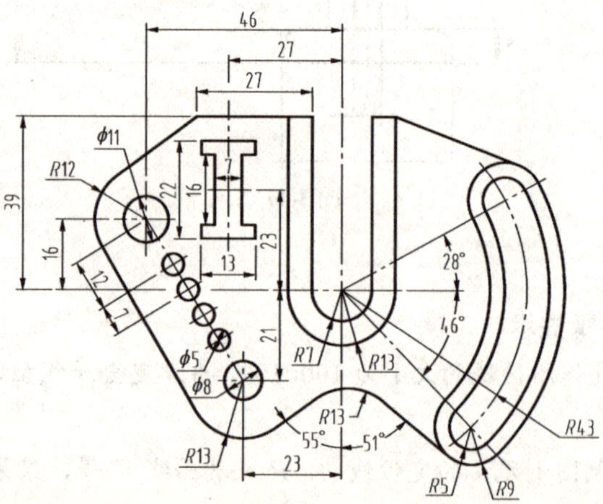

图 3-55

【练习 3-27】 绘制图 3-56 所示的图形。

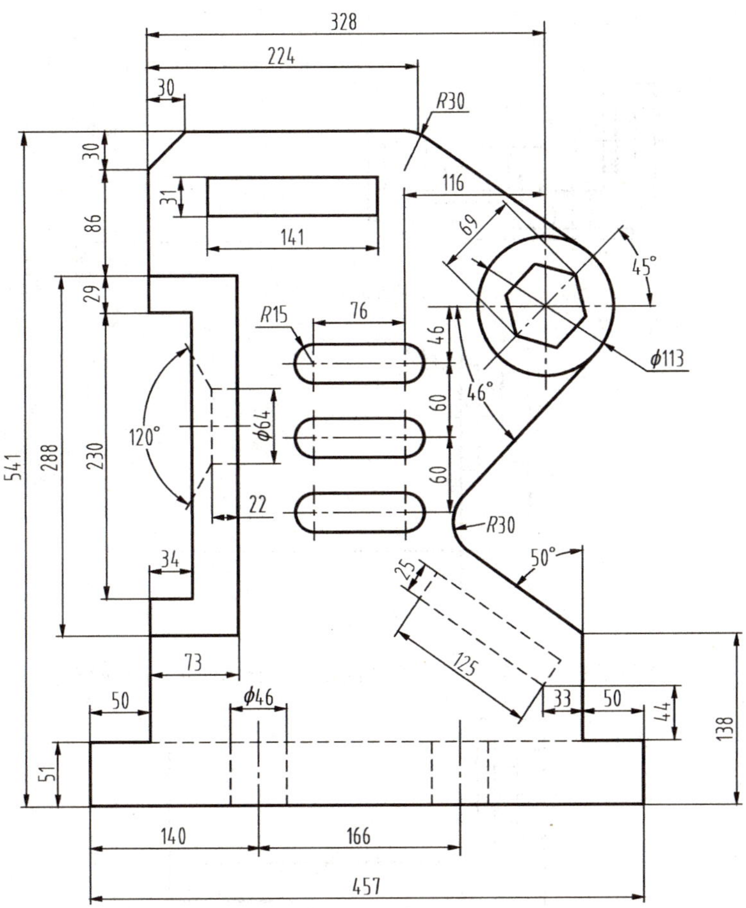

图 3-56

【练习 3-28】 绘制图 3-57 所示的图形。

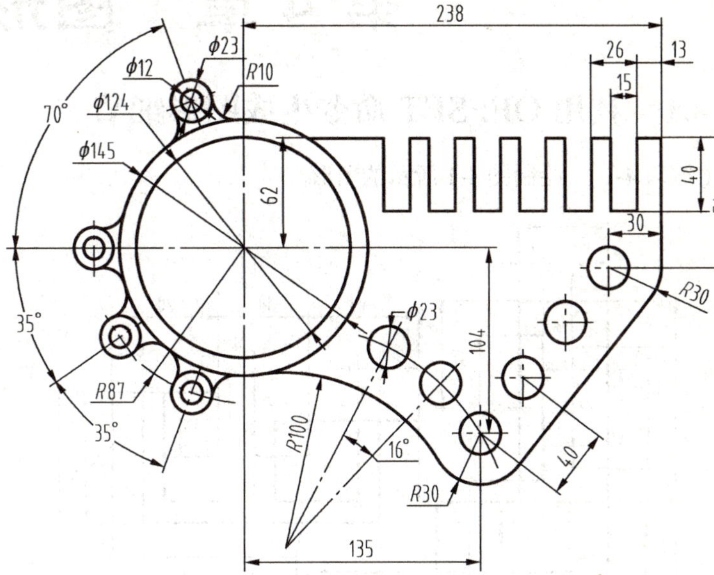

图 3-57

第 4 章　图形绘制及编辑技巧

4.1　利用 OFFSET 命令生成图形细节

【练习 4-1】 绘制图 4-1 所示的图形。

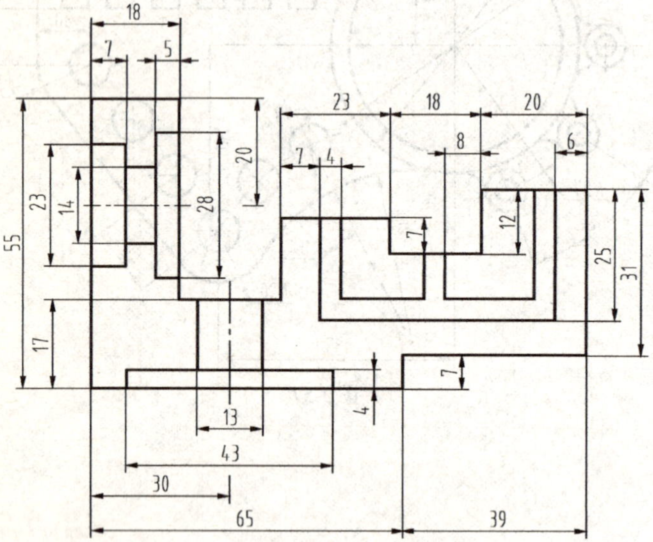

图 4-1

操作步骤提示

1. 设置作图区域的大小为 150×100，再设定全局线型比例因子为 0.2。

2. 绘制作图基准线 *A*、*B*，结果如图 4-2 所示。

3. 利用 OFFSET 命令偏移线段 *A*、*B* 以形成图形细节 *E*，结果如图 4-3 所示。

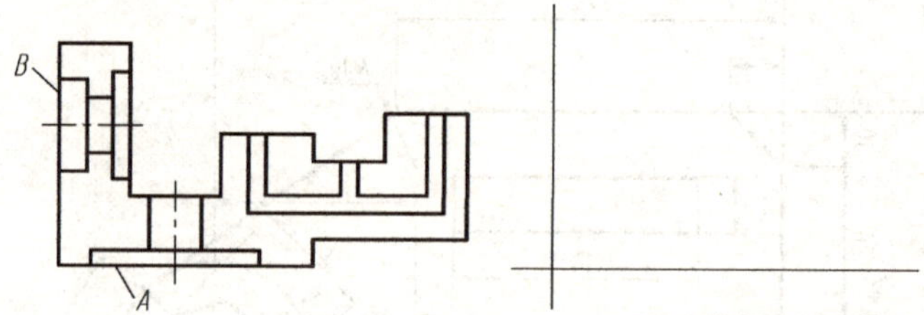

图 4-2

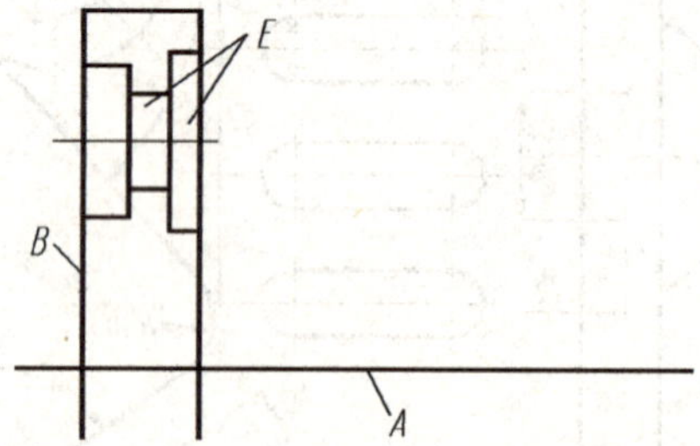

图 4-3

4. 偏移线段 *A*、*B* 以形成局部细节 *F*，结果如图 4-4 所示。

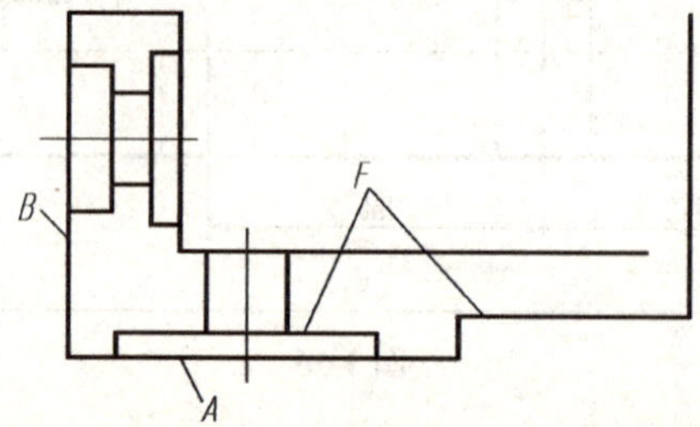

图 4-4

5. 利用 OFFSET 命令偏移线段 C、D 以形成图形细节 G，然后修改不适当的线型，结果如图 4-5 所示。

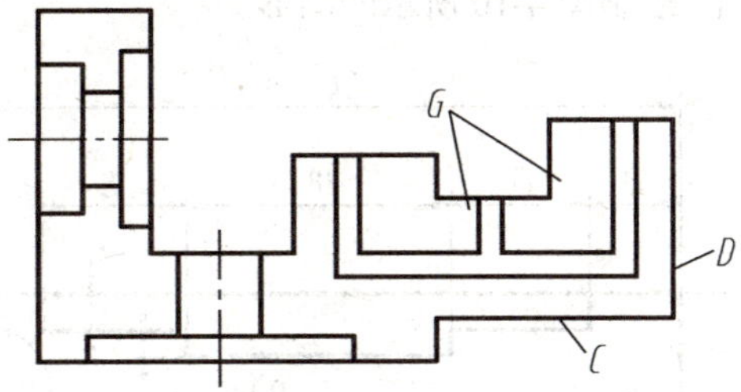

图 4-5

【练习 4-2】 绘制图 4-6 所示的图形。

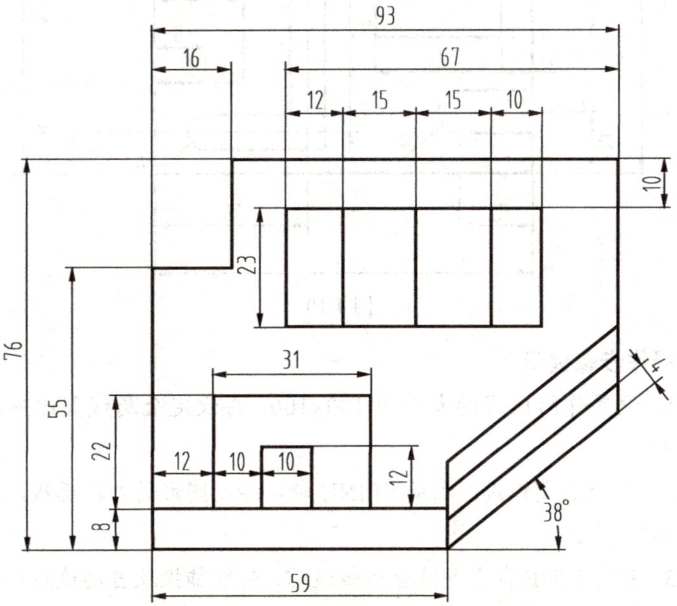

图 4-6

【练习 4-3】 绘制图 4-7 所示的图形。

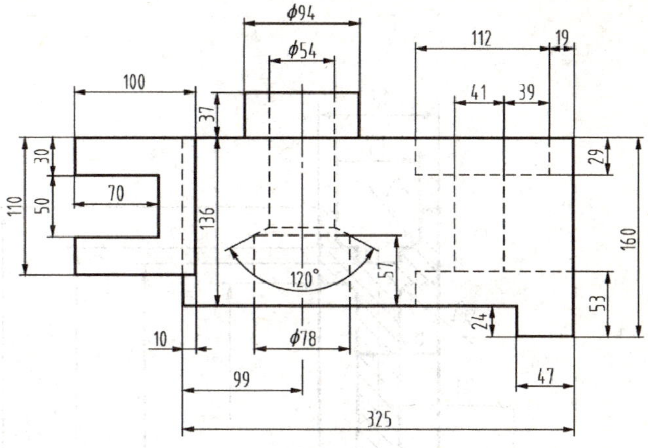

图 4-7

【练习 4-4】 绘制图 4-8 所示的图形。

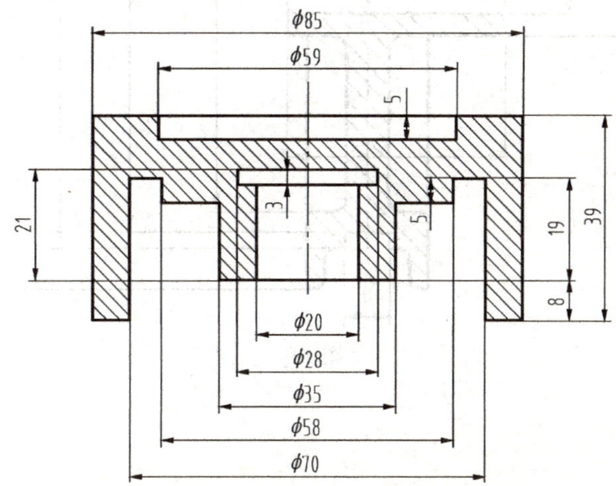

图 4-8

【**练习 4-5**】 绘制图 4-9 所示的图形。

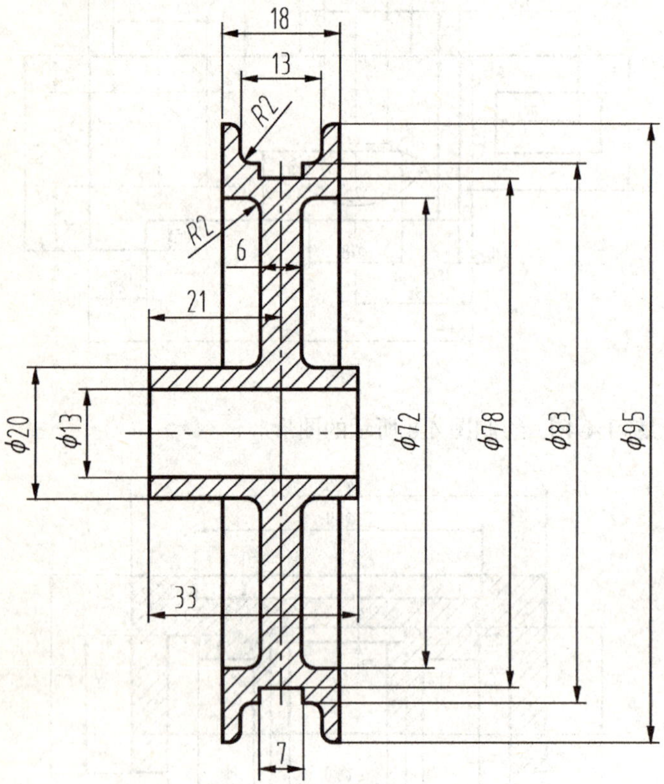

图 4-9

4.2 利用 LINE 或 PLINE 命令生成图形细节

【**练习 4-6**】 绘制图 4-10 所示的图形。

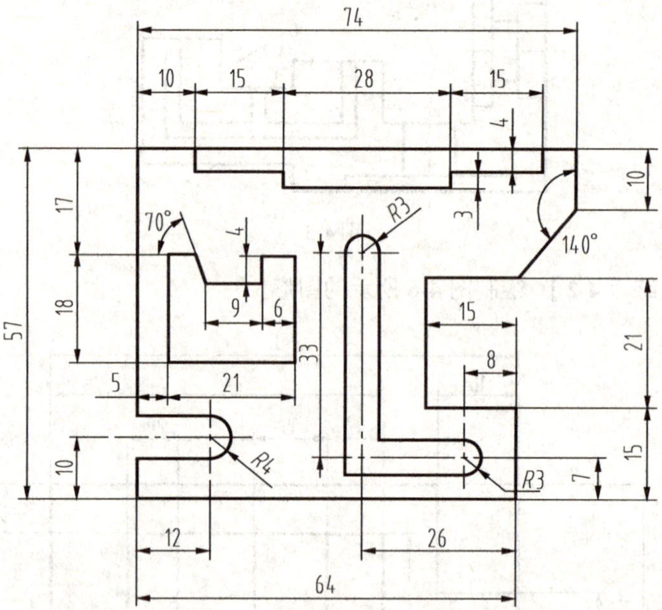

图 4-10

操作步骤提示

1. 设置作图区域的大小为 100×100，再设定全局线型比例因子为 0.2。

2. 打开正交模式，利用 PLINE 命令绘制图形的外轮廓线，结果如图 4-11 所示。

3. 利用 LINE 命令并结合极轴追踪、对象捕捉及自动追踪功能绘制细节特征 *A*，结果如图 4-12 所示。

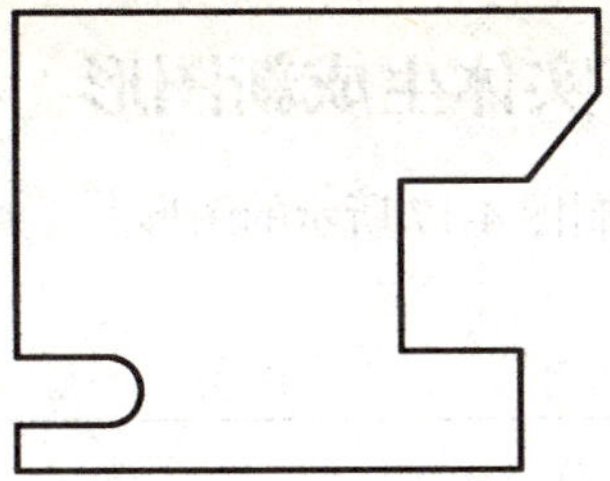

图 4-11

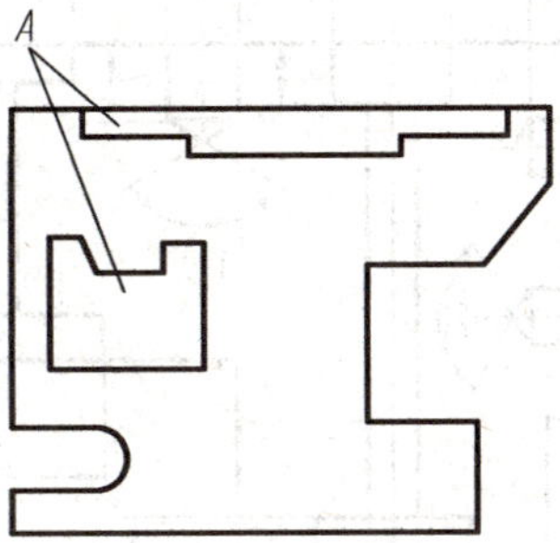

图 4-12

4. 利用 PLINE 命令并结合极轴追踪、对象捕捉及自动追踪功能绘制细节特征 *B*，结果如图 4-13 所示。

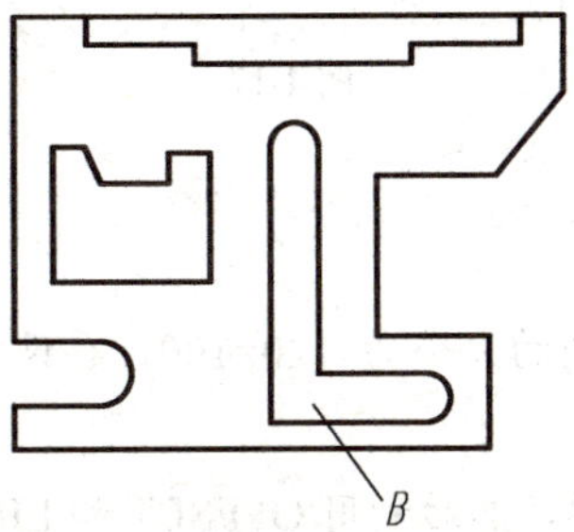

图 4-13

【练习 4-7】 绘制图 4-14 所示的图形。

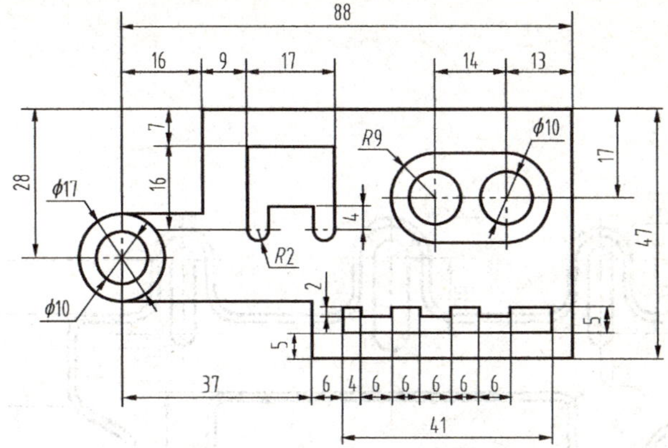

图 4-14

【练习 4-8】 绘制图 4-15 所示的图形。

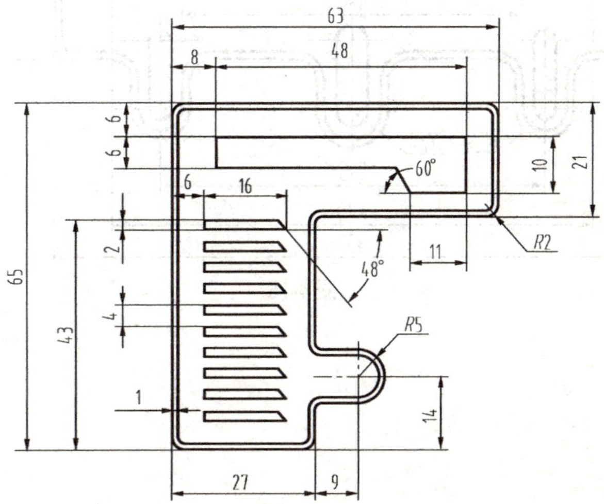

图 4-15

【练习 4-9】 绘制图 4-16 所示的图形。

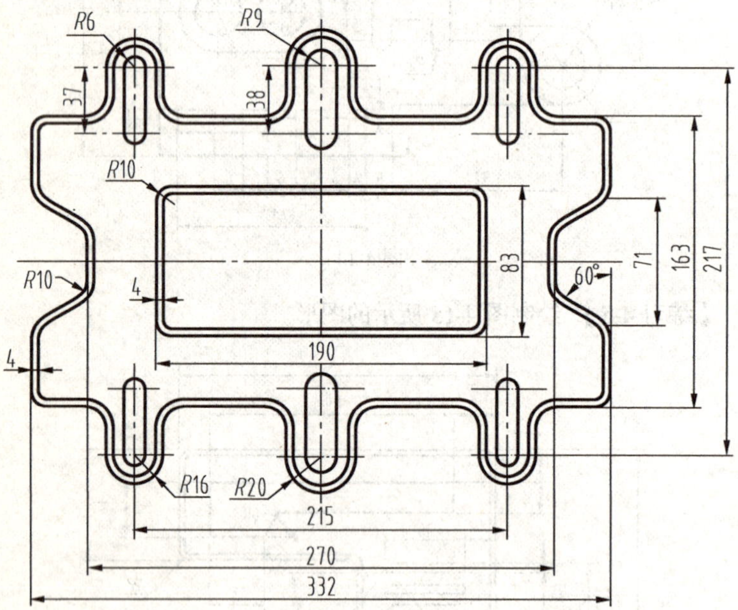

图 4-16

4.3 从现有实体生成新图形

【练习 4-10】 绘制图 4-17 所示的图形。

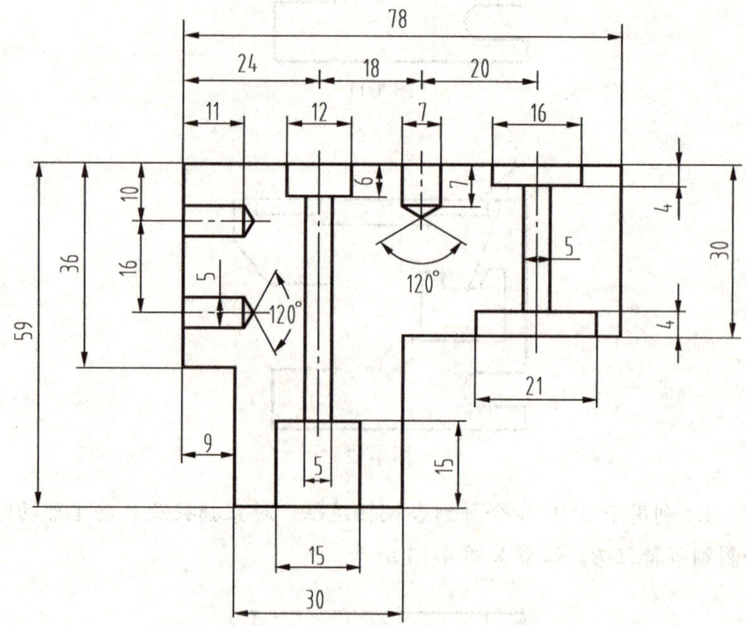

图 4-17

操作步骤提示

1. 设置作图区域的大小为 120×100，再设定全局线型比例因子为 0.2。

2. 绘制图形轮廓，然后利用 OFFSET 和 LINE 命令绘制细节 *A*、*B*，结果如图 4-18 所示。

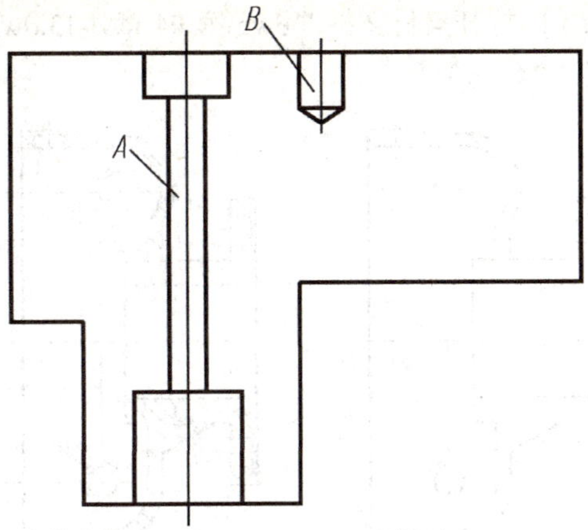

图 4-18

3. 把图形 *A* 复制到 *C* 处，再将图形 *B* 分别复制到 *D*、*E* 处并旋转，结果如图 4-19 所示。

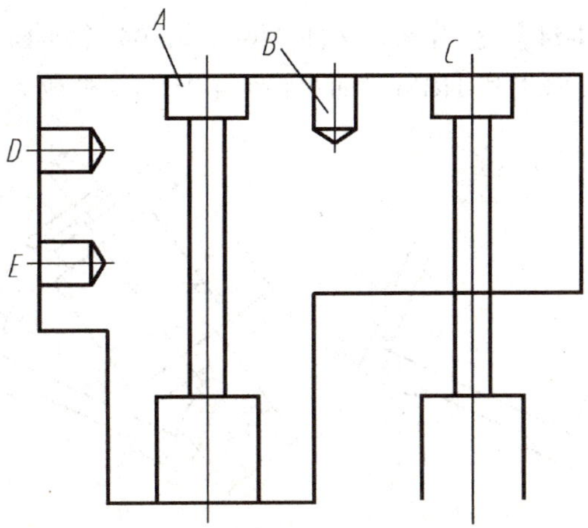

图 4-19

4. 利用 STRETCH 命令编辑图形 *C*，结果如图 4-20 所示。

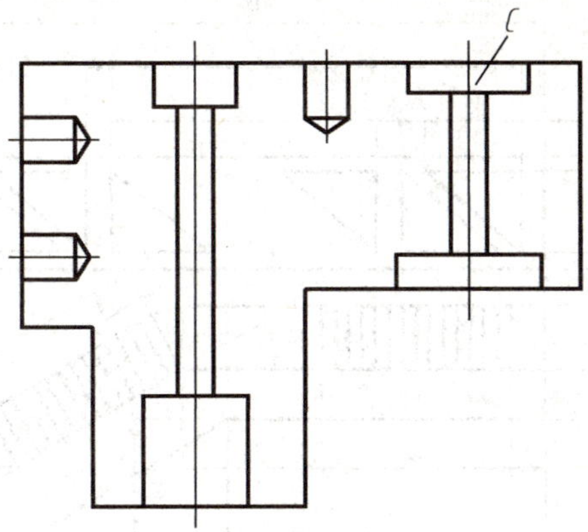

图 4-20

5. 利用 SCALE 和 STRETCH 命令编辑图形 *D*、*E*，结果如图 4-21 所示。

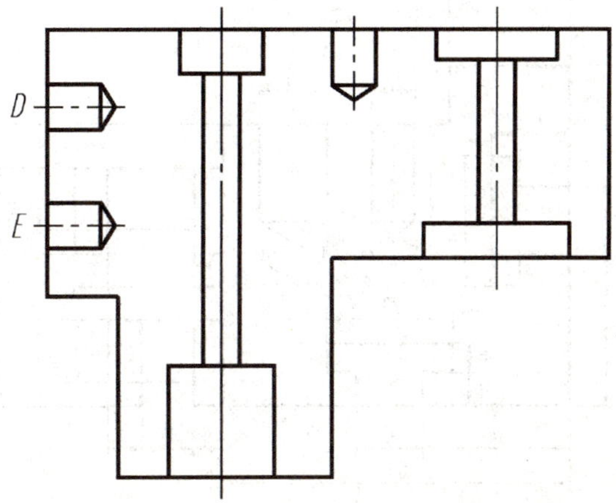

图 4-21

【练习 4-11】 绘制图 4-22 所示的图形。

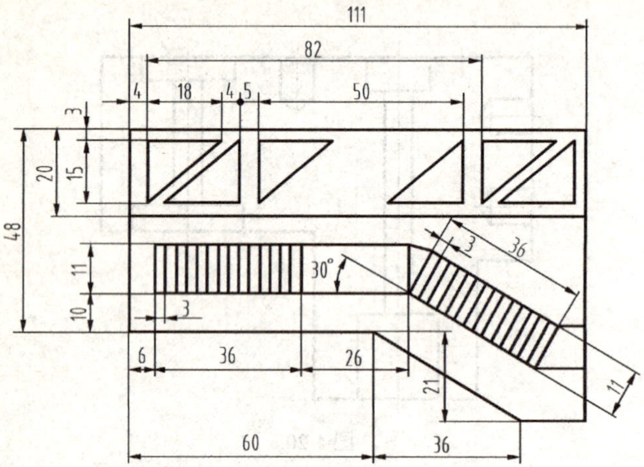

图 4-22

【练习 4-12】 绘制图 4-23 所示的图形。

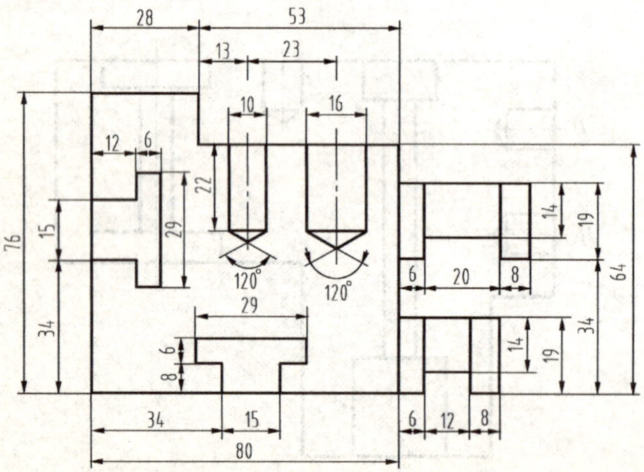

图 4-23

【练习 4-13】 打开素材文件“\dwg\第 04 章\4-13.dwg”，将图 4-24（a）修改为图 4-24（b）。

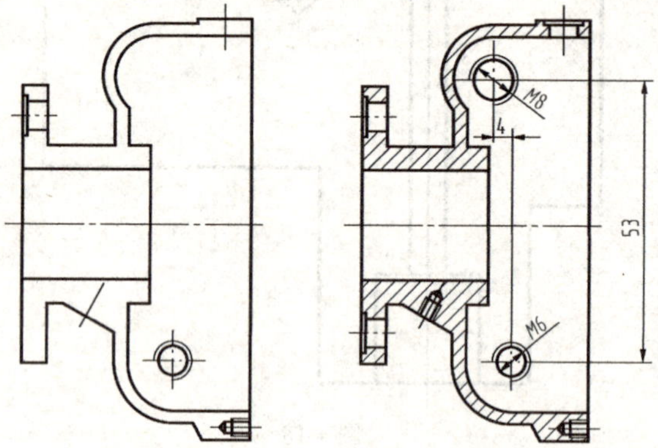

（a） （b）

图 4-24

4.4 利用 XLINE 命令辅助绘图

【练习 4-14】 打开素材文件“\dwg\第 04 章\4-14.dwg”，利用 XLINE、OFFSET 和 TRIM 等命令将图 4-25（a）修改为图 4-25（b）。

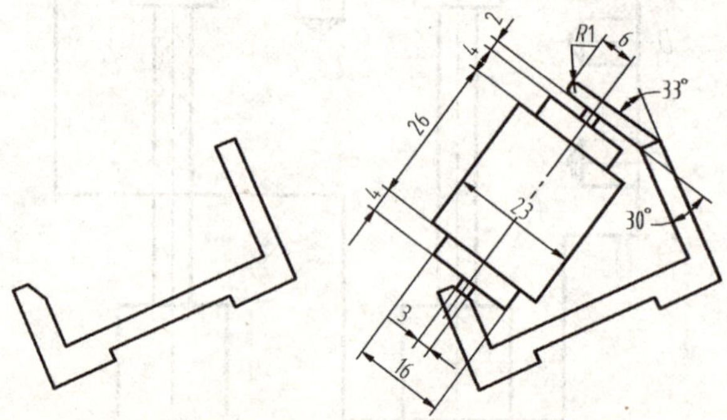

（a） （b）

图 4-25

操作步骤提示

1. 利用 XLINE 命令中的“A”选项绘制线段 *A*、*B* 和 *C*，结果如图 4-26 所示。

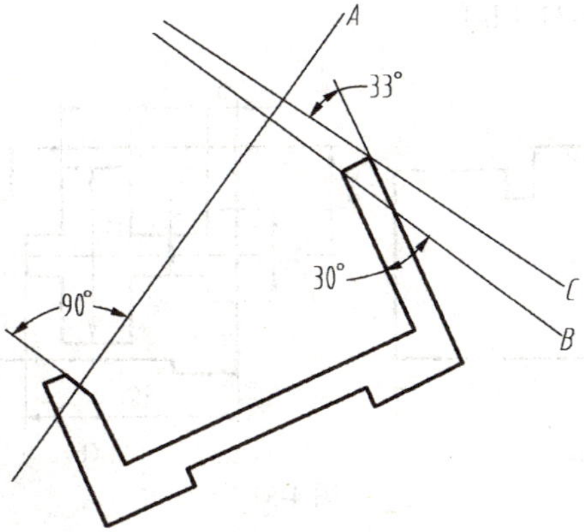

图 4-26

2. 以线段 *A*、*B* 为作图基准线，利用 OFFSET 命令形成图形细节 *E*，结果如图 4-27 所示。

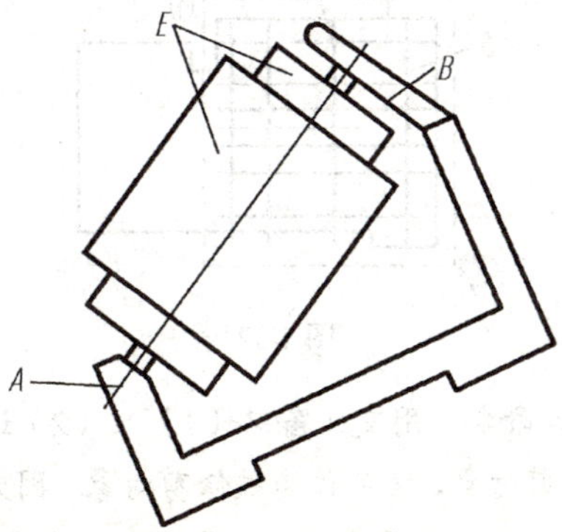

图 4-27

【练习 4-15】 绘制图 4-28 所示的图形。

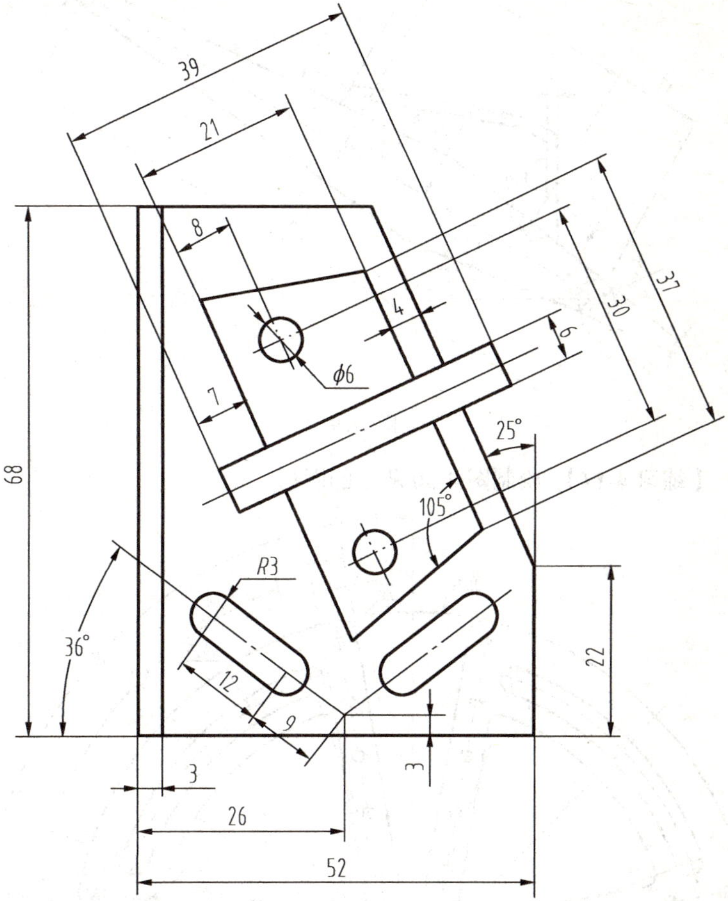

图 4-28

【练习 4-16】 利用 XLINE、CIRCLE 和 TRIM 命令绘制图 4-29 所示的图形。

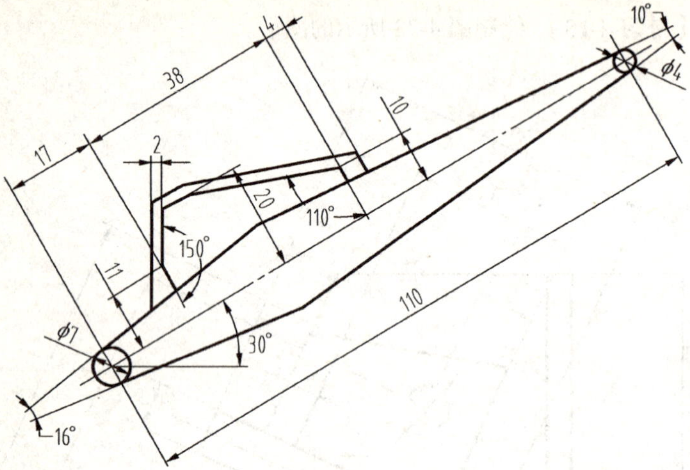

图 4-29

【练习 4-17】 绘制图 4-30 所示的图形。

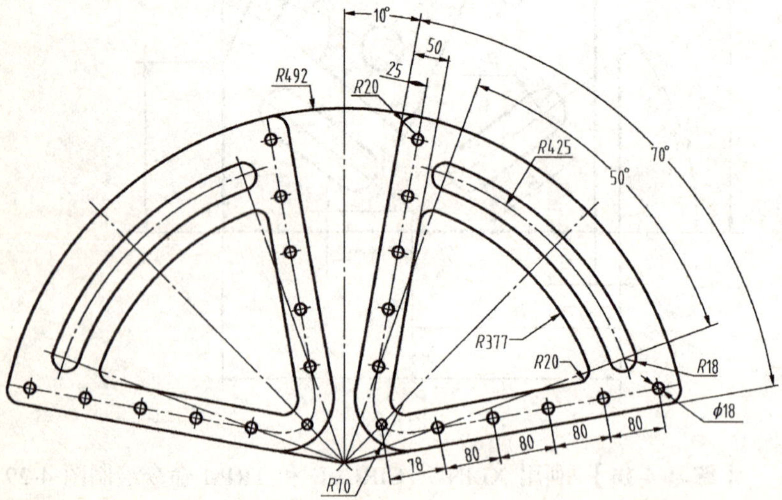

图 4-30

4.5 快速修剪

【练习 4-18】 打开素材文件“\dwg\第 04 章\4-18.dwg”，将图 4-31（a）修改为图 4-31（b）。

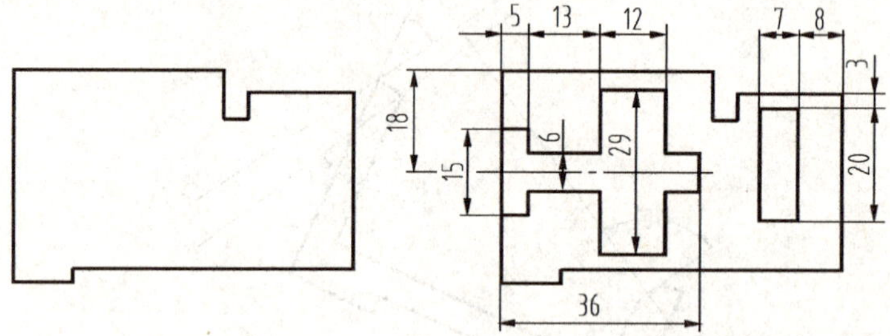

（a）　　（b）

图 4-31

操作步骤提示

1. 利用 OFFSET 命令绘制平行线 *A*、*B* 和 *C* 等，结果如图 4-32 所示。

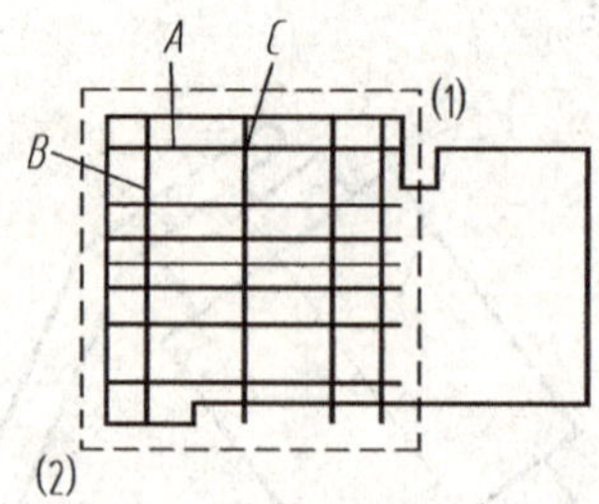

图 4-32

2. 启动 TRIM 命令，用交叉窗口（1）~（2）选择对象，被选中的线段既可作为修剪对象，又可作为被修剪对象，因为它们之间可以相互修剪。用户只需仔细选取要修剪的对象即可，结果如图 4-33 所示。

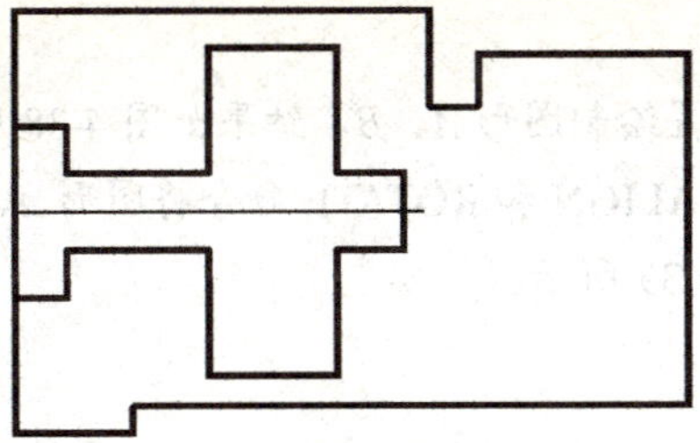

图 4-33

3. 利用 OFFSET 命令绘制平行线 *E*、*F* 等，结果如图 4-34 所示。

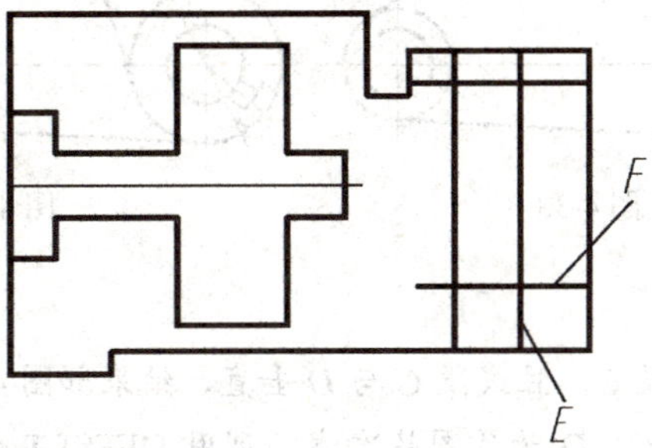

图 4-34

4. 设定圆角半径为 0，然后利用 FILLET 命令修剪多余线段，结果如图 4-35 所示。

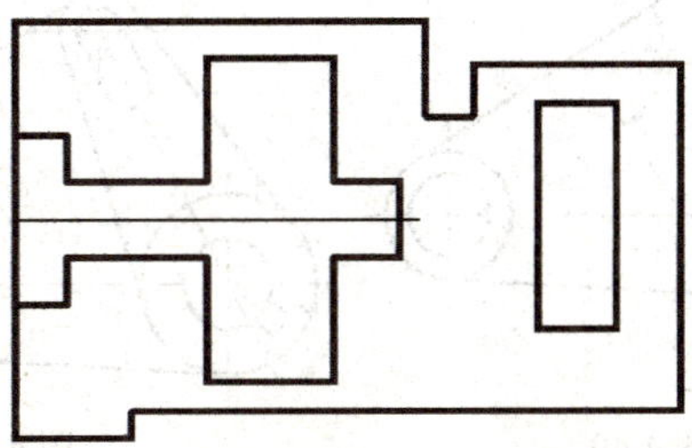

图 4-35

【练习 4-19】 打开素材文件 "\dwg\第 04 章\4-19.dwg"，将图 4-36（a）修改为图 4-36（b）。

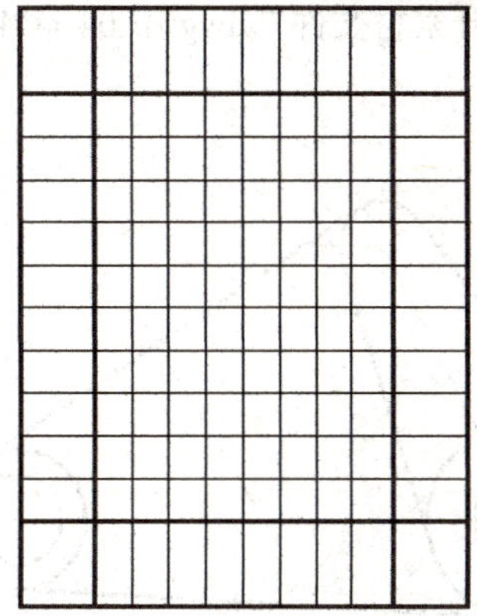

（a）

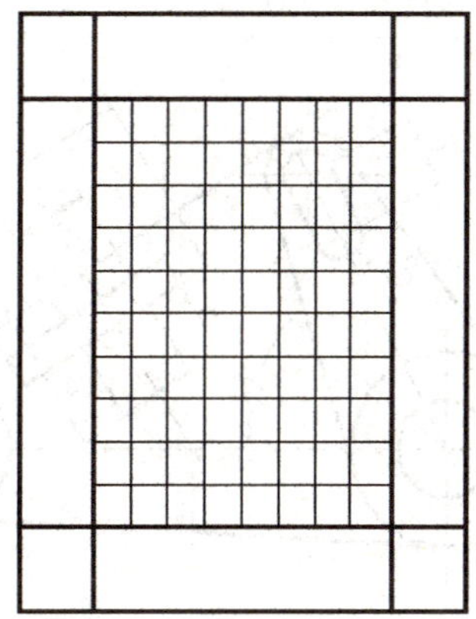

（b）

图 4-36

要点提示 修剪过程中，可利用 "F" 选项选择被修剪的对象。

4.6　绘制倾斜的图形实体

【**练习 4-20**】打开素材文件“\dwg\第 04 章\4-20.dwg”，将图 4-37（a）修改为图 4-37（b）。

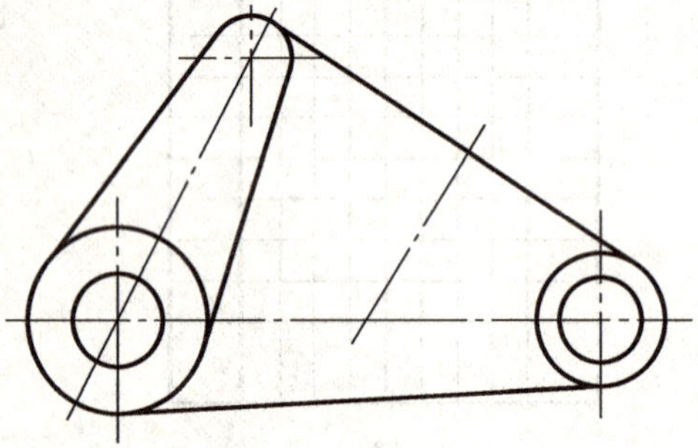

（a）

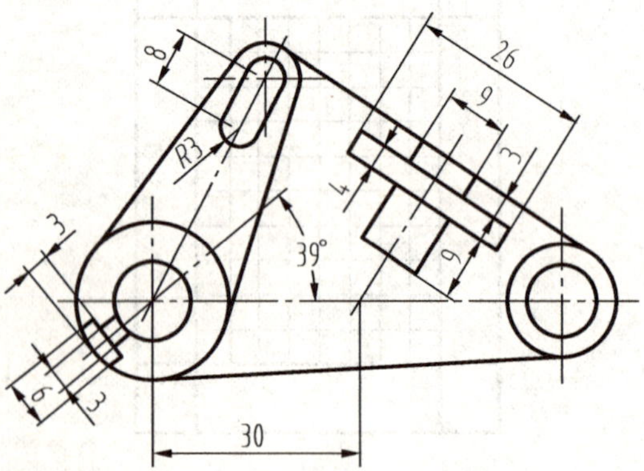

（b）

图 4-37

操作步骤提示

1. 在水平位置绘制图形 *A*、*B*，结果如图 4-38 所示。

2. 分别利用 ALIGN 和 ROTATE 命令将图形 *A*、*B* 定位到正确的位置，结果如图 4-39 所示。

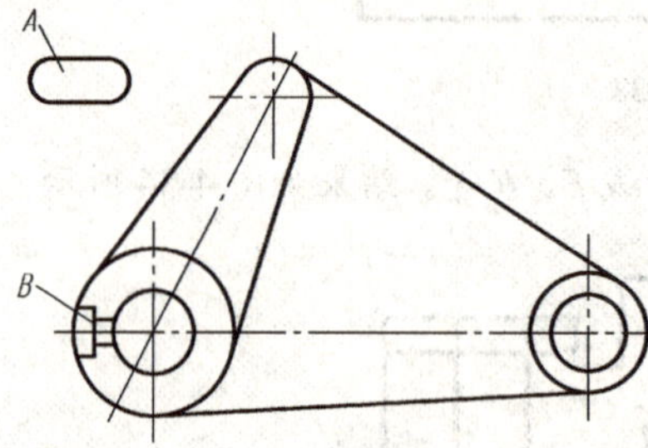

图 4-38

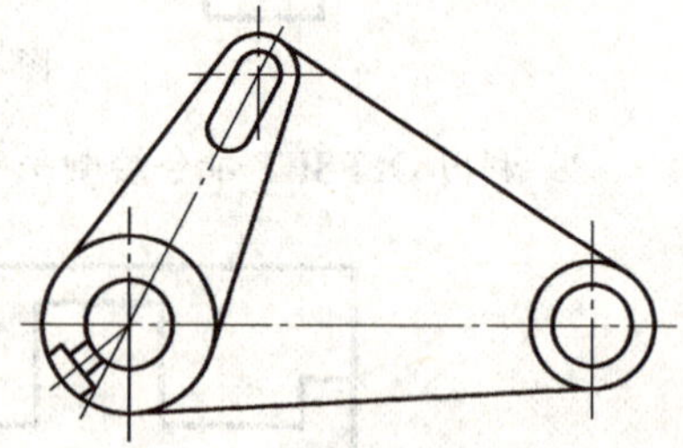

图 4-39

3. 绘制线段 *C*，且线段 *C* 与 *D* 垂直，结果如图 4-40 所示。

4. 以线段 *C*、*D* 为作图基准线，利用 OFFSET 命令形成图形细节 *E*，结果如图 4-41 所示。

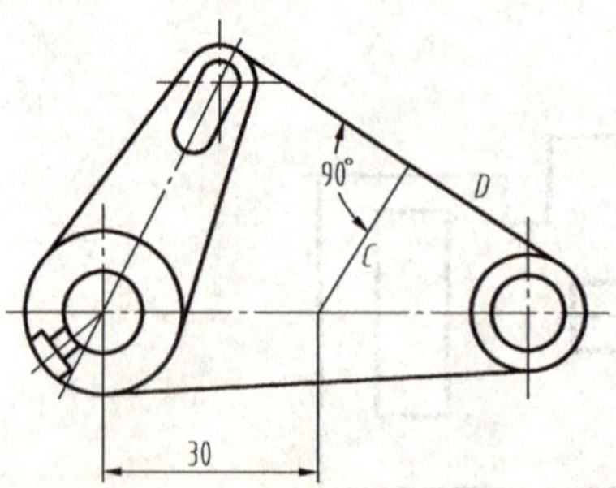

图 4-40

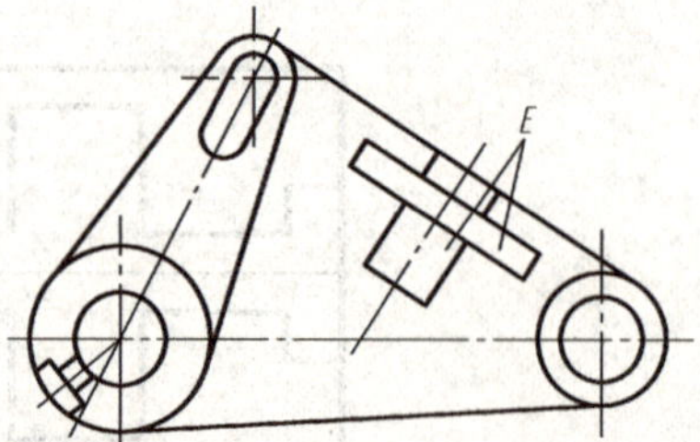

图 4-41

【练习 4-21】 绘制图 4-42 所示的图形。

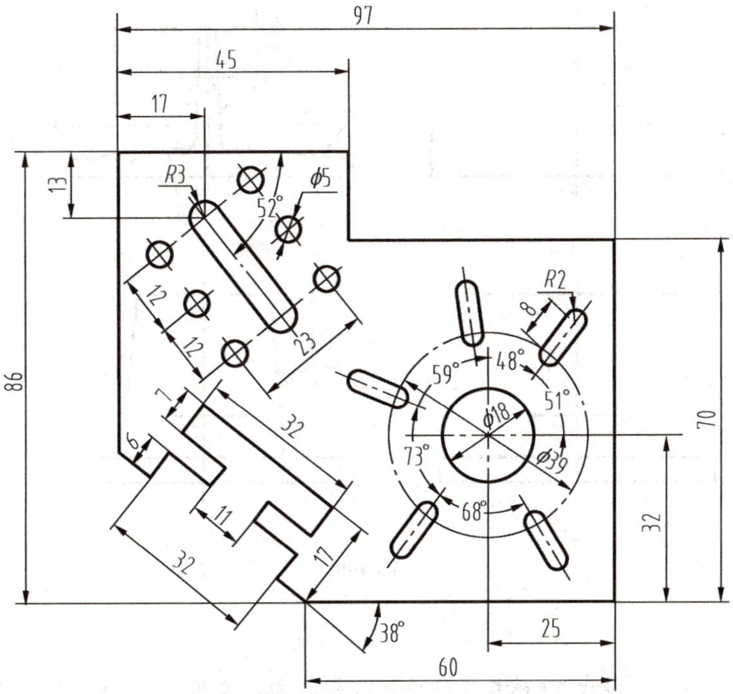

图 4-42

【练习 4-22】 绘制图 4-43 所示的图形。

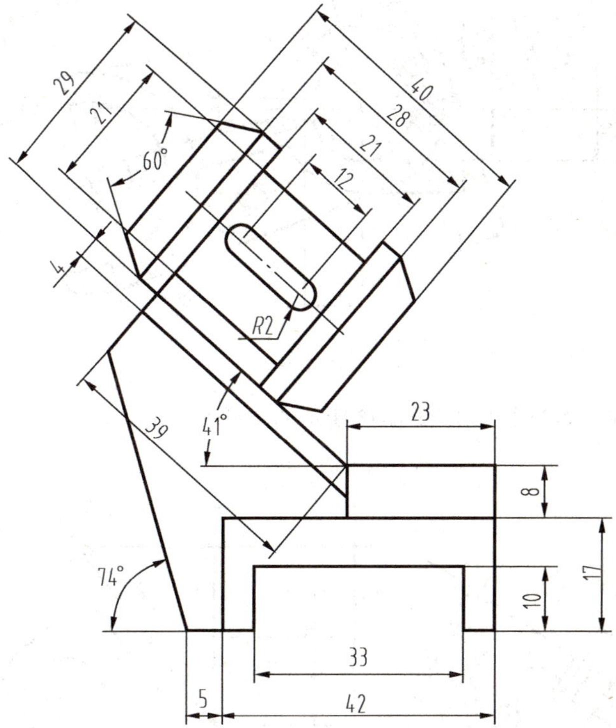

图 4-43

【练习 4-23】 绘制图 4-44 所示的图形。

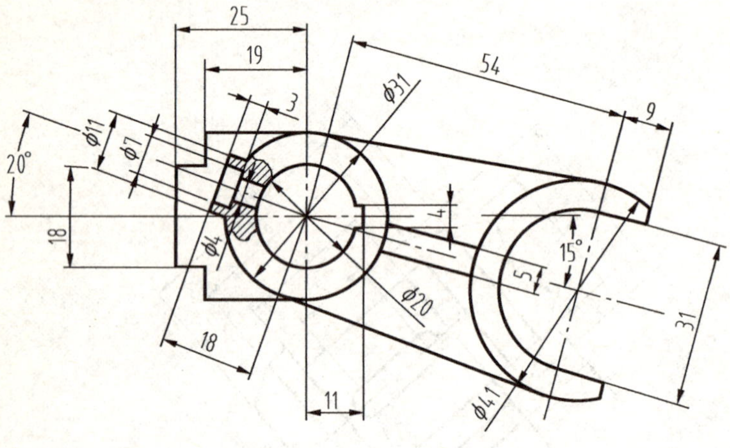

图 4-44

【练习 4-24】 绘制图 4-45 所示的图形。

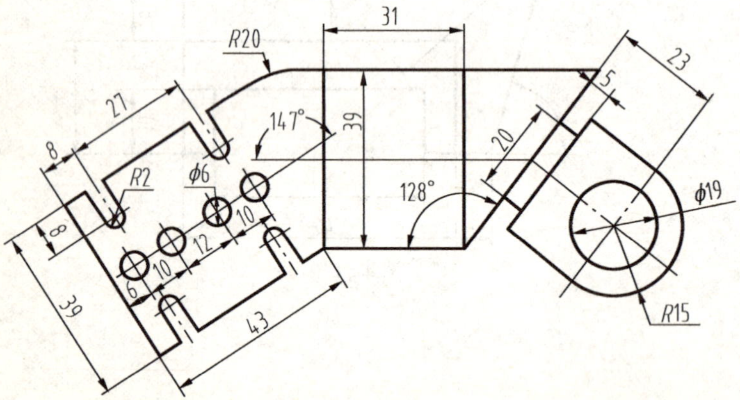

图 4-45

4.7 绘制有锥度和斜度图形的技巧

【练习 4-25】 打开素材文件“\dwg\第 04 章\4-25.dwg”，将图 4-46（a）修改为图 4-46（b）。

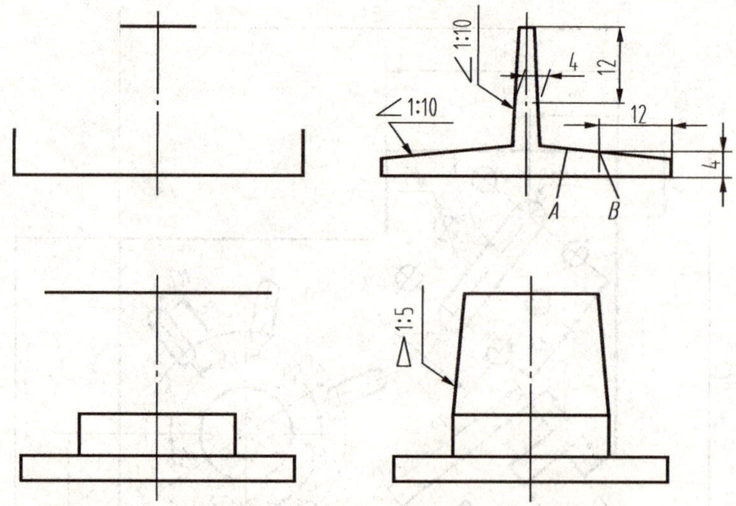

（a） （b）

图 4-46

要点提示 使用 XLINE 命令绘制图 4-43 中的斜线 *A*。发出该命令后，首先找到斜线 *A* 上的点 *B*，然后再输入另一点的相对坐标：“@10,-1” 或 “@-10,1”。

【练习 4-26】 绘制图 4-47 所示的图形。

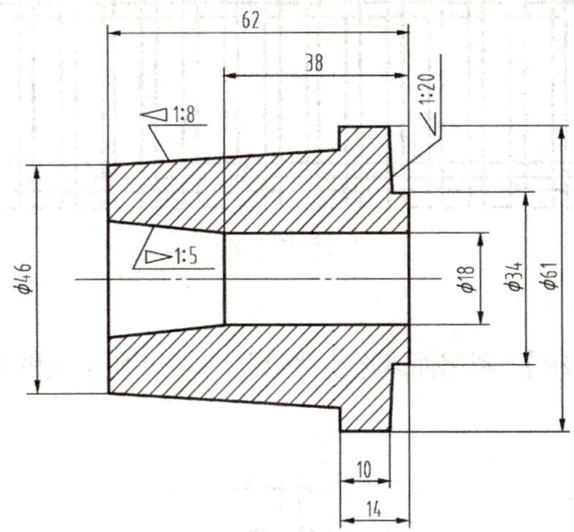

图 4-47

4.8　面域造型法的应用

【练习 4-27】 绘制图 4-48 所示的图形。

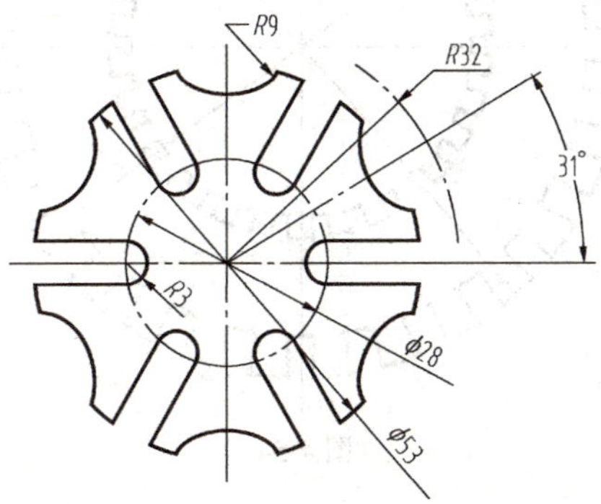

图 4-48

操作步骤提示

1. 绘制图 4-49 所示的图形，将圆 *A*、*B* 和 *C* 及矩形 *D* 创建成面域。

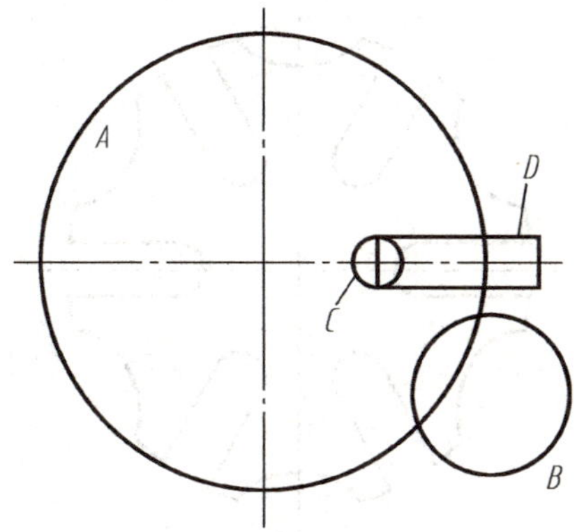

图 4-49

2. 建立圆 *B*、*C* 及矩形 *D* 的环形阵列，结果如图 4-50 所示。

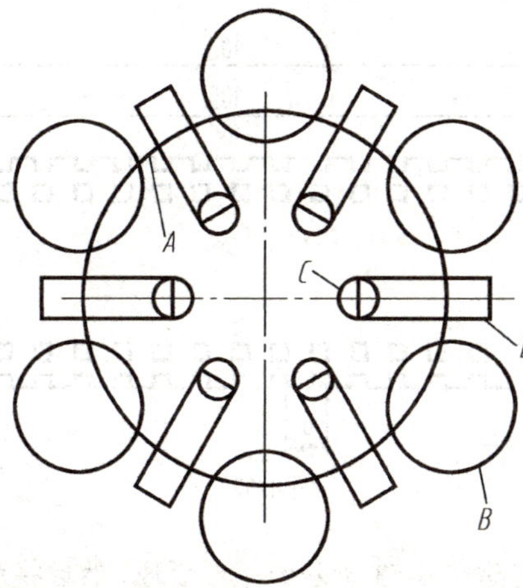

图 4-50

3. 进行布尔运算，用面域 *A* 减去面域 *B*、*C* 和 *D* 等，结果如图 4-51 所示。

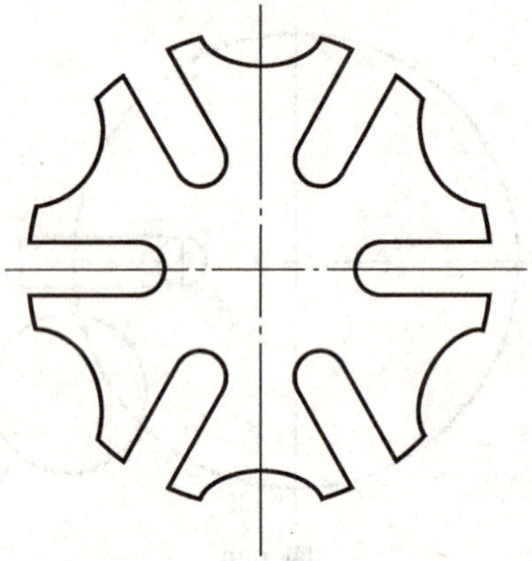

图 4-51

【练习 4-28】 利用面域造型法绘制图 4-52 所示的图形。

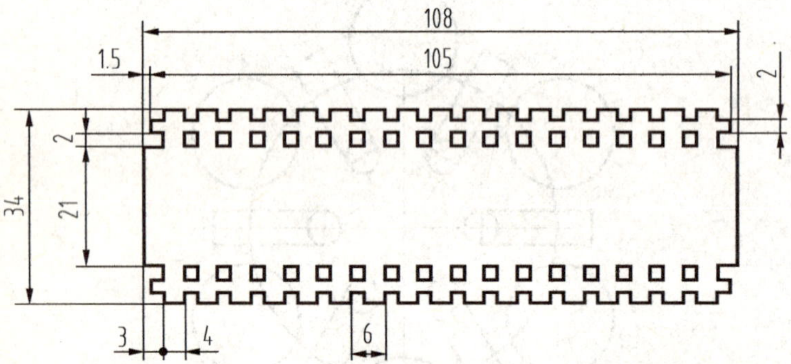

图 4-52

要点提示 首先创建图 4-53 所示的矩形面域，然后将所有面域进行并运算。

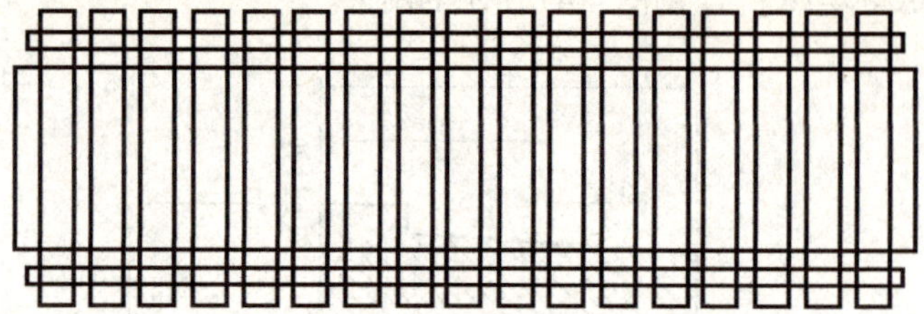

图 4-53

【练习 4-29】 利用面域造型法绘制图 4-54 所示的图形。

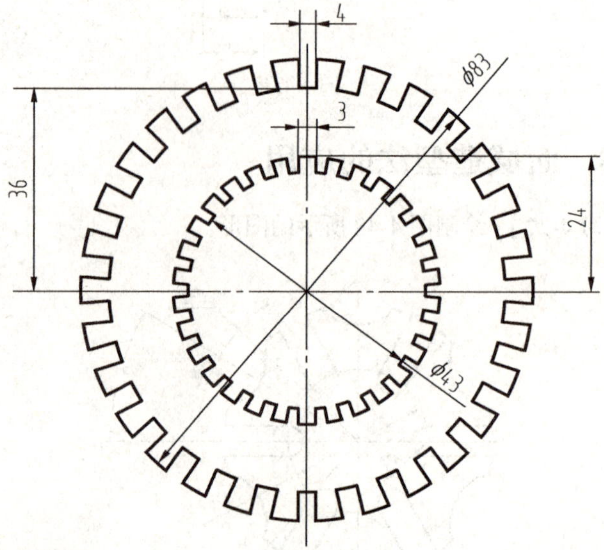

图 4-54

4.9　利用图形的多个视图辅助作图

【练习 4-30】 利用多个视图辅助作图。

1. 打开素材文件“\dwg\第 04 章\4-30.dwg”，如图 4-55 所示。

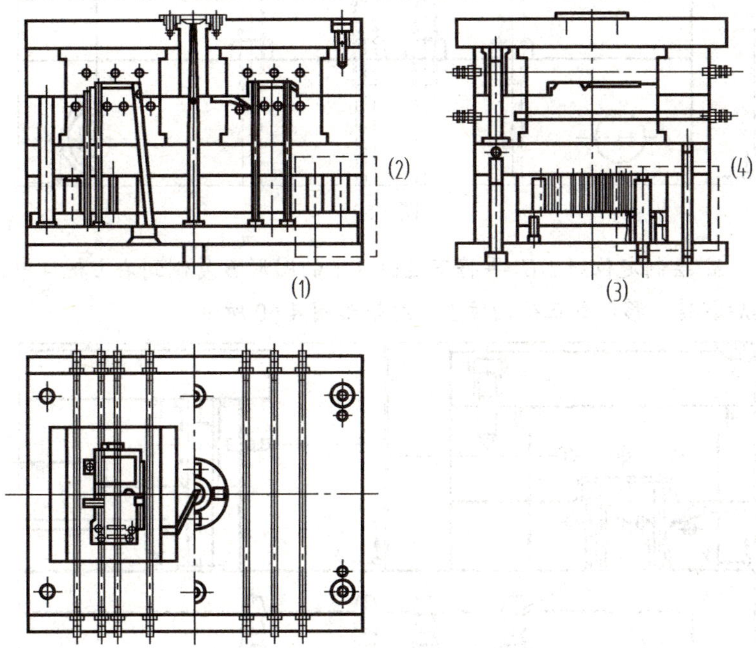

图 4-55

2. 将矩形(1)-(2)、(3)-(4)内的图形分别定义成视图“View-1”和“View-2”。

3. 设定视图“View-1”为当前视图，然后进行倒角，结果如图 4-56 所示。

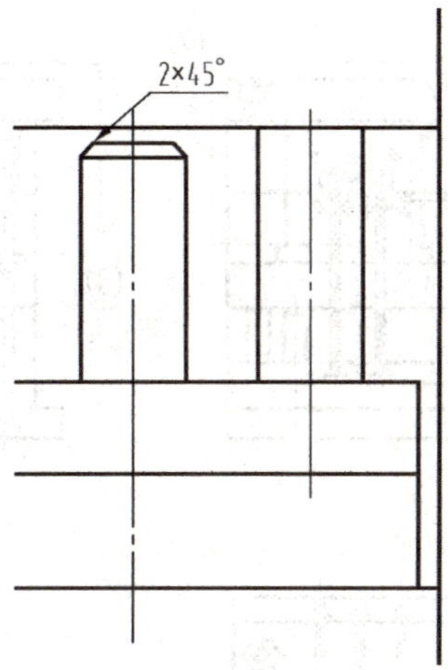

图 4-56

4. 设定视图“View-2”为当前视图，然后填充剖面图案，结果如图 4-57 所示。

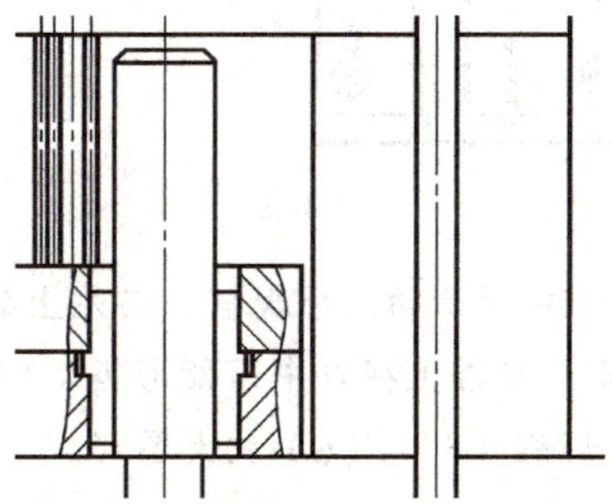

图 4-57

4.10 建立多个视口辅助作图

【练习 4-31】 建立多个视口辅助作图。

1. 打开素材文件"\dwg\第 04 章\4-31.dwg"，如图 4-58 所示。

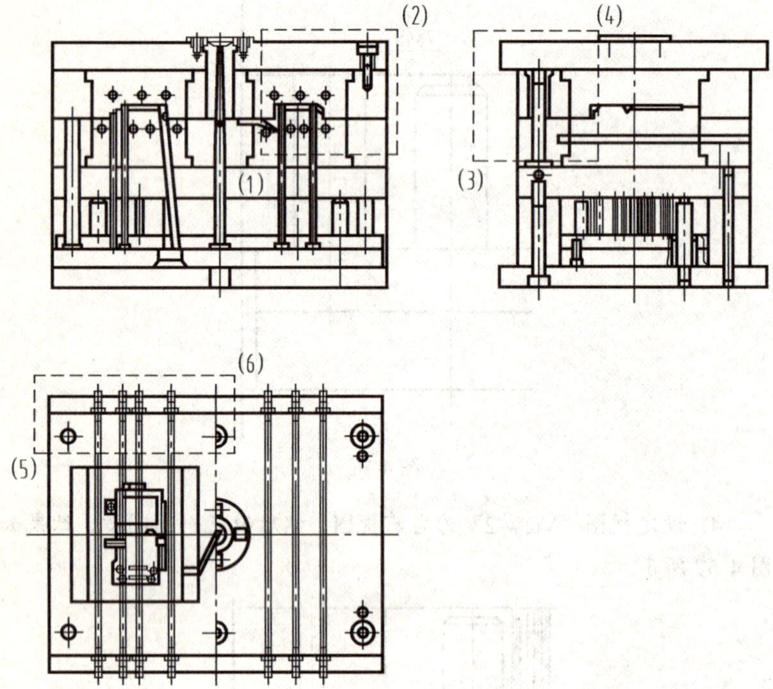

图 4-58

2. 创建如图 4-59 所示的三个视口，在左上的视口中用矩形框(1)-(2)放大图形，在右上视口中用矩形框(3)-(4)放大图形，在下边视口中用矩形框(5)-(6)放大图形。

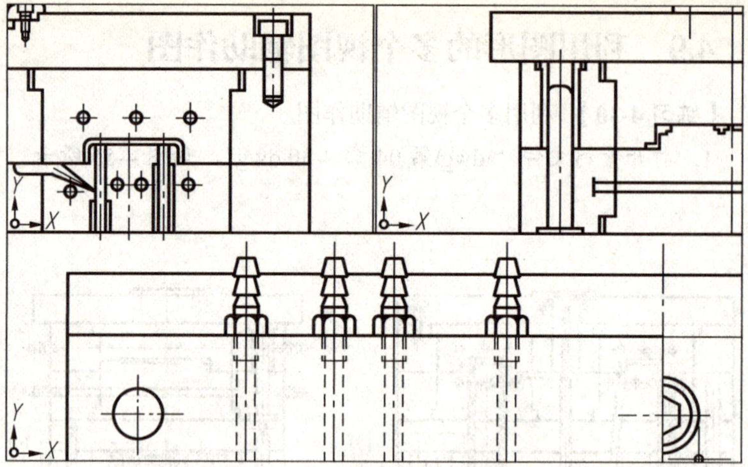

图 4-59

3. 绘制定位线 DE，再将下边视口中的图形 B 复制到右上视口中，然后旋转、移动到正确的位置，结果如图 4-60 所示。

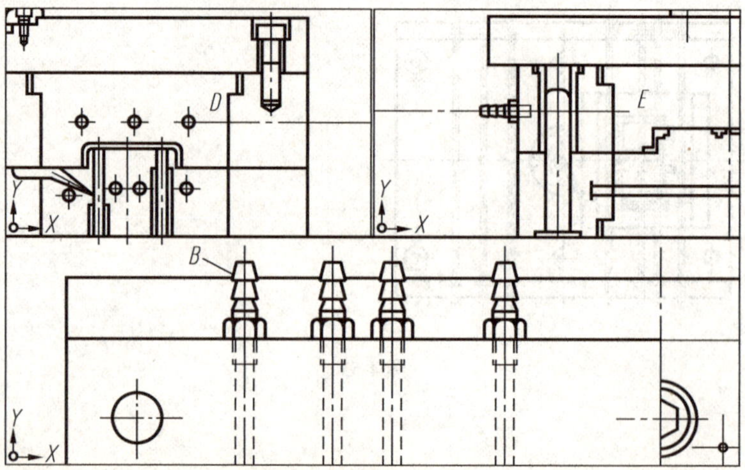

图 4-60

第 5 章　组合体视图

5.1　根据两个视图补画第三视图

【练习 5-1】 打开素材文件“\dwg\第 05 章\5-1.dwg”，如图 5-1 所示。根据主视图、俯视图画出左视图。

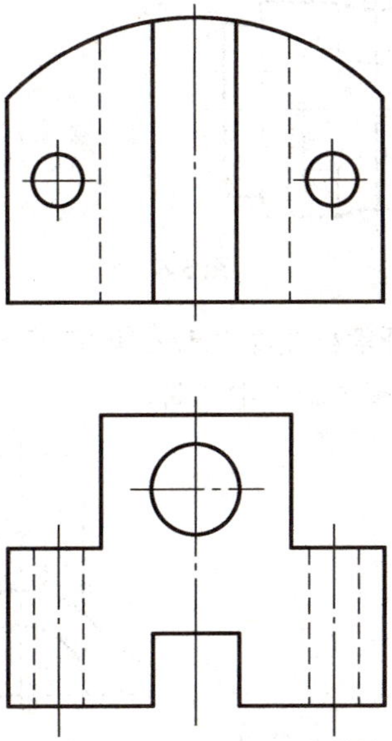

图 5-1

要点提示

绘制左视图时，可先将俯视图复制到新位置并旋转 90°，如图 5-2 所示，然后用 XLINE 命令绘制水平及竖直投影线，利用这些线条形成左视图的主要轮廓。

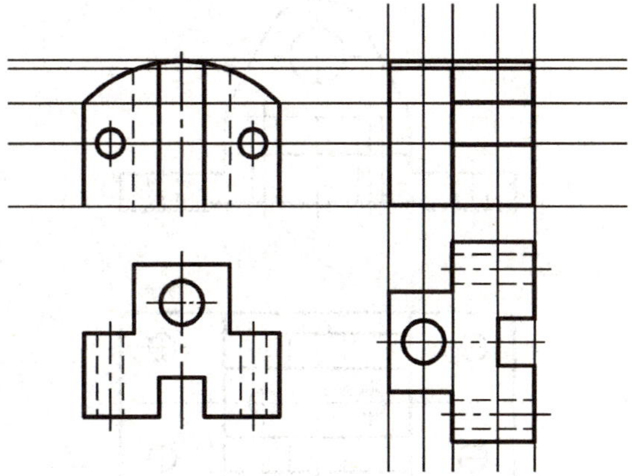

图 5-2

【练习 5-2】 打开素材文件“\dwg\第 05 章\5-2.dwg”，如图 5-3 所示。根据主视图、俯视图画出左视图。

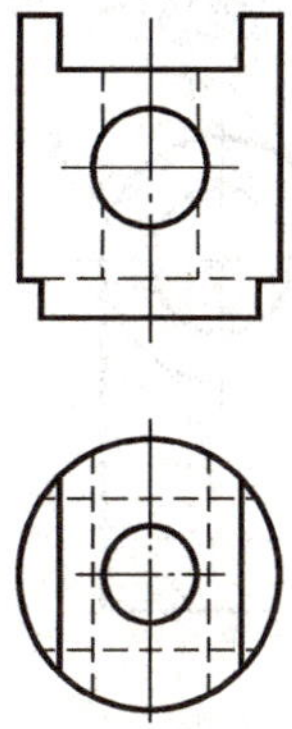

图 5-3

【练习 5-3】 打开素材文件“\dwg\第 05 章\5-3.dwg”，如图 5-4 所示。根据主视图、俯视图画出左视图。

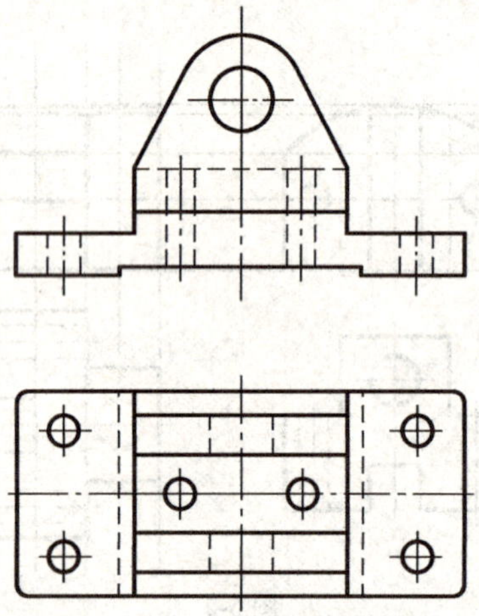

图 5-4

【练习 5-4】 打开素材文件“\dwg\第 05 章\5-4.dwg”，如图 5-5 所示。根据主视图、左视图画出俯视图。

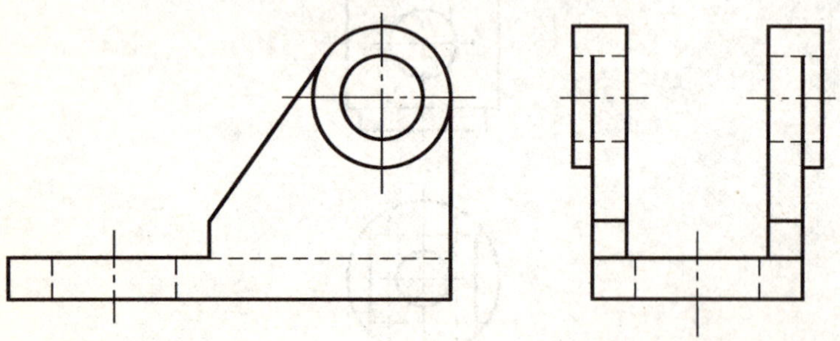

图 5-5

【练习 5-5】 打开素材文件“\dwg\第 05 章\5-5.dwg”，如图 5-6 所示。根据左视图、俯视图画出主视图。

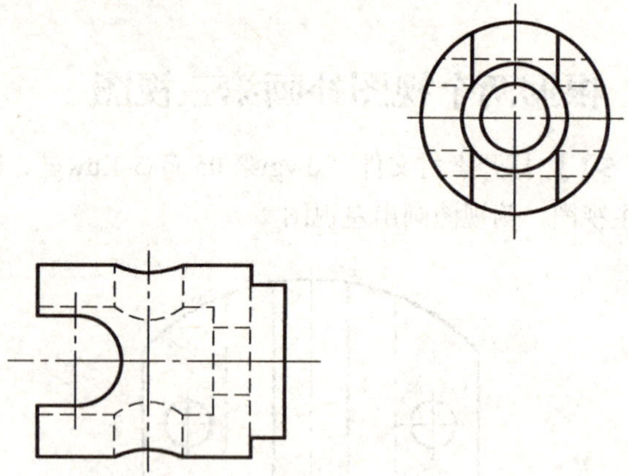

图 5-6

【练习 5-6】 打开素材文件“\dwg\第 05 章\5-6.dwg”，如图 5-7 所示。根据左视图、俯视图画出主视图。

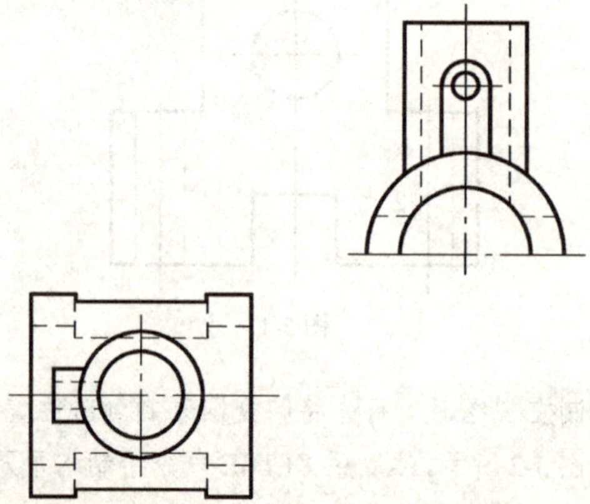

图 5-7

5.2　根据轴测图及视图轮廓绘制三视图

【练习 5-7】 根据轴测图及视图轮廓绘制三视图，如图 5-8 所示。

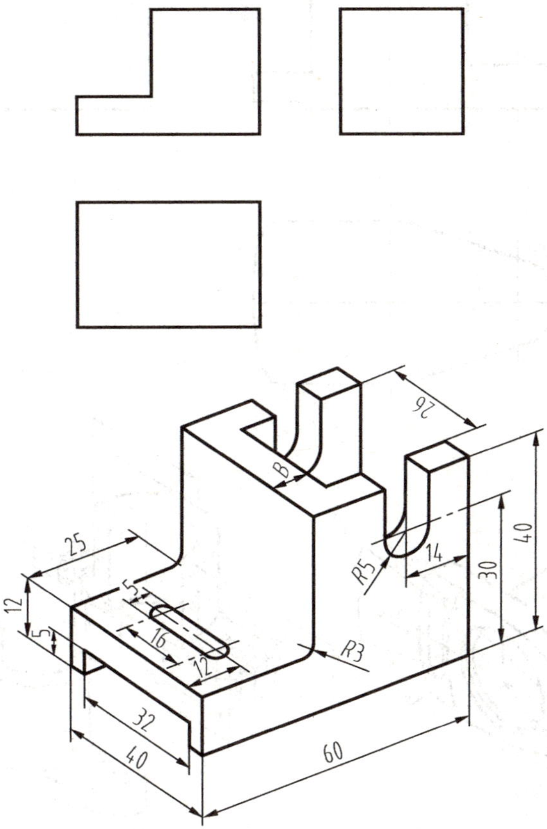

图 5-8

【练习 5-8】 根据轴测图及视图轮廓绘制三视图，如图 5-9 所示。

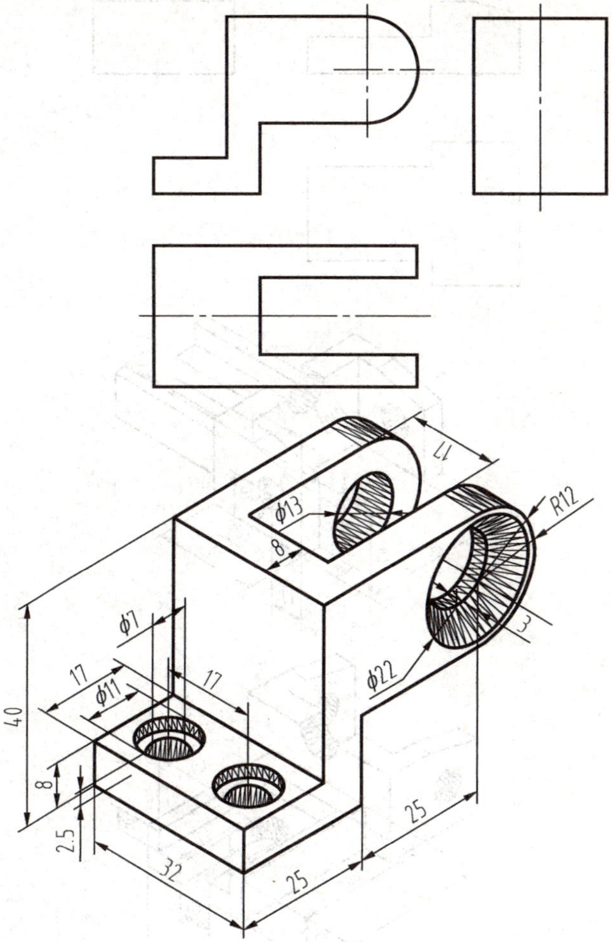

图 5-9

【练习 5-9】根据轴测图及视图轮廓绘制三视图，如图 5-10 所示。

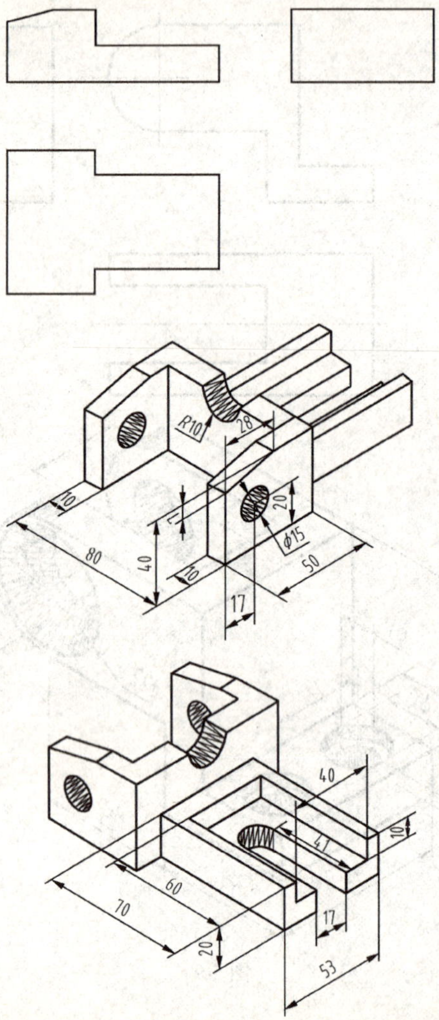

图 5-10

【练习 5-10】 根据轴测图及视图轮廓绘制三视图，如图 5-11 所示。

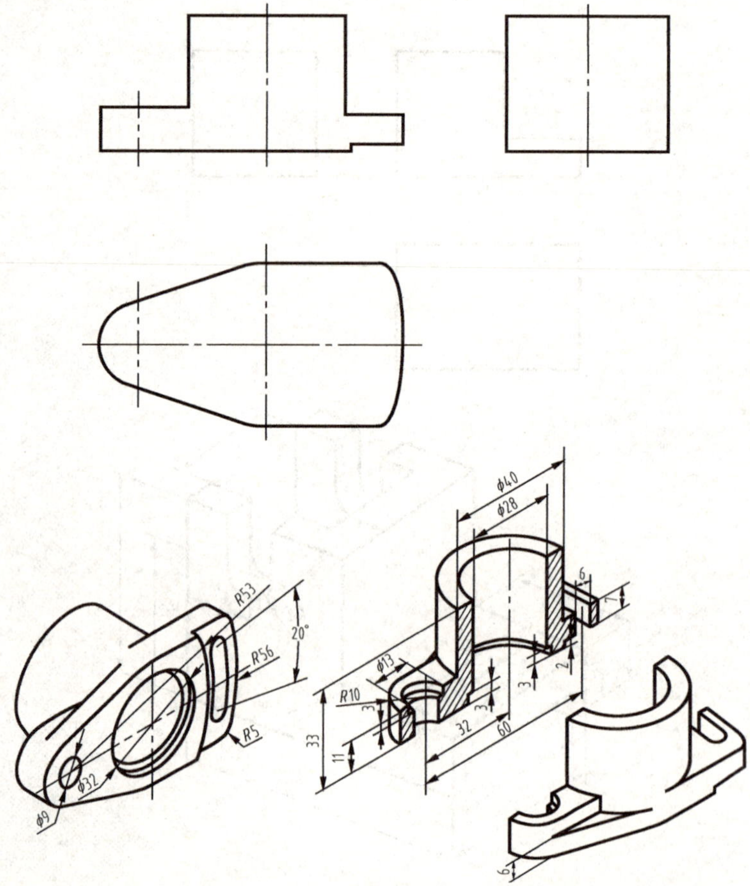

图 5-11

5.3　根据轴测图绘制三视图

【练习 5-11】 根据轴测图绘制三视图，如图 5-12 所示。

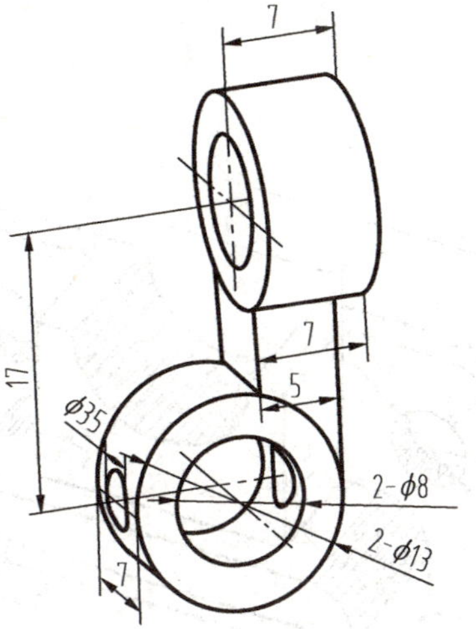

图 5-12

【练习 5-12】 根据轴测图绘制三视图，如图 5-13 所示。

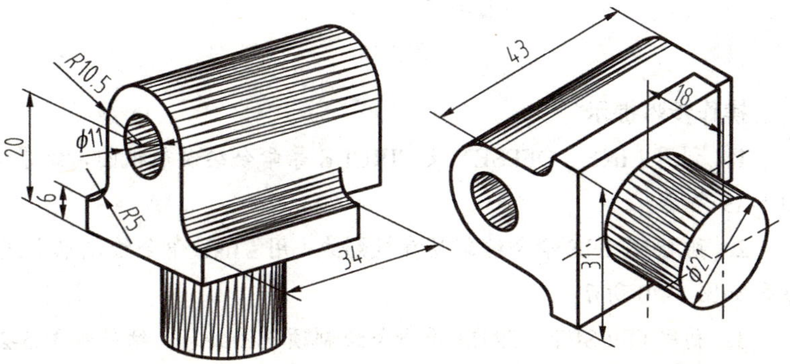

图 5-13

【练习 5-13】 根据轴测图绘制三视图，如图 5-14 所示。

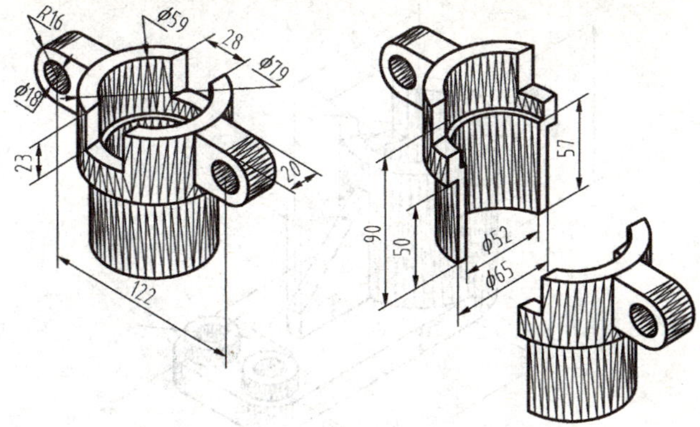

图 5-14

【练习 5-14】 根据轴测图绘制三视图，如图 5-15 所示。

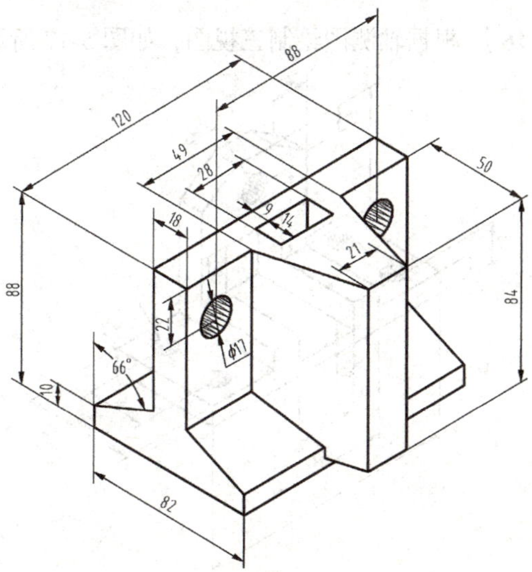

图 5-15

【练习 5-15】 根据轴测图绘制三视图，如图 5-16 所示。

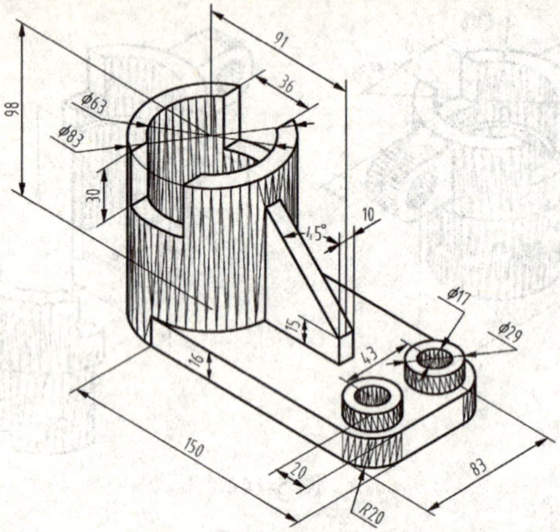

图 5-16

【练习 5-16】 根据轴测图绘制三视图，如图 5-17 所示。

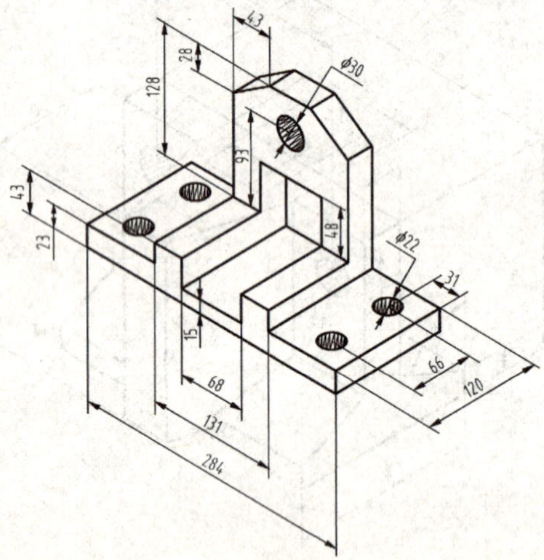

图 5-17

5.4 第三角画法

【练习 5-17】用第三角画法绘制如图 5-18 所示零件的前视图、顶视图及右视图。

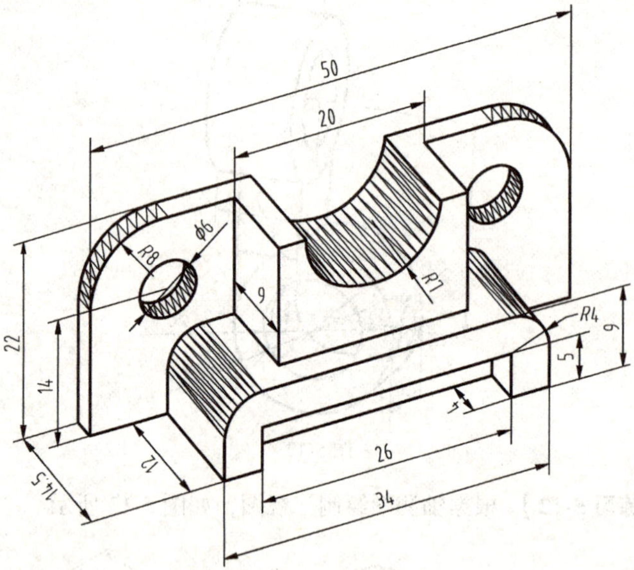

图 5-18

操作步骤提示

1. 利用 LINE、OFFSET 及 CIRCLE 等命令绘制前视图，结果如图 5-19 所示。

2. 利用 XLINE 命令绘制竖直投影线，用 LINE 命令绘制水平线，结果如图 5-20 所示。

3. 利用 OFFSET、TRIM 等命令绘制顶视图细节，结果如图 5-21 所示。

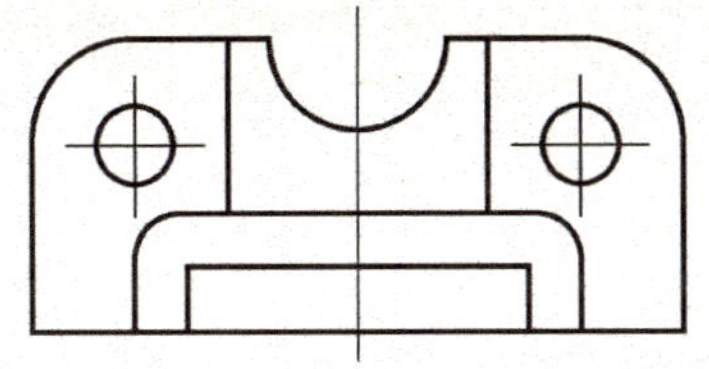

图 5-19

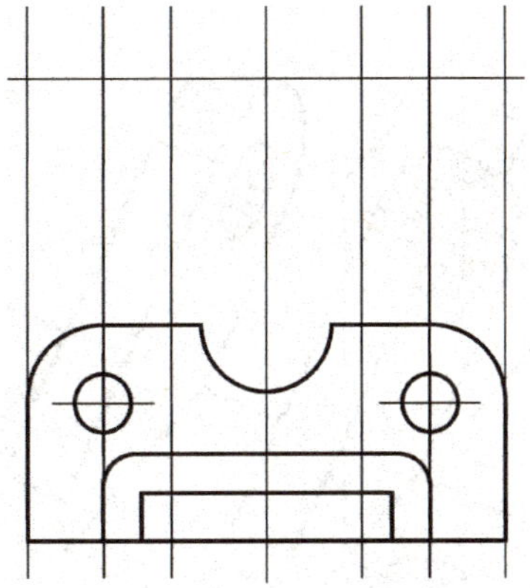

图 5-20

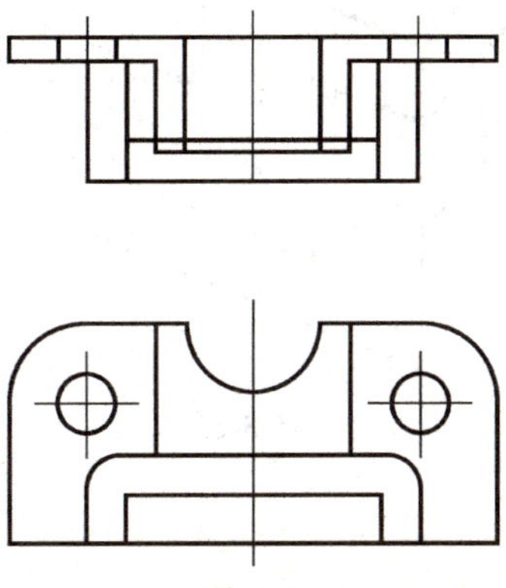

图 5-21

4. 复制顶视图并将其旋转-90°，从前视图、顶视图向右视图投影，结果如图 5-22 所示。

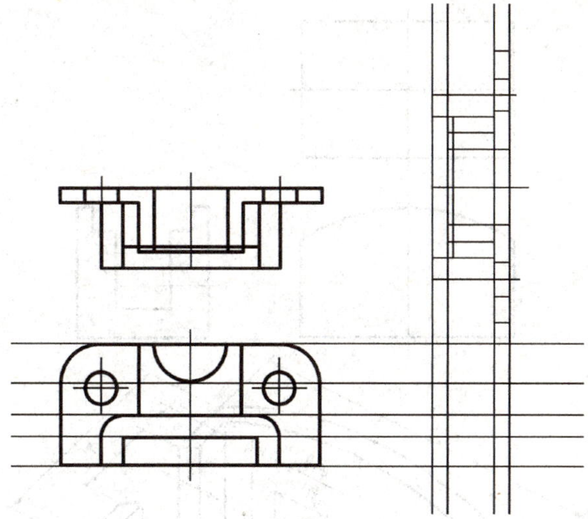

图 5-22

5. 绘制右视图细节，调整线条长度、修改线型，结果如图 5-23 所示。

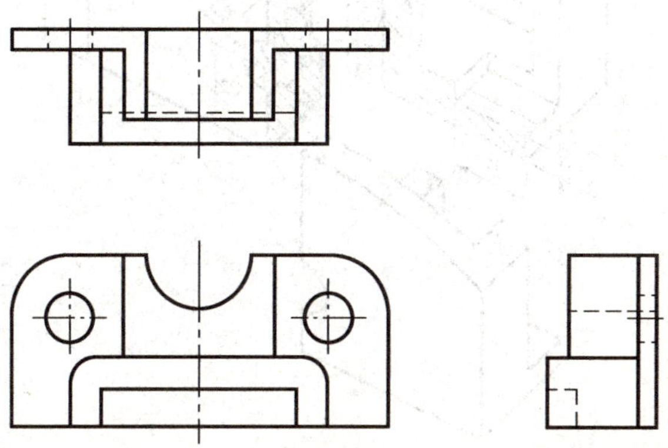

图 5-23

【练习 5-18】 根据轴测图及视图轮廓用第三角画法绘制零件的前视图、顶视图及右视图，如图 5-24 所示。

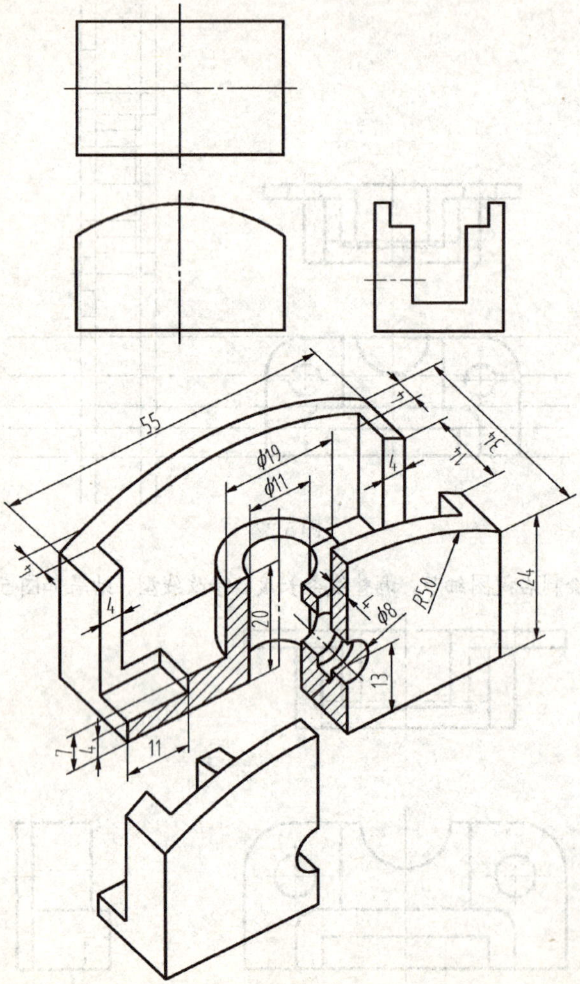

图 5-24

【练习 5-19】用第三角画法绘制如图 5-25 所示零件的前视图、顶视图及右视图。

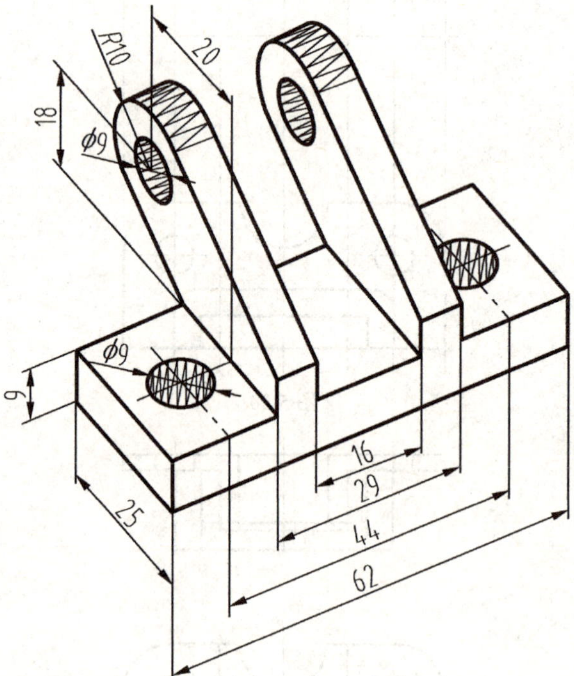

图 5-25

【练习 5-20】 用第三角画法绘制如图 5-26 所示零件的前视图、顶视图及右视图。

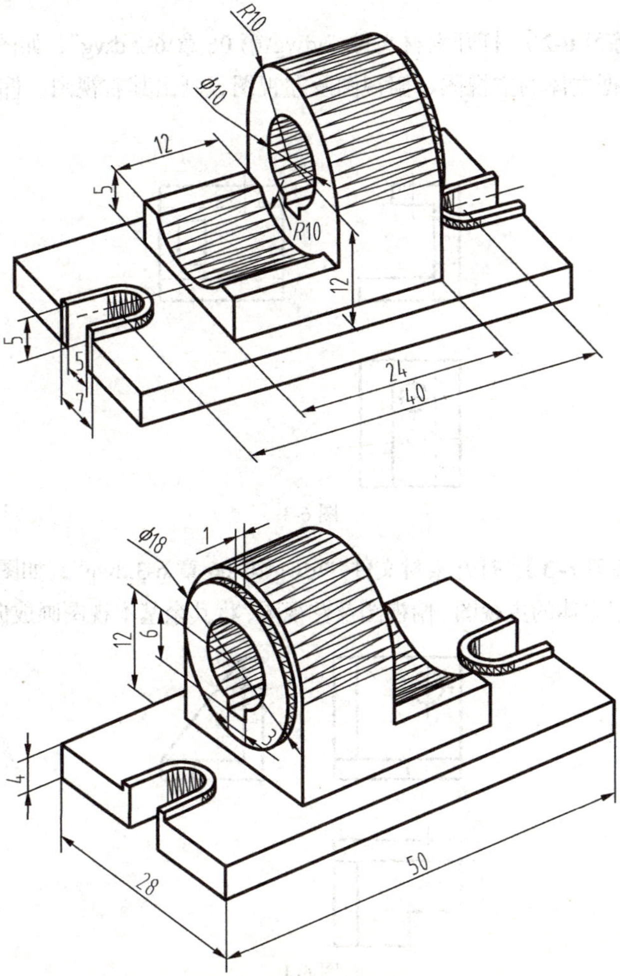

图 5-26

第 6 章　零件表达方法

6.1　基本视图及向视图

【练习 6-1】 打开素材文件“\dwg\第 06 章\6-1.dwg”，如图 6-1 所示。根据立体的主视图、俯视图及左视图，画出其右视图、仰视图及后视图。

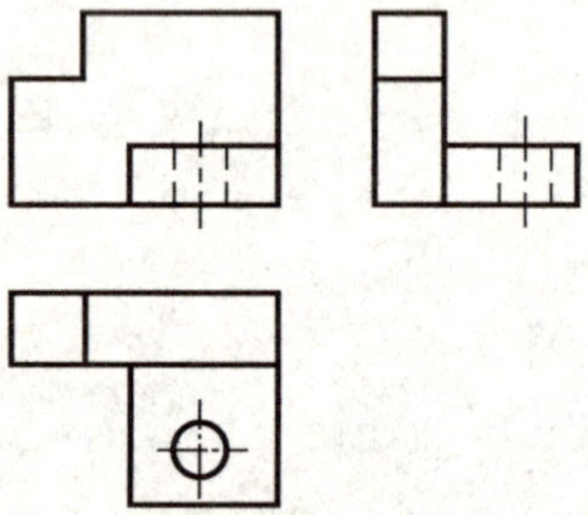

图 6-1

要点提示　绘制右视图时，先将左视图镜像到右视图位置，如图 6-2 所示，然后用 BREAK 命令打断线条，修改对象属性。仰视图及后视图可采用类似的绘制方法。

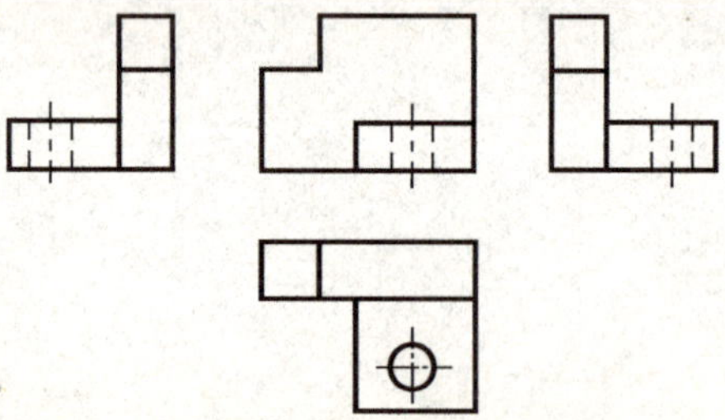

图 6-2

【练习 6-2】 打开素材文件“\dwg\第 06 章\6-2.dwg”，如图 6-3 所示。根据立体的主视图、俯视图及左视图，画出其右视图、仰视图及后视图。

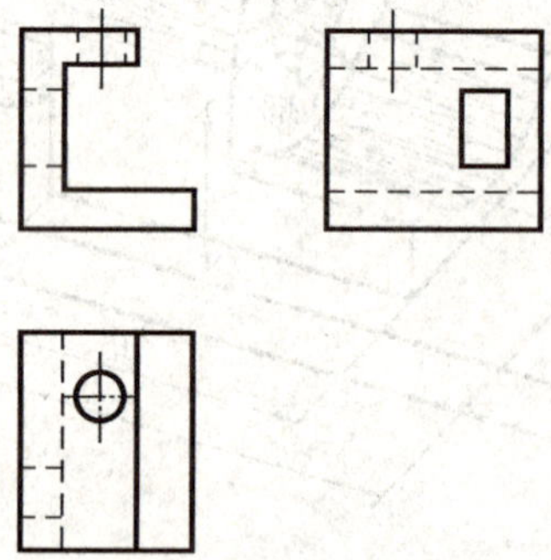

图 6-3

【练习 6-3】 打开素材文件“\dwg\第 06 章\6-3.dwg”，如图 6-4 所示。根据立体的主视图、俯视图及左视图，将其余基本视图画成向视图。

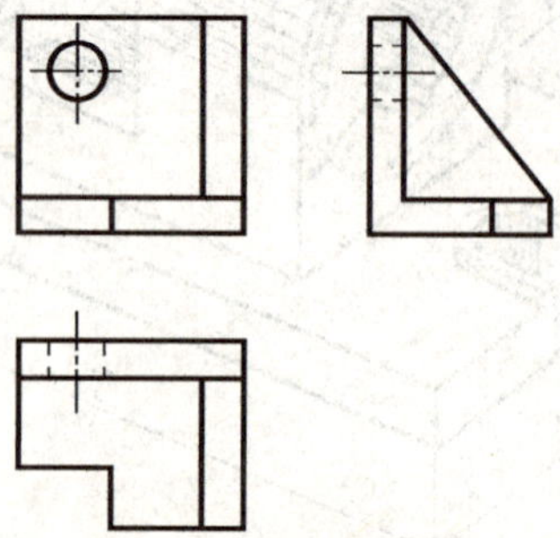

图 6-4

【练习 6-4】 打开素材文件"\dwg\第 06 章\6-4.dwg"，如图 6-5 所示。根据立体的主视图、俯视图及左视图，将其余基本视图画成向视图。

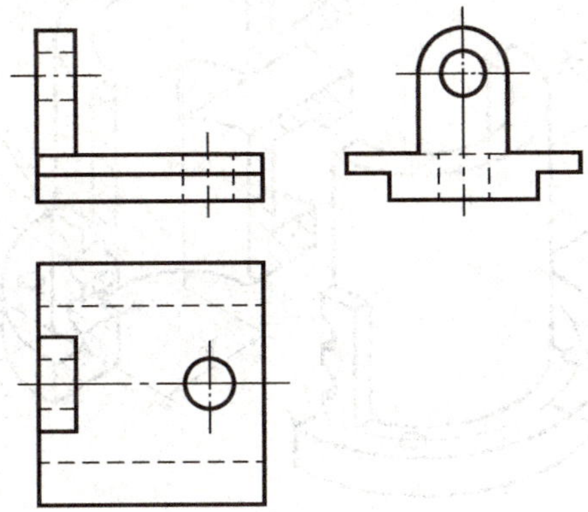

图 6-5

【练习 6-5】 打开素材文件"\dwg\第 06 章\6-5.dwg"，如图 6-6 所示。根据立体的主视图、俯视图及左视图，将其余基本视图画成向视图。

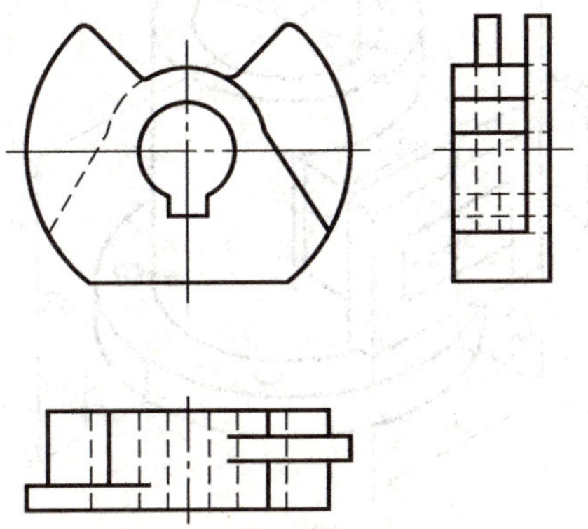

图 6-6

6.2　局部视图及斜视图

【练习 6-6】 打开素材文件"\dwg\第 06 章\6-6.dwg"，如图 6-7 所示，根据轴测图画出零件的 *A* 向、*B* 向局部视图。

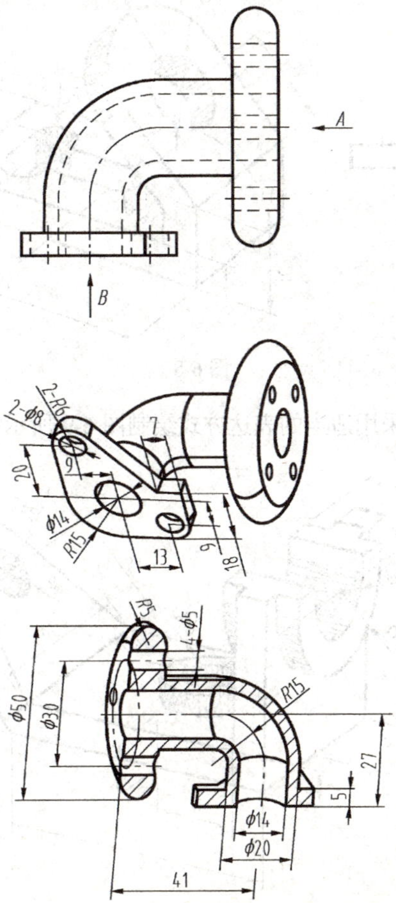

图 6-7

【**练习 6-7**】 打开素材文件“\dwg\第 06 章\6-7.dwg”，如图 6-8 所示。根据轴测图画出零件的 *A* 向斜视图和 *B* 向局部视图。

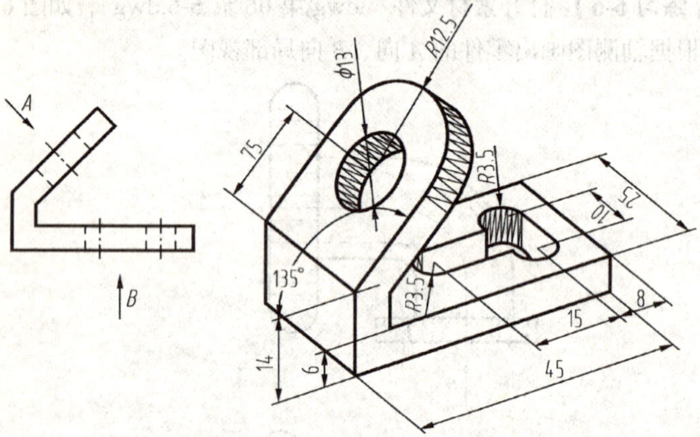

图 6-8

【**练习 6-8**】采用适当的表达方式绘制图 6-9 所示零件的平面视图。

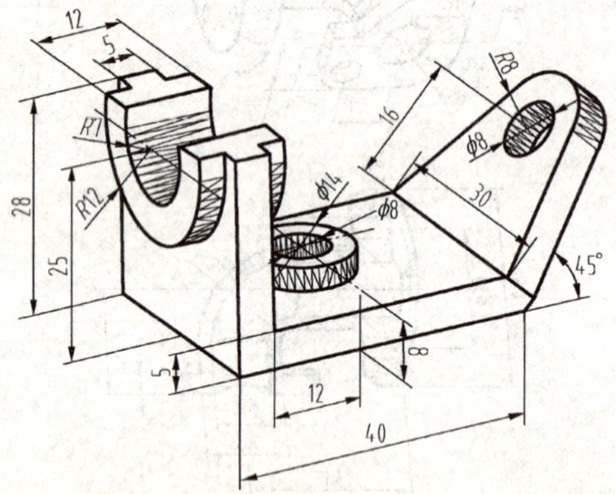

图 6-9

【**练习 6-9**】采用适当的表达方式绘制图 6-10 所示零件的平面视图。

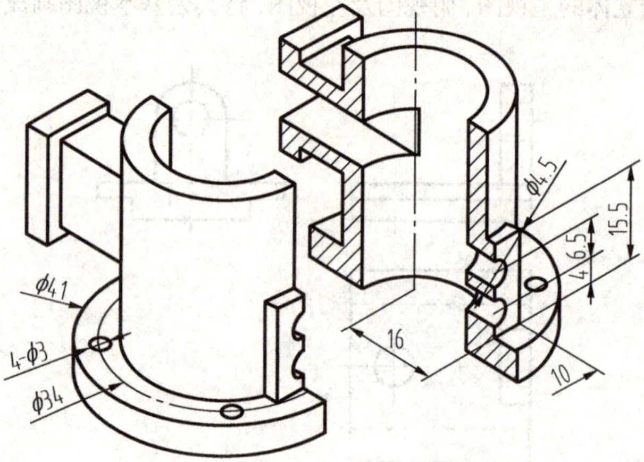

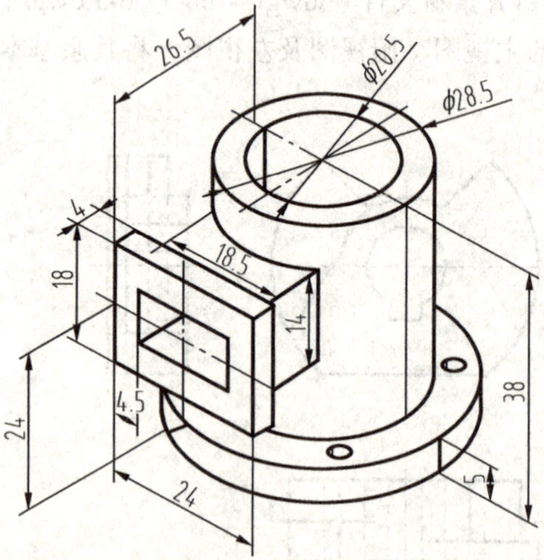

图 6-10

6.3　全剖视图

【练习 6-10】 根据轴测图及视图轮廓绘制主视图及俯视图，如图 6-11 所示。将主视图画成全剖视图。

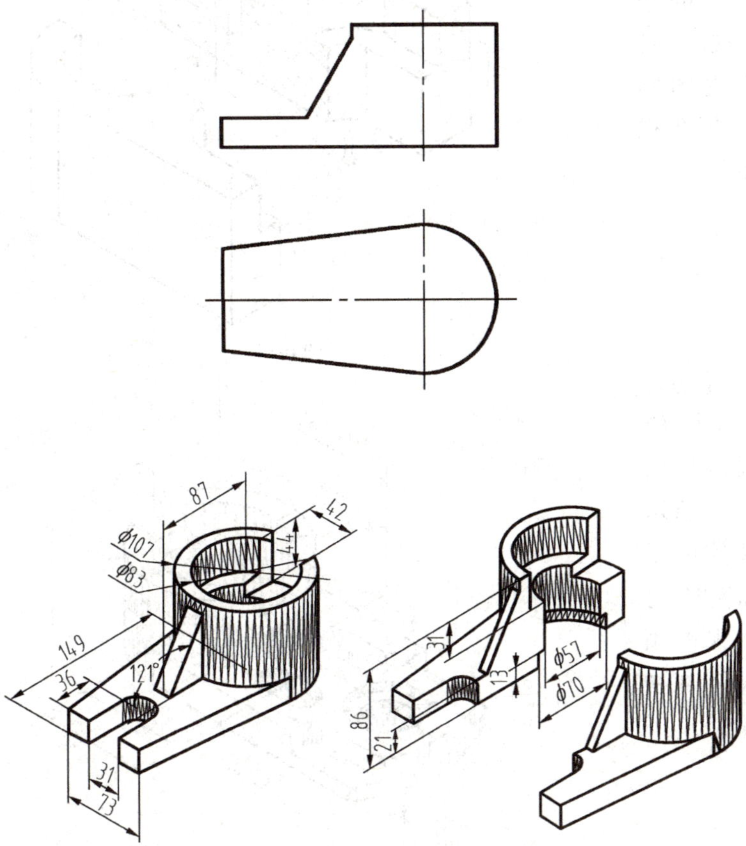

图 6-11

【练习 6-11】 根据轴测图及视图轮廓绘制主视图及俯视图，如图 6-12 所示。将主视图画成全剖视图。

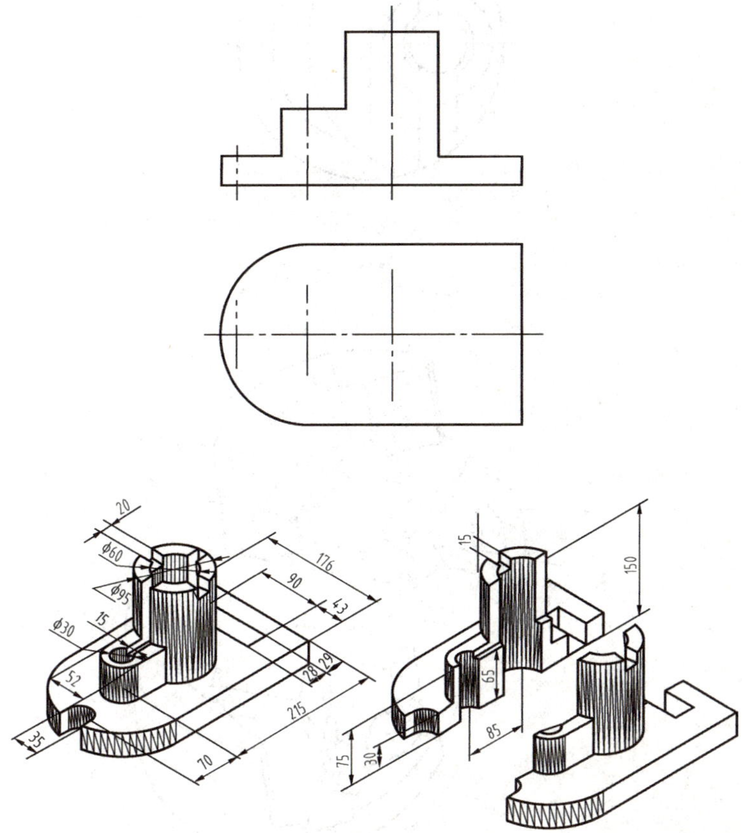

图 6-12

【练习 6-12】打开素材文件“\dwg\第 06 章\6-12.dwg”，如图 6-13 所示。根据俯视图及轴测图绘制零件主视图，将主视图画成全剖视图。

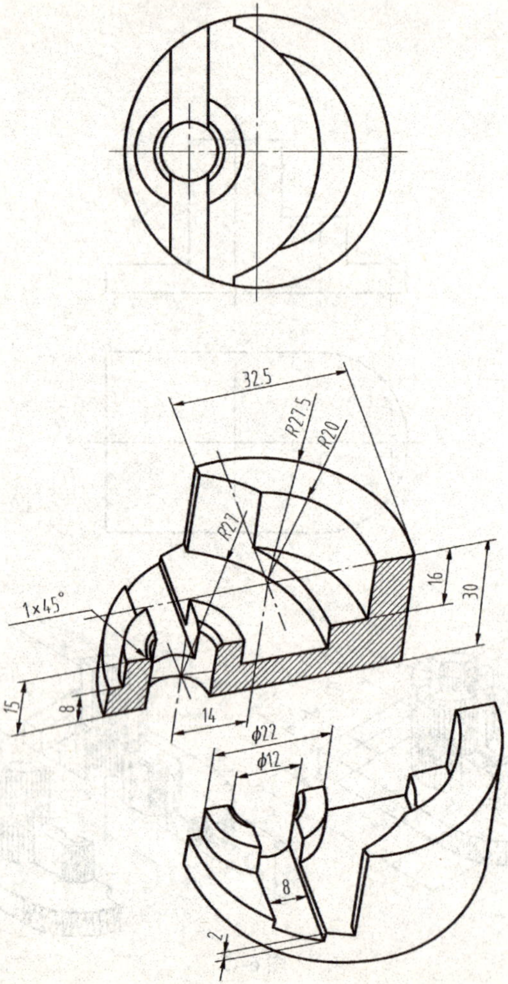

图 6-13

【练习 6-13】绘制如图 6-14 所示零件的平面视图，将主视图画成全剖视图。

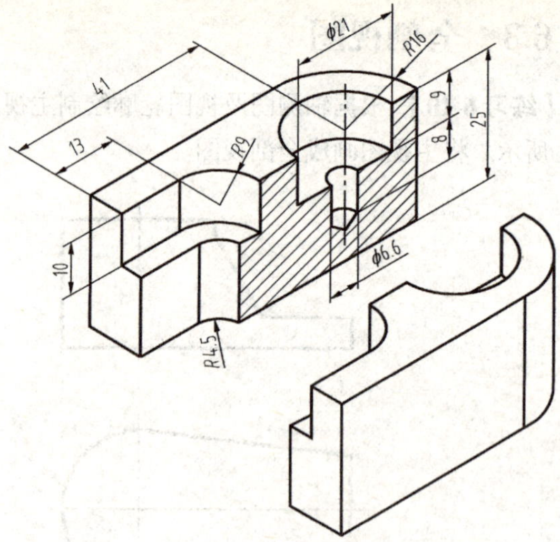

图 6-14

【练习 6-14】绘制如图 6-15 所示零件的平面视图，将主视图画成全剖视图。

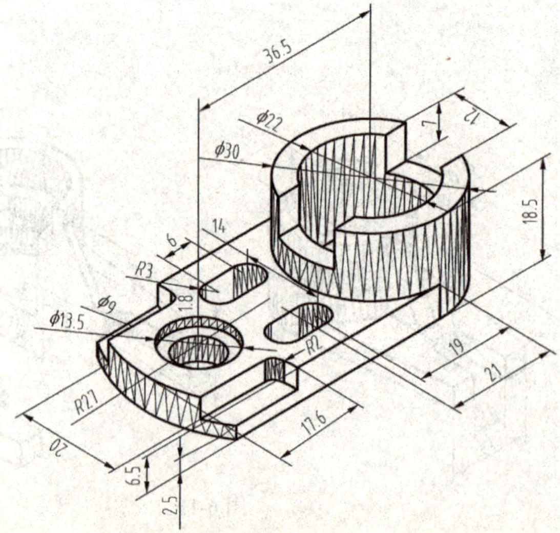

图 6-15

6.4　半剖视图及局部剖视图

【练习 6-15】 打开素材文件“\dwg\第 06 章\6-15.dwg”，如图 6-16 所示。根据俯视图及轴测图画出零件主视图，将主视图画成半剖视图。

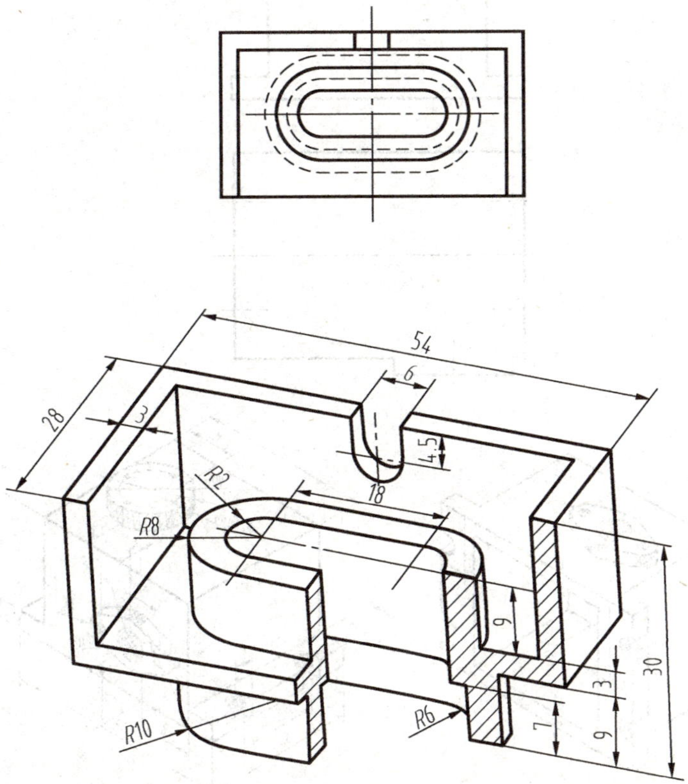

图 6-16

【练习 6-16】 绘制如图 6-17 所示零件的三视图，主视图及左视图采用半剖视图。

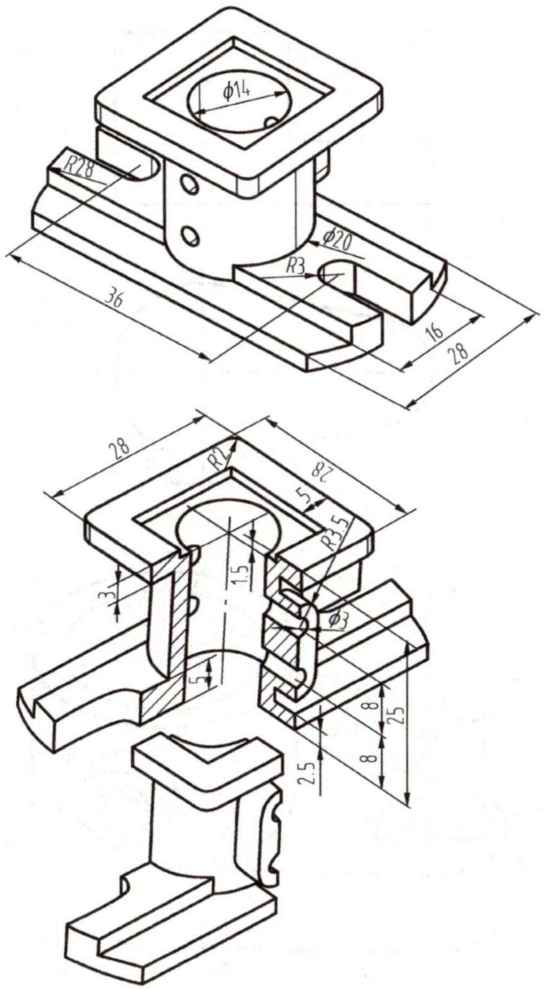

图 6-17

【练习 6-17】 根据轴测图及视图轮廓绘制主视图及俯视图，如图 6-18 所示。将主视图、俯视图画成局部剖视图。

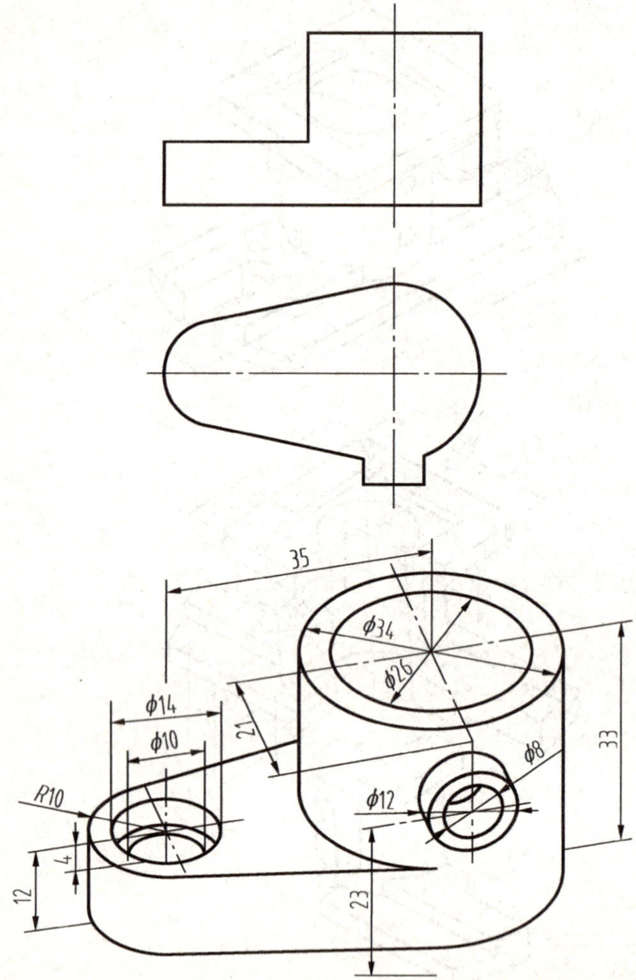

图 6-18

【练习 6-18】 根据轴测图及视图轮廓绘制主视图及俯视图，如图 6-19 所示。采用适当的方式表示零件的内部结构。

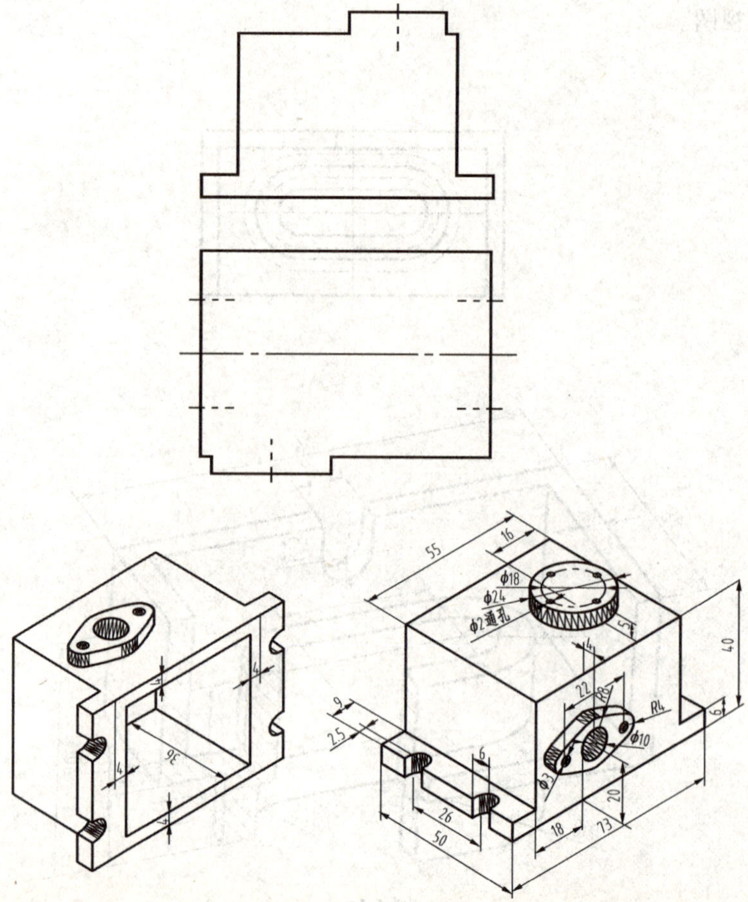

图 6-19

6.5　断面图

【练习 6-19】 打开素材文件"\dwg\第 06 章\6-19.dwg"，如图 6-20 所示。按规定的剖切位置画出零件的移出断面图。

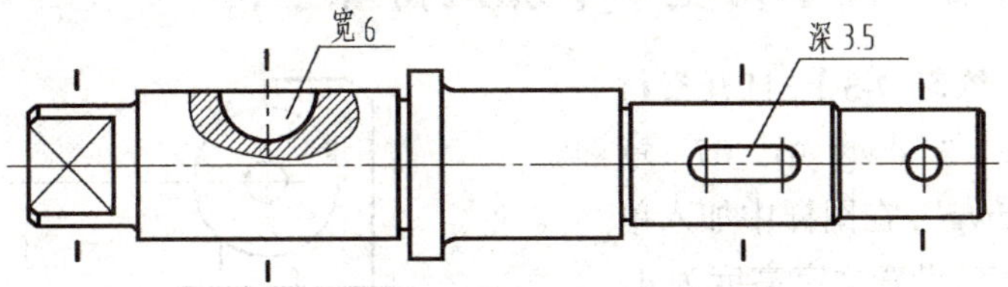

图 6-20

【练习 6-20】 打开素材文件"\dwg\第 06 章\6-20.dwg"，如图 6-21 所示。按规定的剖切位置画出零件的移出断面图。

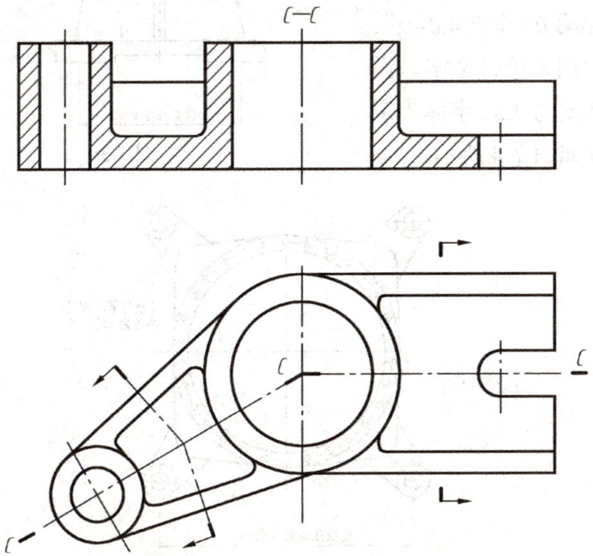

图 6-21

【练习 6-21】 根据轴测图绘制主视图及俯视图，如图 6-22 所示。将主视图画成局部剖视图，在俯视图中画出十字筋的断面图。

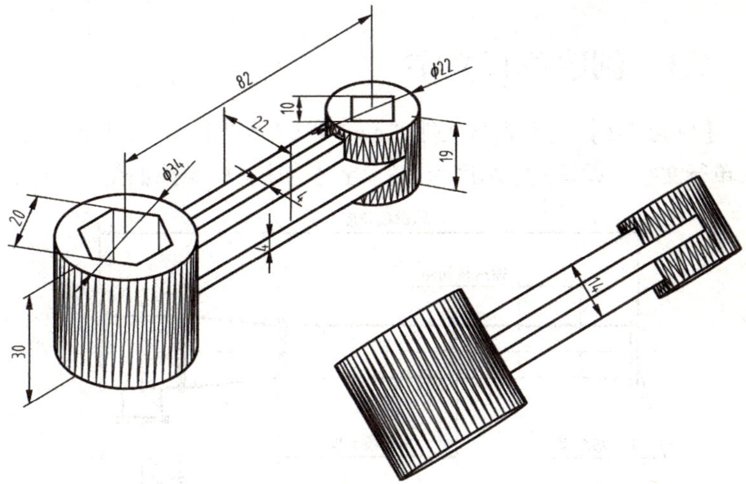

图 6-22

第 7 章 创建文字与表格对象

7.1 创建单行文字

【练习 7-1】打开素材文件“\dwg\第 07 章\7-1.dwg”，在图样中加入单行文字。设置文字高度为 3.5，字体为宋体，结果如图 7-1 所示。

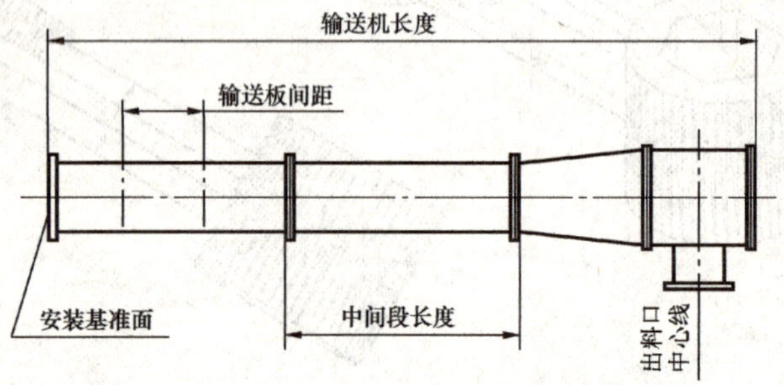

图 7-1

【练习 7-2】打开素材文件“\dwg\第 07 章\7-2.dwg”，在图样中加入单行文字。设置文字高度为 5，字体为楷体，结果如图 7-2 所示。

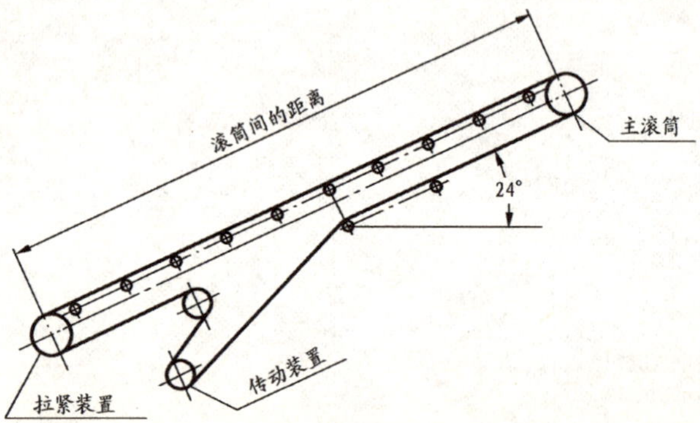

图 7-2

7.2 在单行文字中加入特殊字符

【练习 7-3】打开素材文件“\dwg\第 07 章\7-3.dwg”，在图样中加入单行文字。设置文字高度为 4，字体为楷体，结果如图 7-3 所示。

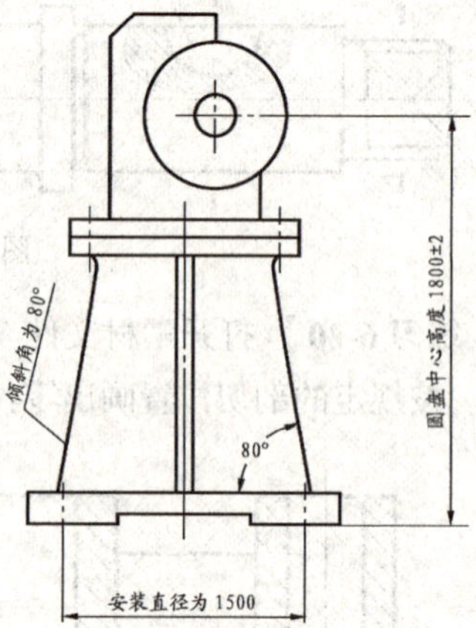

图 7-3

【练习 7-4】打开素材文件“\dwg\第 07 章\7-4.dwg”，在图样中加入单行文字。设置文字高度为 3.5，字体为宋体，结果如图 7-4 所示。

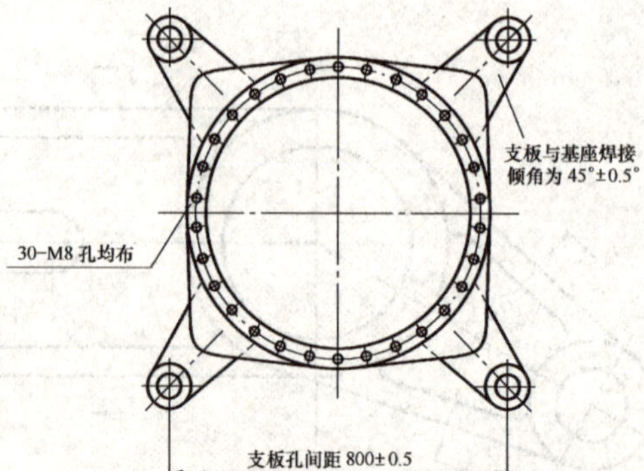

图 7-4

7.3 创建段落文字

【练习 7-5】 打开素材文件“\dwg\第 07 章\7-5.dwg”，在图中加入段落文字。设置文字高度分别为 5 和 3.5，字体分别为黑体和宋体，结果如图 7-5 所示。

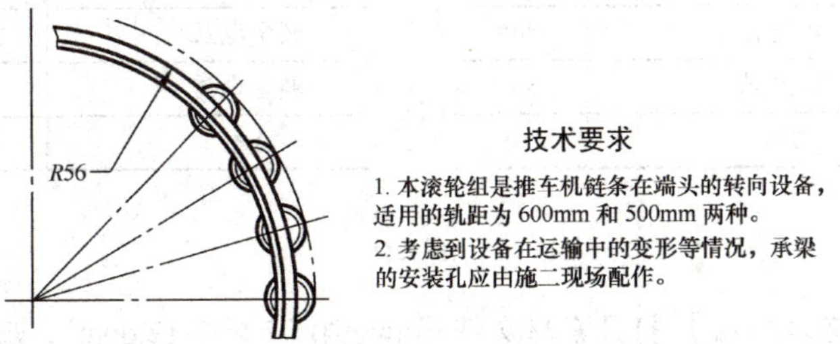

图 7-5

【练习 7-6】 打开素材文件“\dwg\第 07 章\7-6.dwg”，在图中加入段落文字。设置文字高度为 5，字体为楷体，结果如图 7-6 所示。

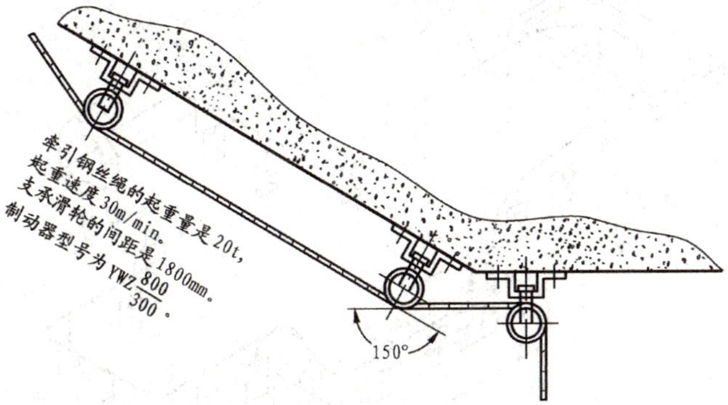

图 7-6

要点提示 若在多行文字编辑器中输入“1/2”，再选中此文字项，然后单击 按钮，则显示结果变为$\frac{1}{2}$。

7.4 在段落文字中加入特殊字符

【练习 7-7】 打开素材文件“\dwg\第 07 章\7-7.dwg”，在图中加入段落文字。设置文字高度为 7，字体分别为宋体和“txt.shx”，结果如图 7-7 所示。

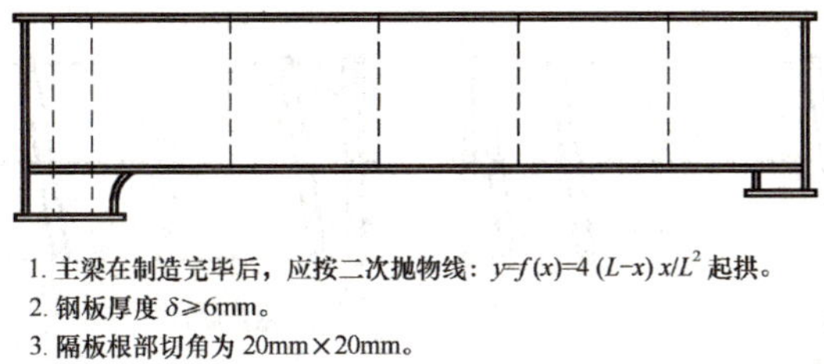

图 7-7

要点提示 若在多行文字编辑器中输入“L2^”，再选中文字项“2^”，然后单击 按钮，显示结果就会变为L^2。

【练习 7-8】 打开素材文件“\dwg\第 07 章\7-8.dwg”，在图中加入段落文字。设置文字高度为 8，字体分别为楷体和“txt.shx”，结果如图 7-8 所示。

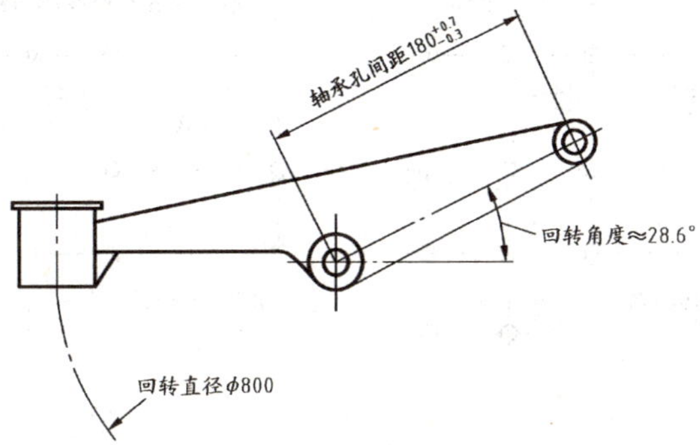

图 7-8

7.5 编辑文字

【练习 7-9】打开素材文件"\dwg\第 07 章\7-9.dwg"，如图 7-9（a）所示。利用 DDEDIT 命令修改图中文字的内容，结果如图 7-9（b）所示。

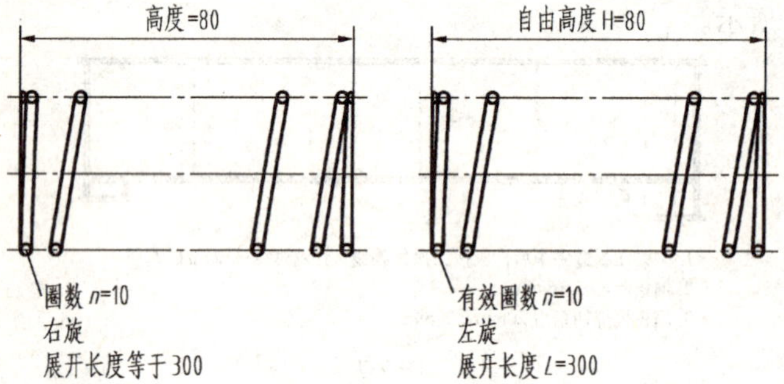

（a） （b）

图 7-9

【练习 7-10】打开素材文件"\dwg\第 07 章\7-10.dwg"，如图 7-10（a）所示。利用 DDEDIT 命令，把图中段落文字的字体分别修改为黑体和楷体，并将文字高度分别修改为 5 和 4，结果如图 7-10（b）所示。

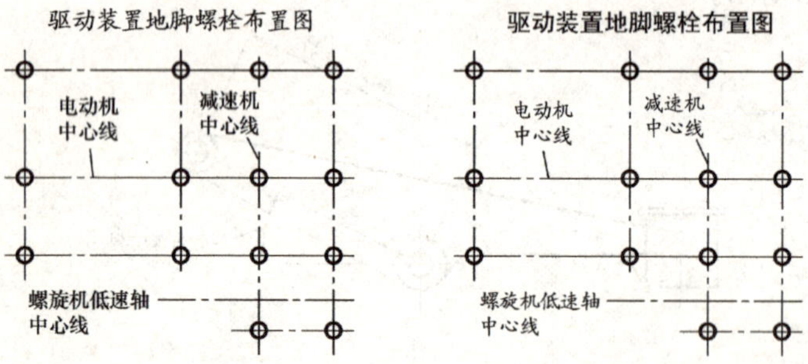

（a） （b）

图 7-10

【练习 7-11】打开素材文件"\dwg\第 07 章\7-11.dwg"，如图 7-11（a）所示。把图中文字的字体修改为楷体，并将文字高度分别修改为 5 和 3.5，结果如图 7-11（b）所示。

技术性能

振动频率	26Hz
额定电压	380V
额定电流	5A
功率	2kW

（a）

技术性能

振动频率	26Hz
额定电压	380V
额定电流	5A
功率	2kW

（b）

图 7-11

【练习 7-12】打开素材文件"\dwg\第 07 章\7-12.dwg"，如图 7-12（a）所示。把图中文字的倾斜角度分别修改为 30°和−30°，结果如图 7-12（b）所示。

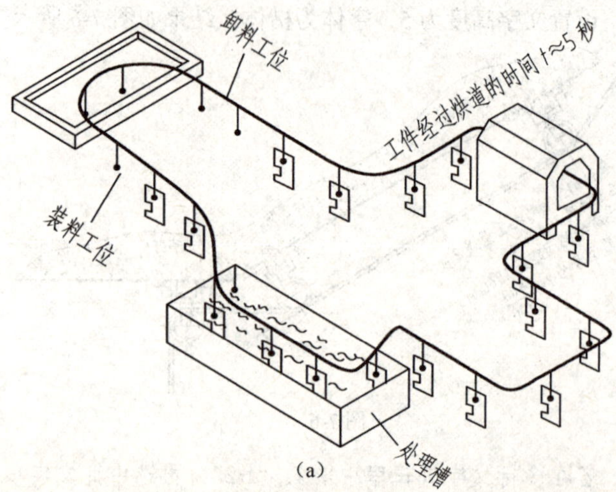

（a）

图 7-12

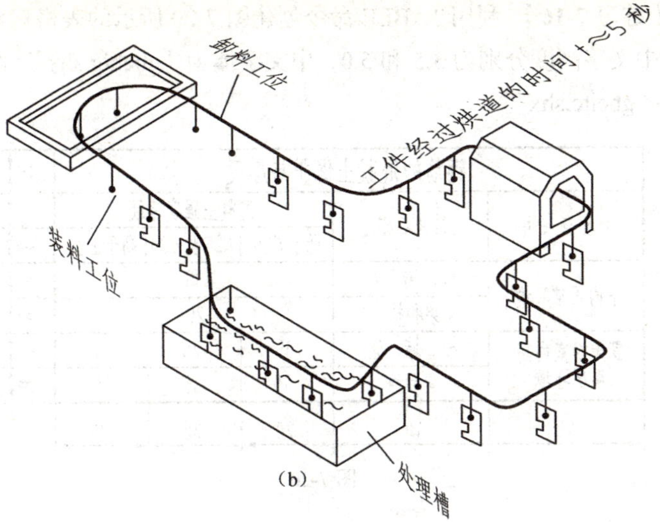

图 7-12（续）

7.6　在表格中填写文字

【练习 7-13】 打开素材文件“\dwg\第 07 章\7-13.dwg”，在表格中填写单行文字。设置文字高度为 3.5，字体为楷体，结果如图 7-13 所示。

法向模数	*Mn*	2
齿数	*Z*	80
径向变位系数	*X*	0.06
精度等级		8-DC
公法线长度	*F*	43.782+0.168

图 7-13

操作步骤提示

1. 在表格中书写文字“法向模数”，文字采用“中心”对齐方式，结果如图 7-14 所示。

2. 利用 COPY 命令将文字“法向模数”复制到表中的其他位置。复制基点是 *A* 点，目标点是 *B*、*C*、*D* 和 *E* 点，结果如图 7-15 所示。

法向模数		

图 7-14

法向模数		
法向模数		
法向模数		
法向模数		
法向模数		

A　*B*　*C*　*D*　*E*

图 7-15

3. 利用 DDEDIT 命令修改文字的内容，结果如图 7-16 所示。

4. 利用 PROPERTIES 命令将文字项 *F* 和 *G* 的对齐方式修改为“调整”，然后改变文字分布的宽度，结果如图 7-17 所示。

法向模数		
齿数		
径向变位系数		
精度等级		
公法线长度		

F　*G*

图 7-16

法向模数		
齿数		
径向变位系数		
精度等级		
公法线长度		

图 7-17

5. 用同样的方法填写表中的其他文字。

【练习 7-14】打开素材文件"\dwg\第 07 章\7-14.dwg"，在表格中填写段落文字。设置文字高度分别为 4 和 3，字体为楷体，结果如图 7-18 所示。

技术性能	物料堆零积密度	γ	2400kg/m²
	物料最大块度	α	580mm
	许可环境温度		-30～+45°
	许可牵引力	F_x	45000N
	调速范围	v	≤120r/min
	生产率	ξ	110～180m³/h

图 7-18

7.7 创建表格对象

【练习 7-15】利用 TABLE 命令创建图 7-19 所示的表格对象。设置表中文字高度为 3.5，字体为"gbcbig.shx"。

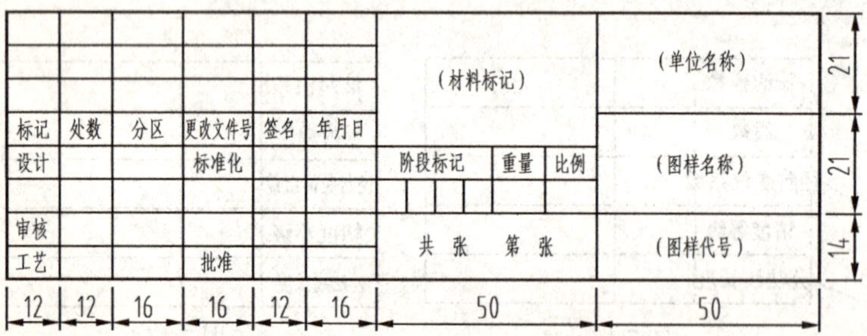

图 7-19

【练习 7-16】利用 TABLE 命令创建图 7-20 所示的表格对象。设置表中文字高度分别为 3.5 和 5.0，中文字体为"gbcbig.shx"，西文字体为"gbeitc.shx"。

钢筋的混凝土保护层厚度					10
环境与条件	构件名称	混凝土强度等级			8
		低于C25	C25及C30	高于C30	8
室内正常环境	板、墙、壳	15			8
	梁和柱	25			8
露天或室内高湿度环境	板、墙、壳	35	25	15	8
	梁和柱	45	35	25	8
40	40	20	20	20	

图 7-20

第 8 章　尺寸文字标注与编辑

8.1　直线型尺寸标注

【练习 8-1】 打开素材文件“\dwg\第 08 章\8-1.dwg”，利用 DIMLINEAR 命令标注该图样，结果如图 8-1 所示。

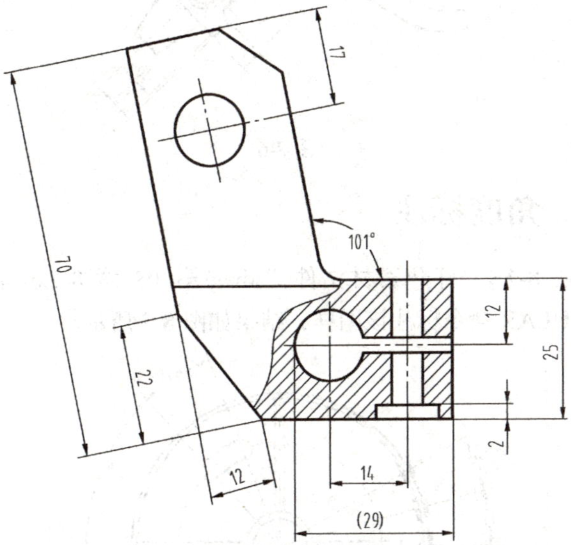

图 8-1

要点提示 可使用 DIMLINEAR 命令的“旋转（R）”选项来标注倾斜的对象。

【练习 8-2】 打开素材文件“\dwg\第 08 章\8-2.dwg”，利用 DIMLINEAR 命令标注该图样，结果如图 8-2 所示。

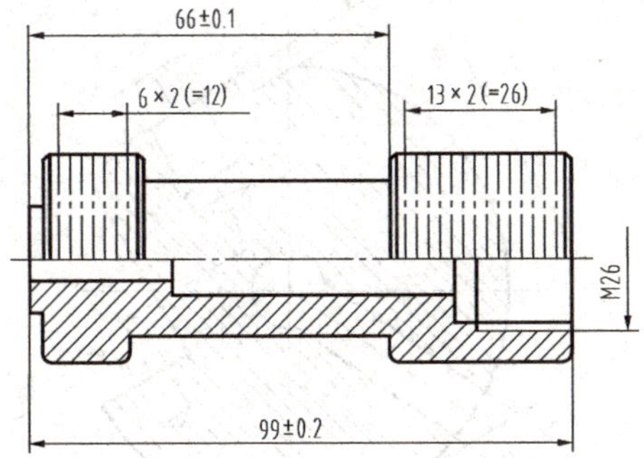

图 8-2

8.2　平行型尺寸标注

【练习 8-3】 打开素材文件“\dwg\第 08 章\8-3.dwg”，利用 DIMALIGNED 命令标注该图样，结果如图 8-3 所示。

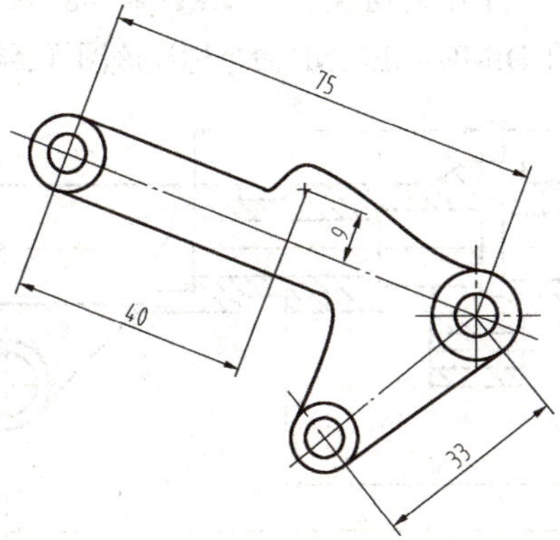

图 8-3

【练习 8-4】 打开素材文件“\dwg\第 08 章\8-4.dwg”，利用 DIMALIGNED 命令标注该图样，结果如图 8-4 所示。

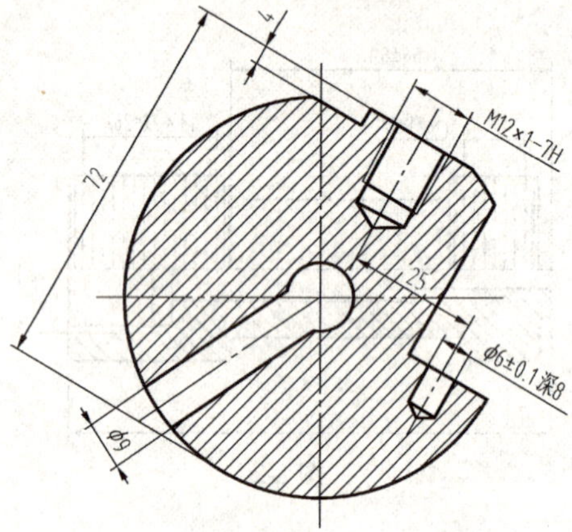

图 8-4

8.3 基线型和连续型尺寸标注

【练习 8-5】 打开素材文件“\dwg\第 08 章\8-5.dwg”，利用 DIMCONTINUE 和 DIMBASELINE 命令标注该图样，结果如图 8-5 所示。

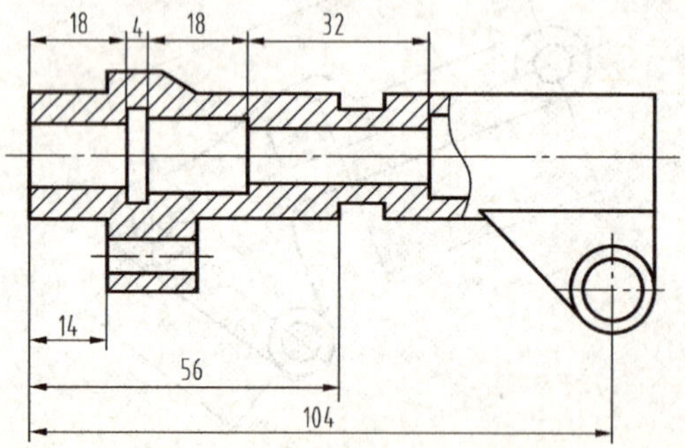

图 8-5

【练习 8-6】 打开素材文件“\dwg\第 08 章\8-6.dwg”，利用 DIMCONTINUE 和 DIMBASELINE 命令标注该图样，结果如图 8-6 所示。

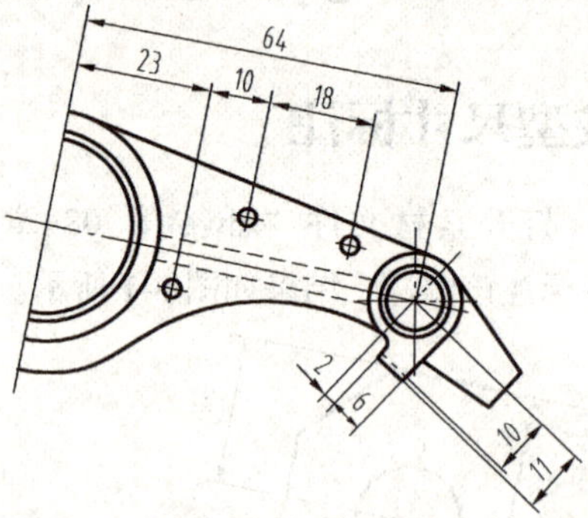

图 8-6

8.4 角度标注

【练习 8-7】 打开素材文件“\dwg\第 08 章\8-7.dwg”，利用 DIMANGULAR 命令标注该图样，结果如图 8-7 所示。

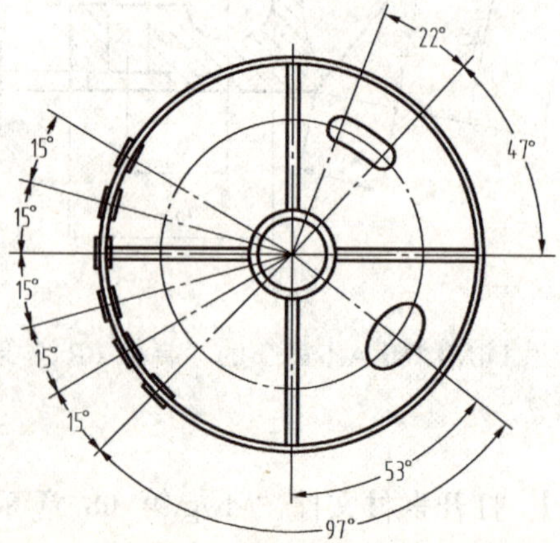

图 8-7

【练习 8-8】打开素材文件“\dwg\第 08 章\8-8.dwg”，利用 DIMANGULAR 命令标注该图样，结果如图 8-8 所示。

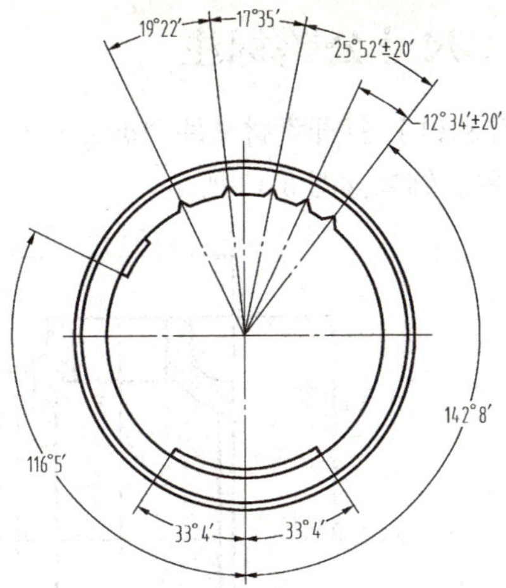

图 8-8

【练习 8-10】打开素材文件“\dwg\第 08 章\8-10.dwg”，利用 DIMRADIUS 和 DIMDIAMETER 命令标注该图样，结果如图 8-10 所示。

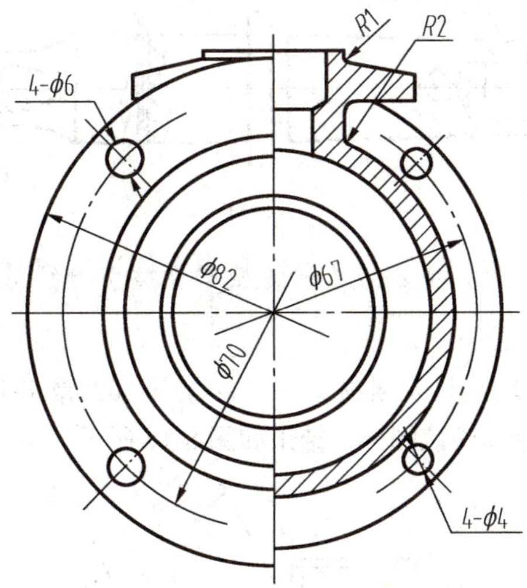

图 8-10

8.5　圆和圆弧标注

【练习 8-9】打开素材文件“\dwg\第 08 章\8-9.dwg”，利用 DIMRADIUS 和 DIMDIAMETER 命令标注该图样，结果如图 8-9 所示。

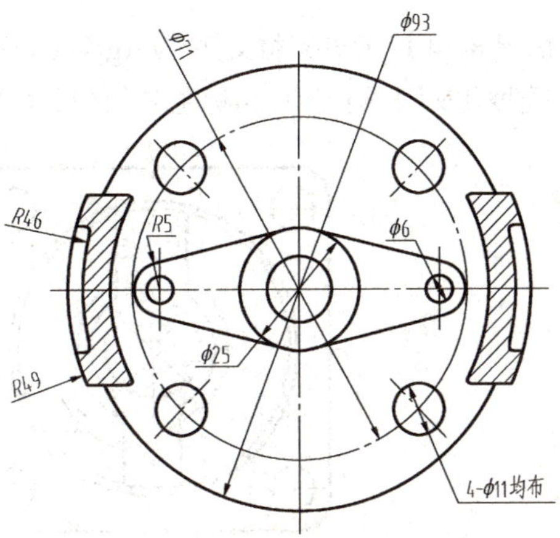

图 8-9

要点提示　利用 DIMDIAMETER 命令标注尺寸 ϕ 82、ϕ 70 和 ϕ 67 后，再利用 EXPLODE 命令分解它们，然后调整标注外观。

8.6 引线标注

【练习 8-11】 打开素材文件"\dwg\第 08 章\8-11.dwg"，利用 QLEADER 命令标注该图样，结果如图 8-11 所示。

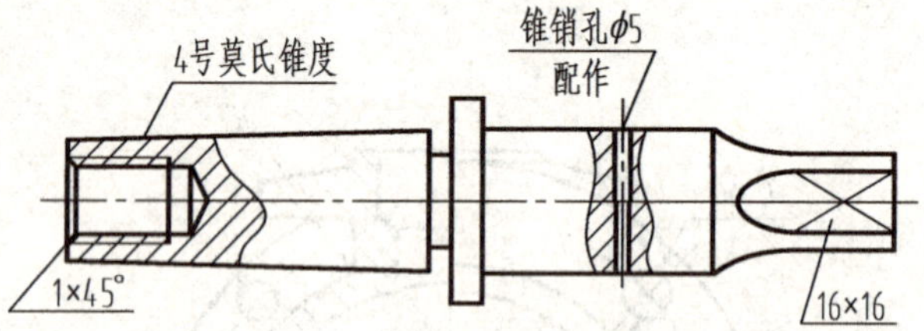

图 8-11

要点提示 可以利用关键点编辑方式来调整引出线与标注文字间的相对位置。

【练习 8-12】 打开素材文件"\dwg\第 08 章\8-12.dwg"，利用 QLEADER 命令标注该图样，结果如图 8-12 所示。

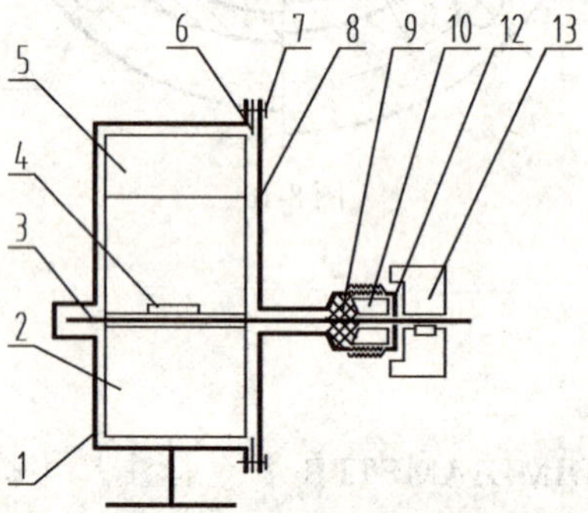

图 8-12

要点提示 标注时，用户可在【引线设置】对话框的【附着】选项卡中选择【最后一行加下划线】复选项。

8.7 尺寸公差标注

【练习 8-13】 打开素材文件"\dwg\第 08 章\8-13.dwg"，在图中标注尺寸公差，结果如图 8-13 所示。

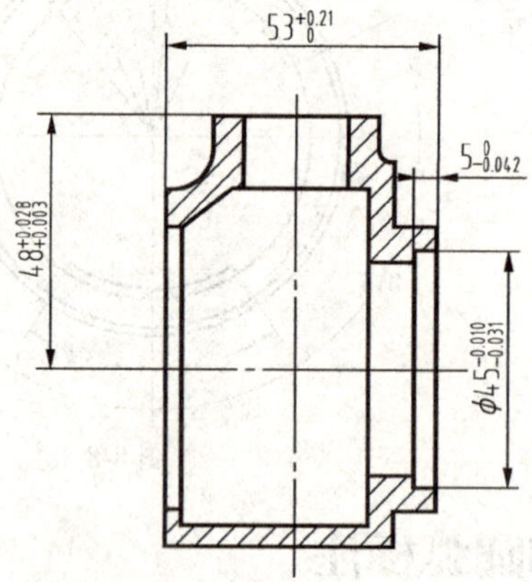
图 8-13

【练习 8-14】 打开素材文件"\dwg\第 08 章\8-14.dwg"，先设定标注文字的宽度比例因子小于 1，再标注图中的尺寸公差，结果如图 8-14 所示。

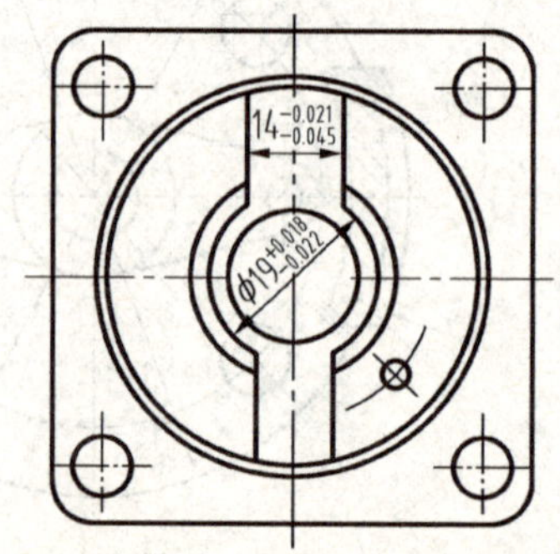
图 8-14

8.8　形位公差标注

【练习 8-15】 打开素材文件“\dwg\第 08 章\8-15.dwg”，在图中标注形位公差，结果如图 8-15 所示。

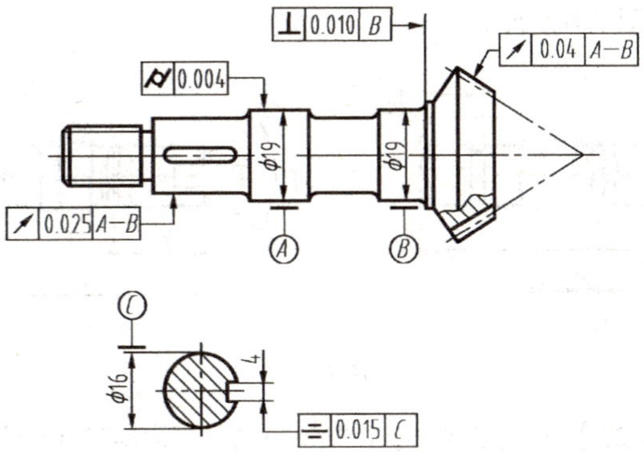

图 8-15

【练习 8-16】 打开素材文件“\dwg\第 08 章\8-16.dwg”，在图中标注形位公差，结果如图 8-16 所示。

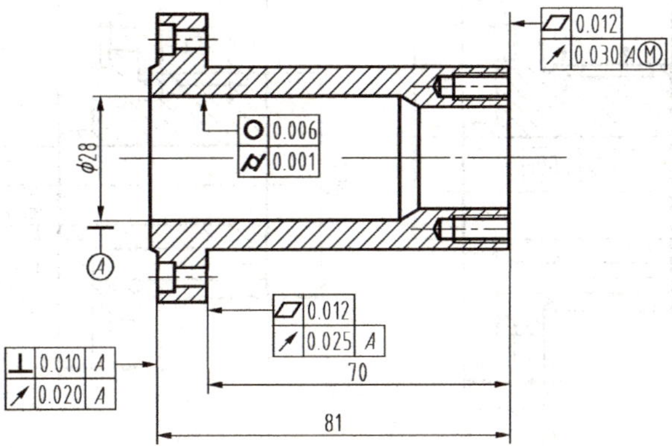

图 8-16

8.9　给标注文字加入前缀或后缀

【练习 8-17】 打开素材文件“\dwg\第 08 章\8-17.dwg”，利用 DIMLINEAR 命令标注该图形，结果如图 8-17 所示。

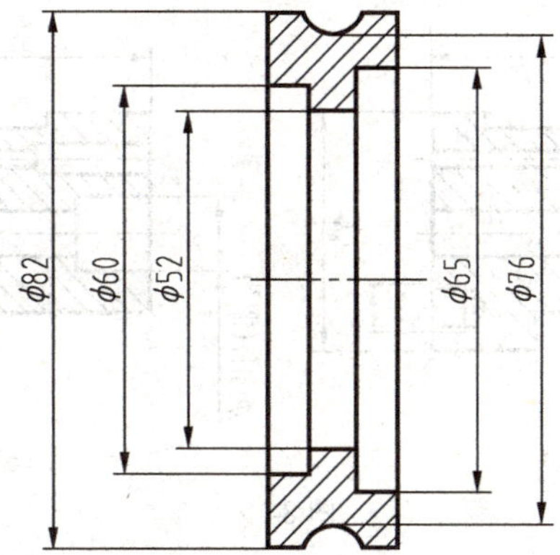

图 8-17

【练习 8-18】 打开素材文件“\dwg\第 08 章\8-18.dwg”，利用 DIMLINEAR 命令标注该图形，结果如图 8-18 所示。

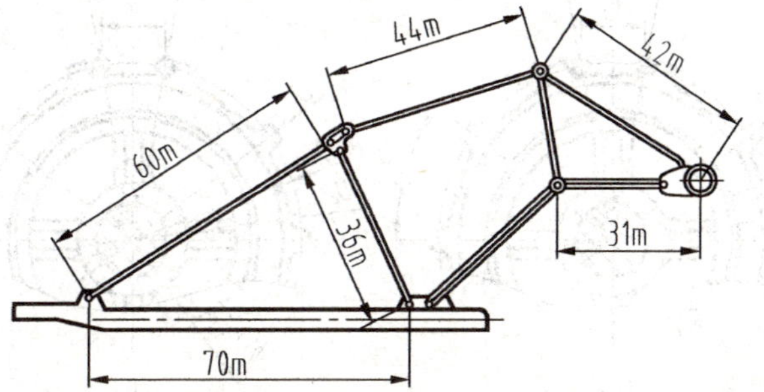

图 8-18

8.10 修改标注文字

【练习 8-19】打开素材文件"\dwg\第 08 章\8-19.dwg"，如图 8-19（a）所示。利用 DDEDIT 和 PROPERTIES 命令修改图中的标注文字，结果如图 8-19（b）所示。

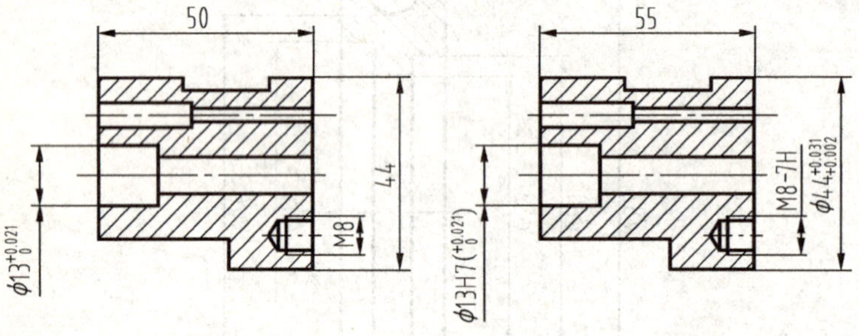

（a）　　（b）

图 8-19

【练习 8-20】打开素材文件"\dwg\第 08 章\8-20.dwg"，如图 8-20（a）所示。利用 DDEDIT 命令修改图中的标注文字，结果如图 8-20（b）所示。

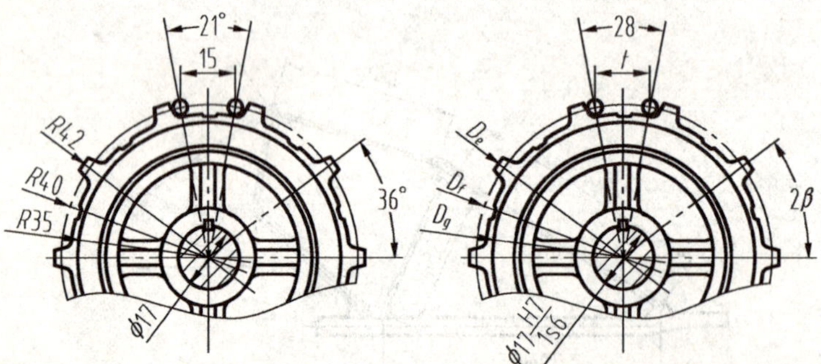

（a）　　（b）

图 8-20

8.11 调整尺寸线或标注文字的位置

【练习 8-21】打开素材文件"\dwg\第 08 章\8-21.dwg"，如图 8-21（a）所示。利用关键点编辑方式调整图中尺寸线和标注文字的位置，结果如图 8-21（b）所示。

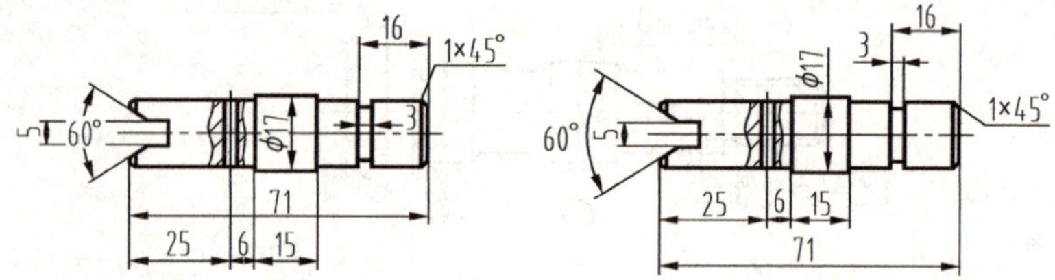

（a）　　（b）

图 8-21

【练习 8-22】打开素材文件"\dwg\第 08 章\8-22.dwg"，如图 8-22（a）所示。利用关键点编辑方式调整图中尺寸线和标注文字的位置，结果如图 8-22（b）所示。

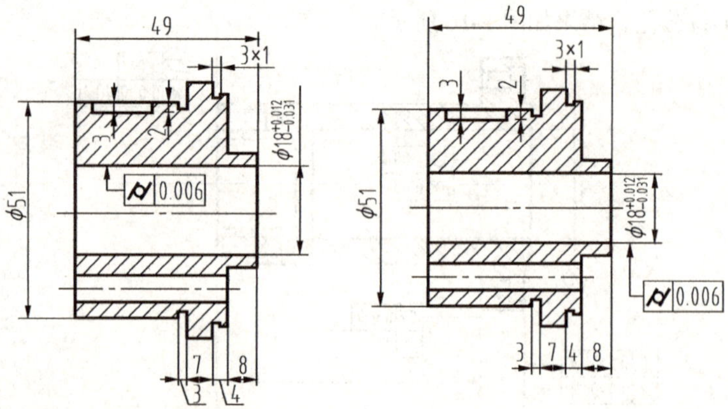

（a）　　（b）

图 8-22

8.12　改变尺寸标注外观

【练习 8-23】打开素材文件“\dwg\第 08 章\8-23.dwg”，如图 8-23（a）所示。将尺寸标注的全局比例因子修改为 1.5，结果如图 8-23（b）所示。

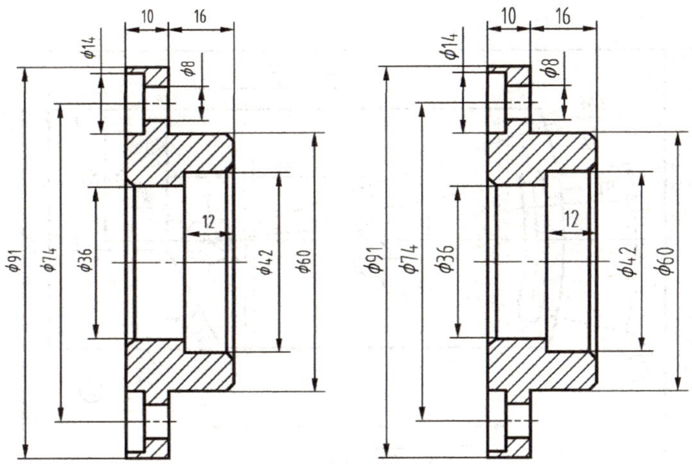

（a）　　（b）

图 8-23

【练习 8-24】打开素材文件“\dwg\第 08 章\8-24.dwg”，如图 8-24（a）所示。将标注文本的字体修改为“italic.shx”，字高修改为 3，结果如图 8-24（b）所示。

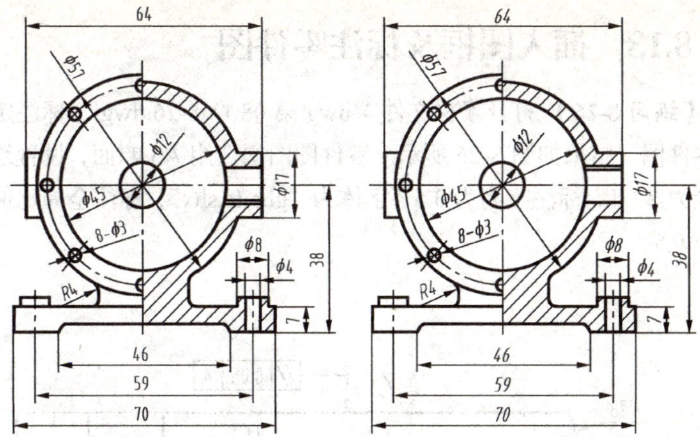

（a）　　（b）

图 8-24

【练习 8-25】打开素材文件“\dwg\第 08 章\8-25.dwg”，如图 8-25（a）所示。改变图中直径、半径及角度尺寸的标注形式，结果如图 8-25（b）所示。

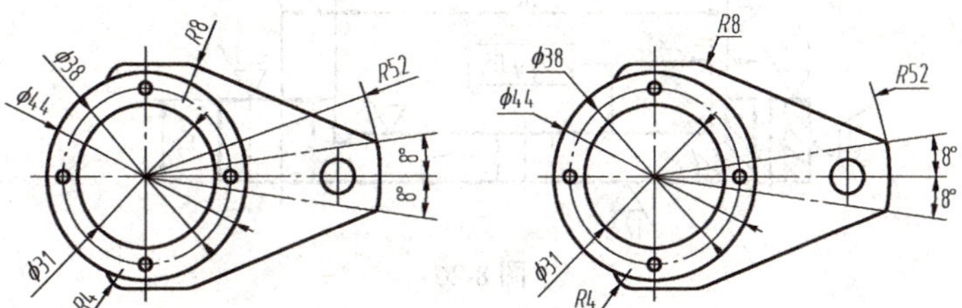

（a）　　（b）

图 8-25

8.13 插入图框及标注零件图

【练习 8-26】打开素材文件“\dwg\第 08 章\8-26.dwg”，标注定位板零件图，结果如图 8-26 所示。零件图图幅选用 A3 幅面，设置绘图比例为 2∶1，标注字高为 3.5，字体为“gbeitc.shx”，标注全局比例因子为 0.5。

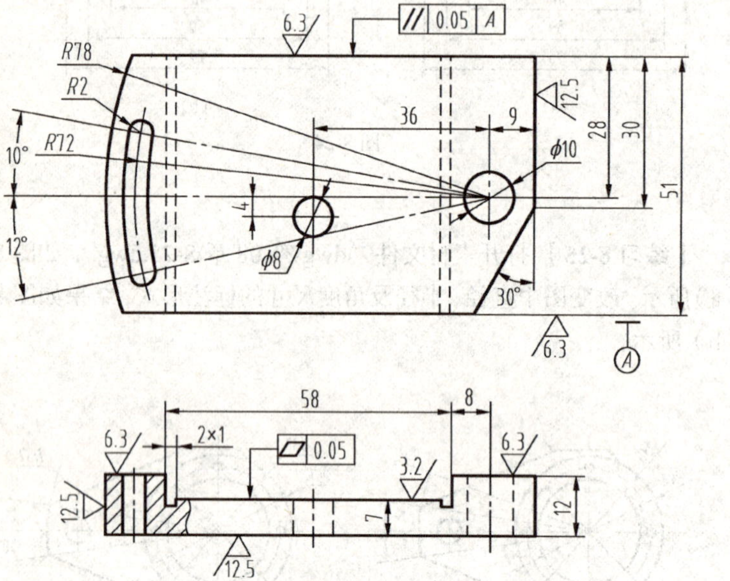

图 8-26

操作步骤提示

1. 打开素材文件“\dwg\第 08 章\A3.dwg”，该图形文件包含 A3 幅面标准图框、表面粗糙度代号及基准代号。利用 AutoCAD 的【复制】/【粘贴】功能，将图框及标注代号复制到定位板零件图中。

2. 利用 SCALE 命令缩放 A3 图框及标注代号，缩放比例为 0.5（即绘图比例的倒数）。

3. 利用 MOVE 命令将视图放入图框内，然后标注尺寸，结果如图 8-27 所示。其中标注字高为 3.5，字体为“gbeitc.shx”，标注全局比例因子为 0.5。

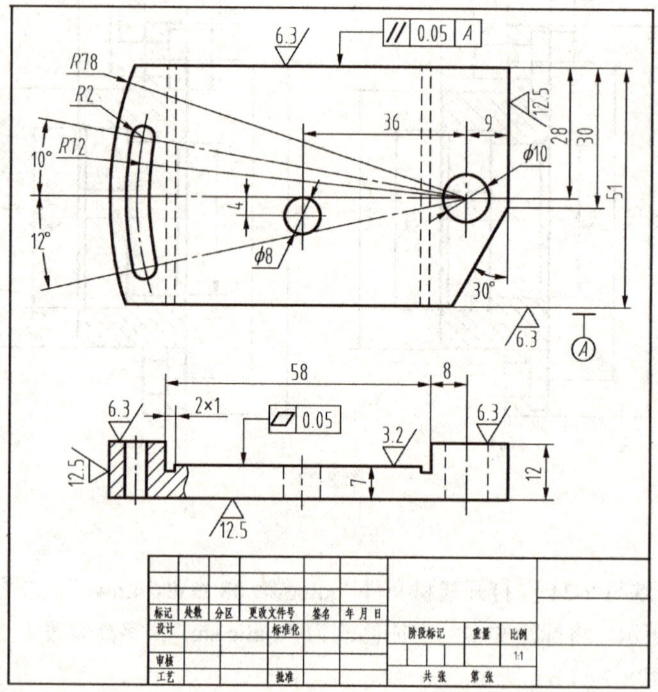

图 8-27

【练习 8-27】打开素材文件“\dwg\第 08 章\8-27.dwg”，标注法兰盘零件图，结果如图 8-28 所示。零件图图幅选用 A3 幅面，设置绘图比例为 2∶1，标注字高为 3.5，字体为“gbeitc.shx”，标注全局比例因子为 0.5。

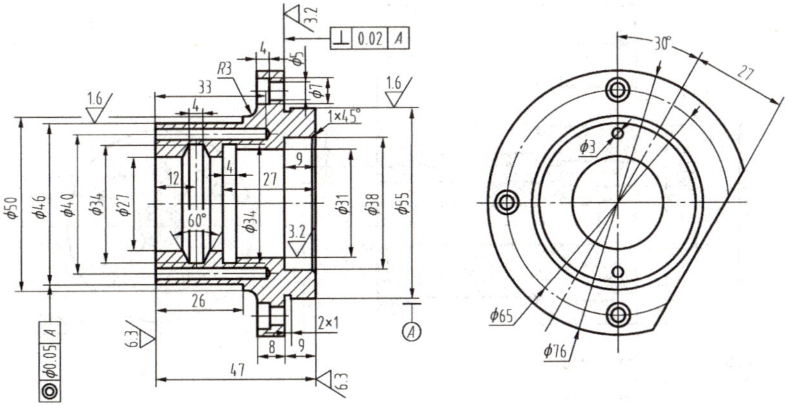

图 8-28

【练习 8-28】打开素材文件“\dwg\第 08 章\8-28.dwg”，标注传动轴零件图，结果如图 8-29 所示。零件图图幅选用 A2 幅面，设置绘图比例为 2∶1，标注字高为 3.5，字体为“gbeitc.shx”，标注全局比例因子为 0.5。

【练习 8-29】打开素材文件“\dwg\第 08 章\8-29.dwg”，标注 V 形导轨零件图，结果如图 8-30 所示。零件图图幅选用 A3 幅面，绘图比例为 1:1，标注字高为 3.5，字体为“gbeitc.shx”，标注全局比例因子为 1.1。

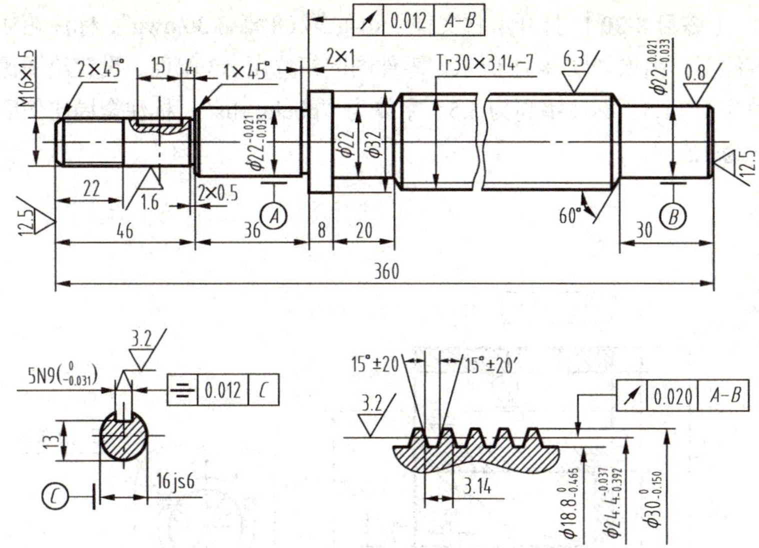

图 8-29

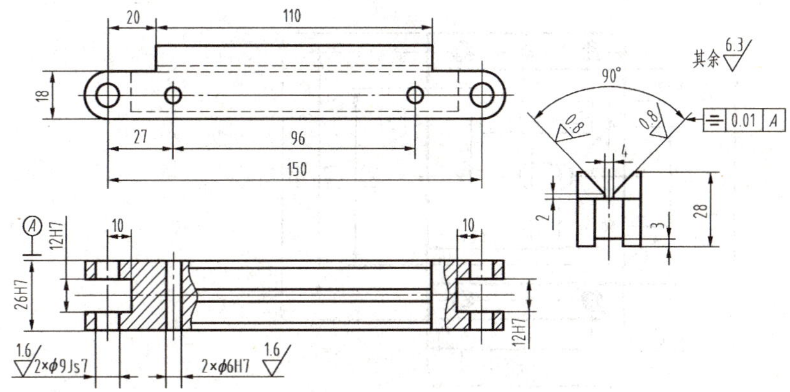

图 8-30

【练习 8-30】打开素材文件“\dwg\第 08 章\8-30.dwg”，标注箱体零件图，结果如图 8-31 所示。零件图图幅选用 A3 幅面，设置绘图比例为 1∶1.5，标注字高为 3.5，字体为“gbeitc.shx”，标注全局比例因子为 1.5。

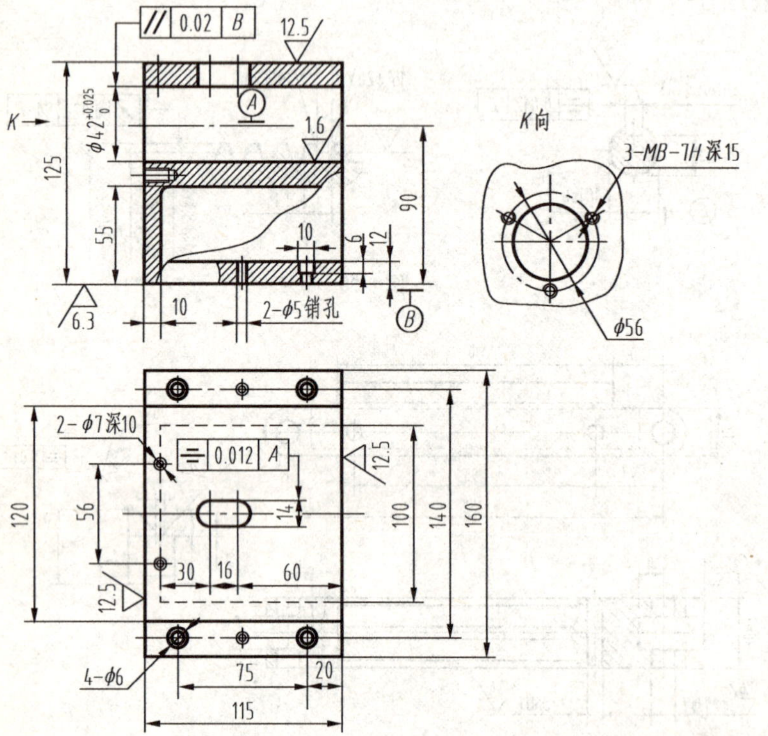

图 8-31

【练习 8-31】打开素材文件“\dwg\第 08 章\8-31.dwg”，标注压块零件图，结果如图 8-32 所示。零件图图幅选用 A3 幅面，设置绘图比例为 1∶1.5，标注字高为 3.5，字体为“gbeitc.shx”，标注全局比例因子为 1.5。

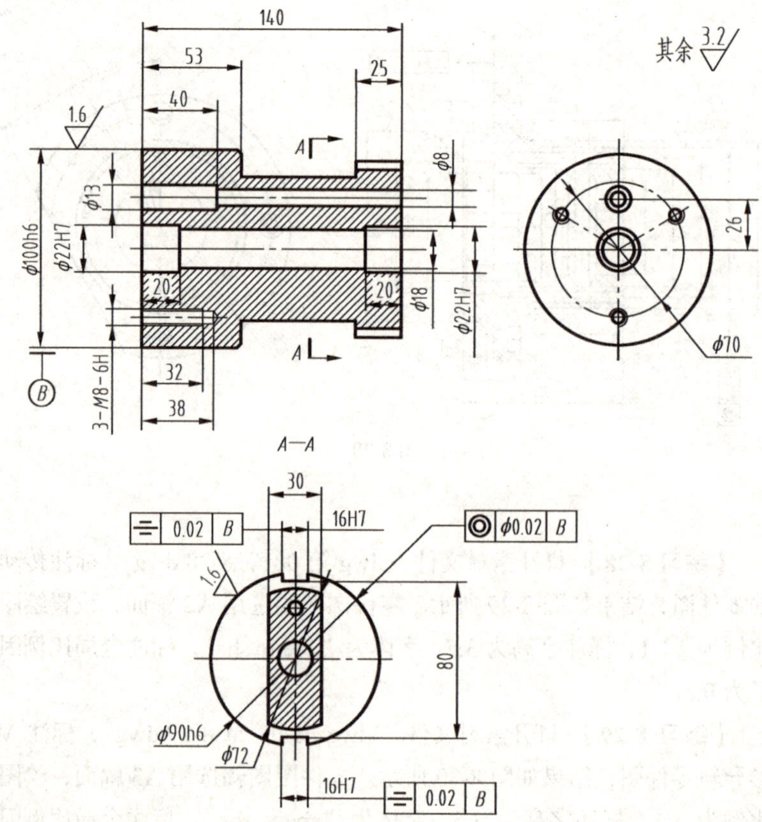

图 8-32

第2篇 机械制图练习

本篇提供的练习题包括装配图及典型零件图。通过此部分的演练，读者能很快掌握用 AutoCAD 绘制机械图的方法及一些实用技巧，从而极大地提高设计效率。

本篇包括以下主要内容。

- 绘制典型零件的基本视图和辅助视图。
- 组合及拆分装配图。
- 图块、块属性及外部参照的综合练习。
- 绘制及标注轴测图。
- 输出图形练习。

第9章　零　件　图

9.1　绘制轴类零件

【练习 9-1】 绘制图 9-1 所示的轴类零件。

作图时应将系统做以下设置。

- 根据图样的尺寸，将作图区域的大小设定为 200×100。
- 设定全局线型比例因子为 0.2。
- 根据图元的性质，分别建立轮廓线层、中心线层、剖面线层和标注层。

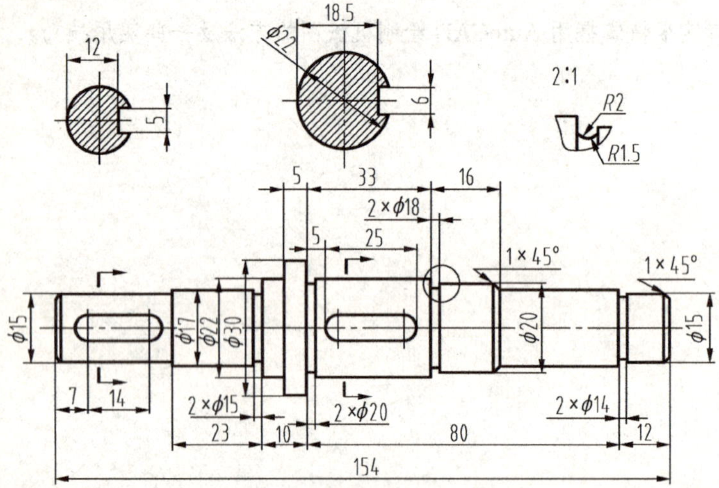

图 9-1

要点提示　为了使图面简洁，图 9-1 中已将零件图中的表面粗糙度代号、基准代号及形位公差等略去。

操作步骤提示

1. 打开对象捕捉、极轴追踪及自动追踪功能，设定自动捕捉类型为端点、圆心及交点。

2. 图样布局。设置轮廓线层为当前层，然后在该层的适当位置绘制对称轴线 *A* 及左、右端面线 *B*、*C*，结果如图 9-2 所示。

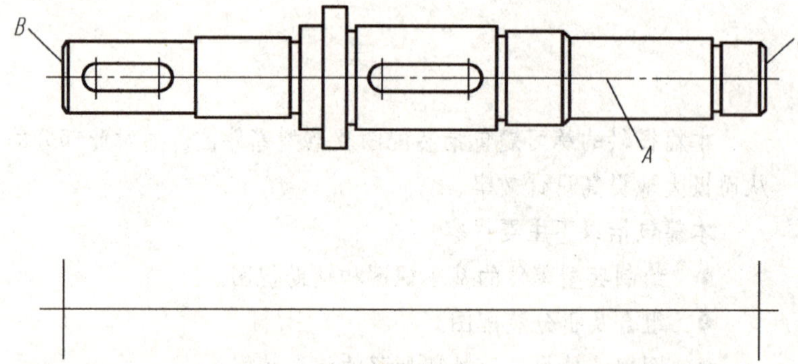

图 9-2

3. 以线段 *A*、*B* 为作图基准线，利用 OFFSET 和 TRIM 命令形成轴左边的第一段和第二段，结果如图 9-3 所示。

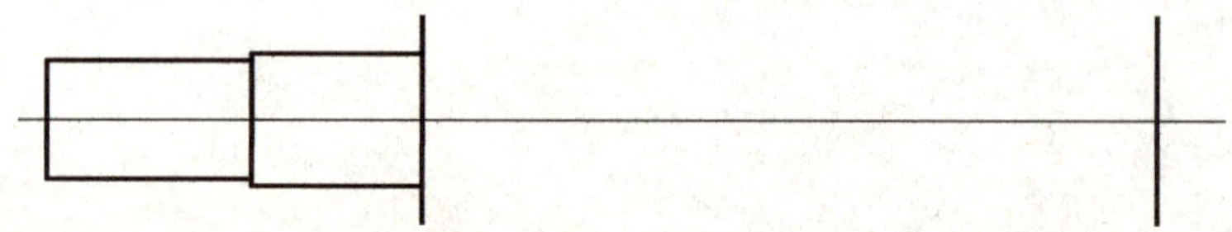

图 9-3

4. 用上述方法绘制轴类零件主视图的其余各段，结果如图 9-4 所示。

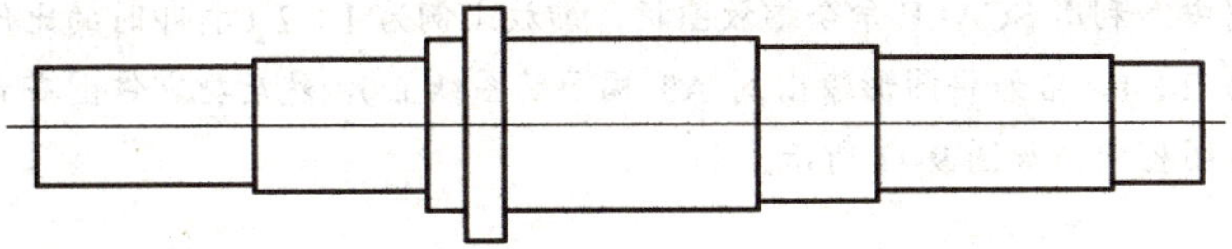

图 9-4

5. 绘制退刀槽、键槽，再倒斜角，结果如图 9-5 所示。

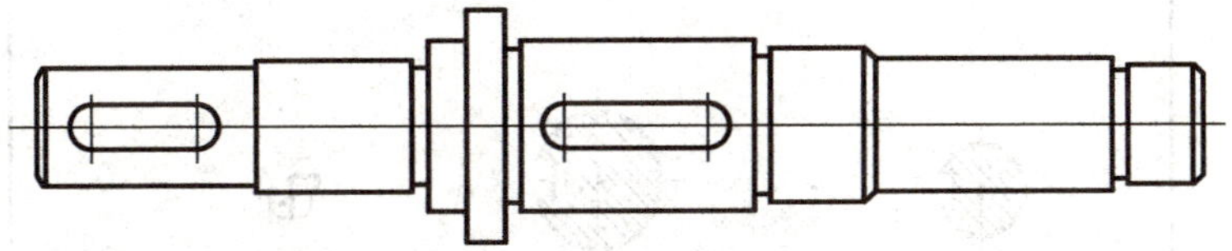

图 9-5

6. 绘制剖面图。

首先确定剖面图的位置，再利用 LINE 命令绘制两条定位辅助线 *E*、*F*，结果如图 9-6 所示。

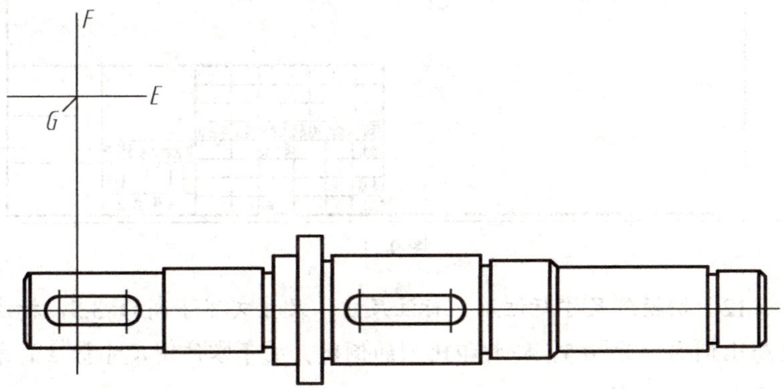

图 9-6

7. 以图 9-6 所示的交点 *G* 为圆心绘制剖面圆，再偏移线段 *E*、*F* 以形成槽，结果如图 9-7 所示。

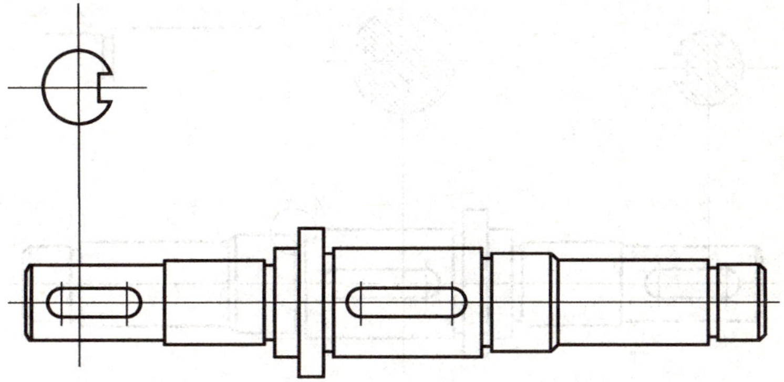

图 9-7

8. 利用同样的方法绘制另一个剖面图，然后切换到剖面线层，填充剖面图案，结果如图 9-8 所示。

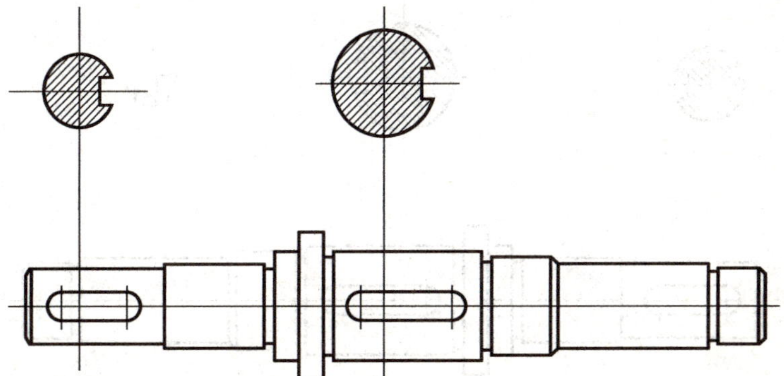

图 9-8

9. 利用 SCALE 命令创建局部放大图。把图形 *A* 复制到 *B* 处，结果如图 9-9 所示。

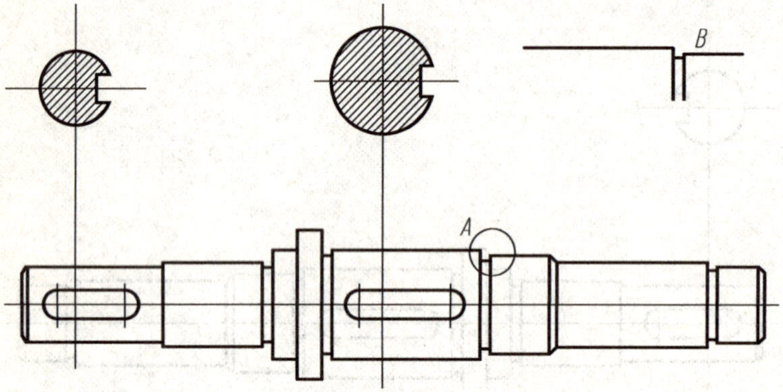

图 9-9

10. 利用 SCALE 命令将图形 *B* 放大两倍，绘制局部放大图的细节，然后调整对称轴线、圆中心线的长度，并将其修改到中心线层上，结果如图 9-10 所示。

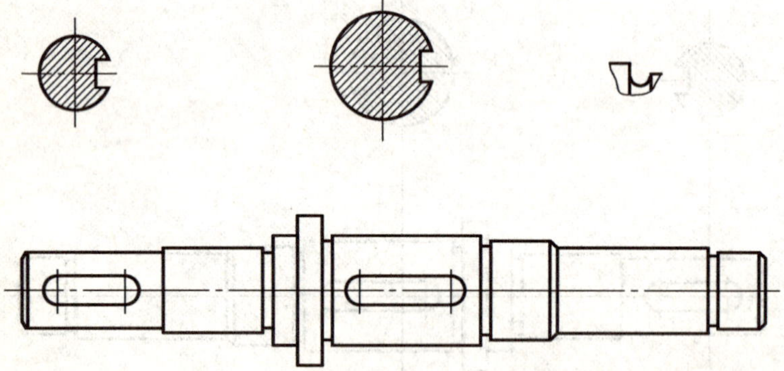

图 9-10

11. 打开素材文件“\dwg\第 09 章\A3.dwg”，该文件包含一个 A3 幅面的图框。利用【复制】/【粘贴】功能将 A3 幅面图纸复制到零件图中。利用 SCALE 命令缩放图框，缩放比例为 1∶2（打印时的比例为 2∶1，恰好将图形输出到 A3 幅面的图纸上），然后把零件图布置在图框中，如图 9-11 所示。

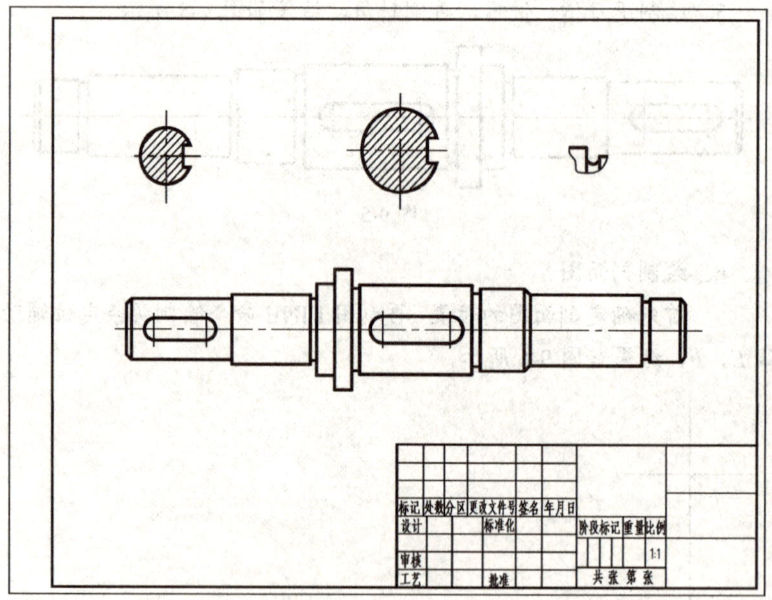

图 9-11

12. 切换到尺寸标注层，标注尺寸。尺寸文字字高为 3.5，标注全局比例因子为 0.5，即打印比例的倒数。关于零件图尺寸标注的方法请参考 8.13 节。

9.2　轴类零件综合练习

【练习 9-2】 绘制图 9-12 所示的图形。

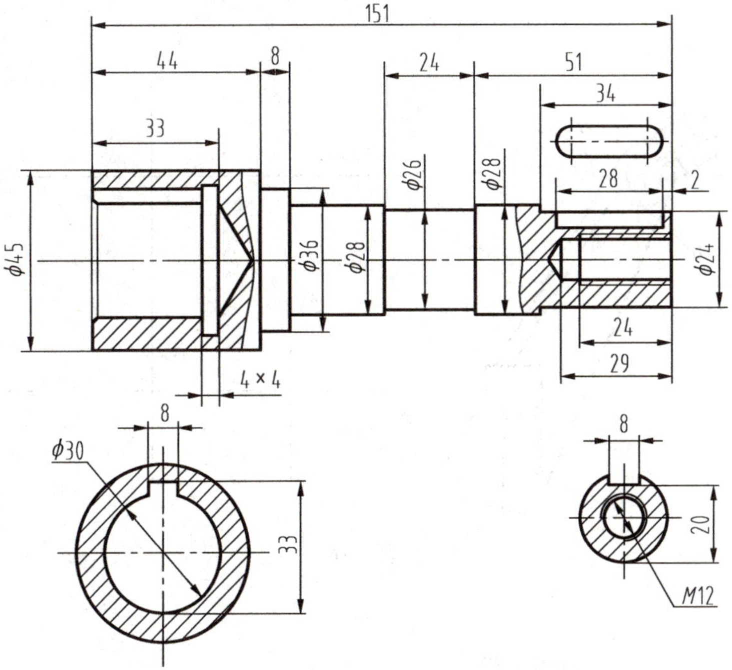

图 9-12

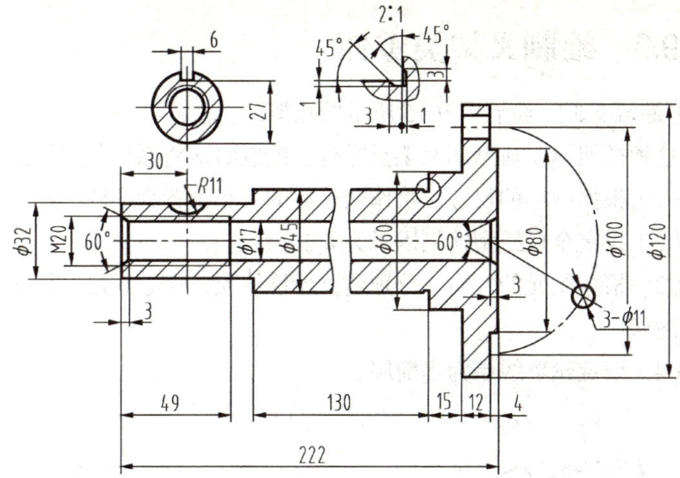

图 9-13

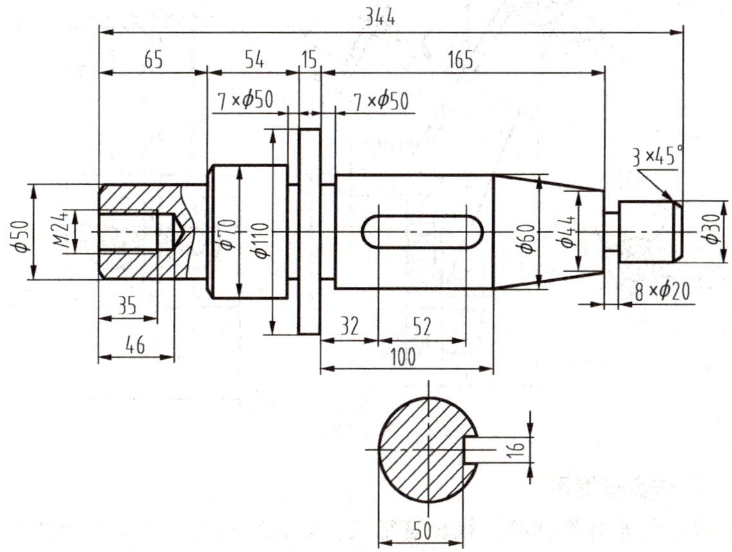

图 9-14

【练习 9-3】 绘制图 9-13 所示的图形。

【练习 9-4】 绘制图 9-14 所示的图形。

9.3 绘制叉架类零件

【练习 9-5】 绘制图 9-15 所示的托架。

这种托架属于典型的叉架类零件，绘制时应将系统做以下设置。

（1）根据图样的尺寸，将作图区域的大小设置为 300×200。

（2）设定全局线型比例因子为 0.2。

（3）根据图元的性质，分别建立轮廓线层、中心线层、剖面线层和标注层。

（4）设定轮廓线层为当前层。

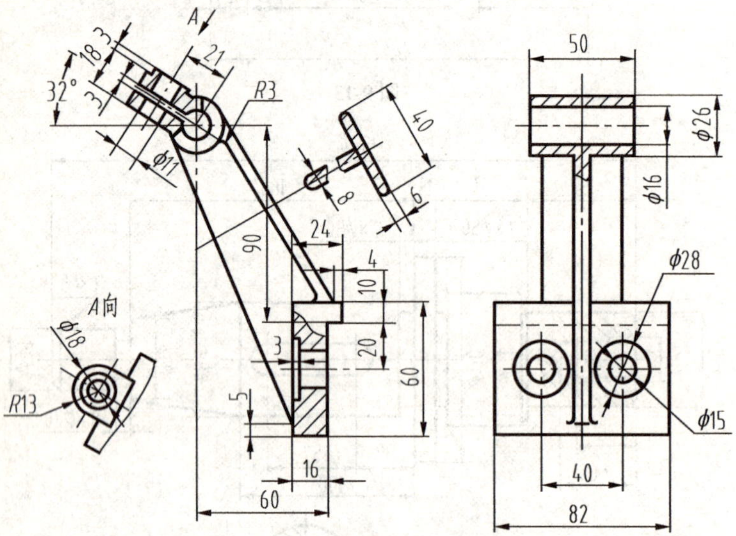

图 9-15

操作步骤提示

1. 打开对象捕捉、极轴追踪及自动追踪功能，设定自动捕捉类型为端点、圆心及交点。

2. 主视图布局。

线段 *A*、*B*、*C* 和 *D* 是主视图的主要作图基准线，首先利用 XLINE 命令绘制定位线 *A*、*B*，然后偏移线段 *A*、*B* 以形成线段 *C*、*D*，结果如图 9-16 所示。

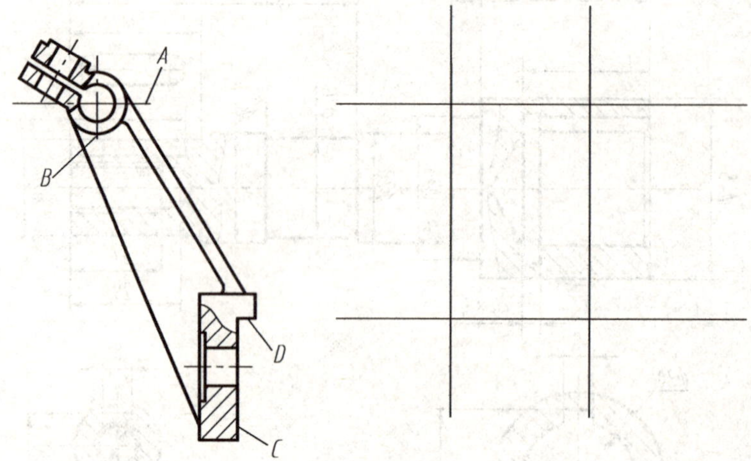

图 9-16

3. 形成主视图细节。

先绘制圆 *E*、*F*，再利用 OFFSET 命令偏移线段 *C*、*D* 以形成图形细节 *G*，结果如图 9-17 所示。

4. 先利用 LINE 命令绘制图形细节 *H* 及切线 *I*、*J*，再绘制平行线 *K*，然后倒圆角，结果如图 9-18 所示。

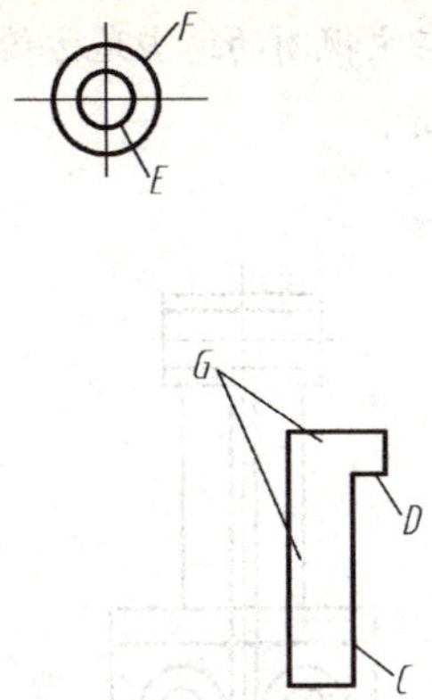

图 9-17

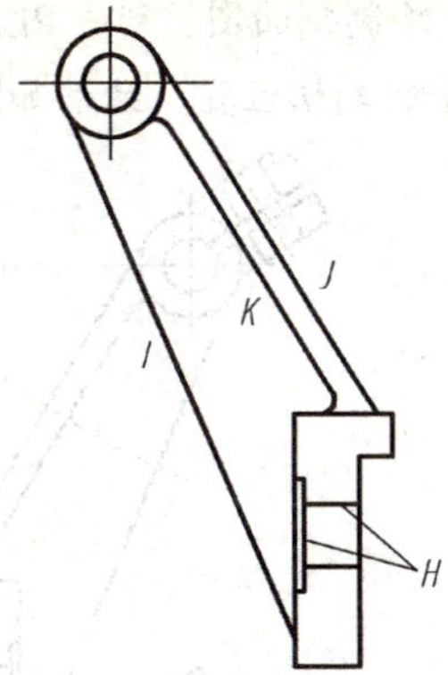

图 9-18

5. 绘制斜视图。

利用 OFFSET 命令偏移线段 *L*、*M* 以形成图形细节 *N*，结果如图 9-19 所示。

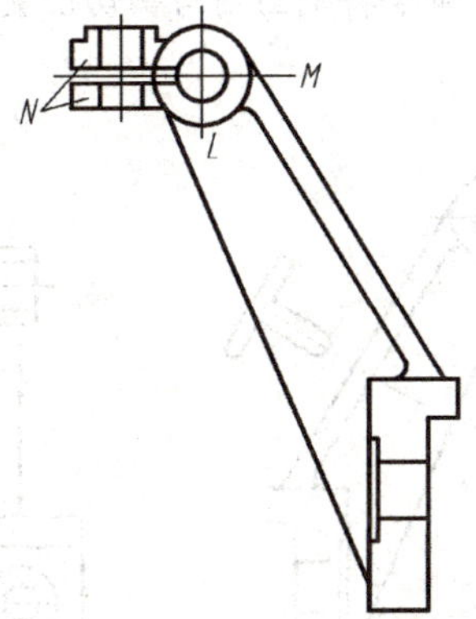

图 9-19

6. 在水平位置绘制斜视图 *P*。

绘制时可从图形 *O* 处作投影线来辅助作图，结果如图 9-20 所示。

7. 把图形 *O*、*P* 分别绕 *Q* 点、*R* 点旋转 32°，结果如图 9-21 所示。

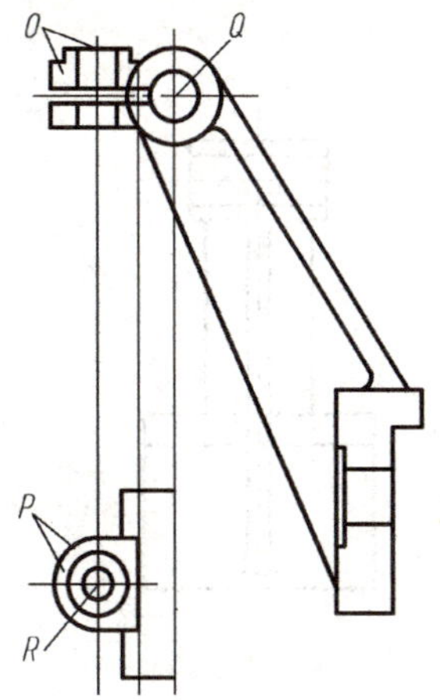

图 9-20

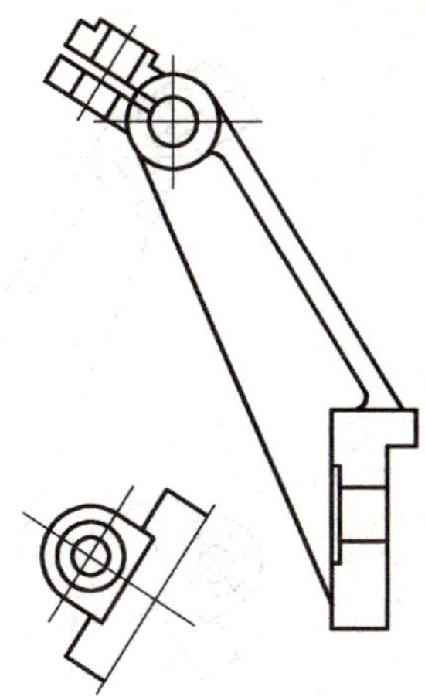

图 9-21

8. 从主视图向左视图投影。绘制左视图的对称线 *A*，再利用 XLINE 命令绘制水平辅助线以投影主视图的特征，结果如图 9-22 所示。

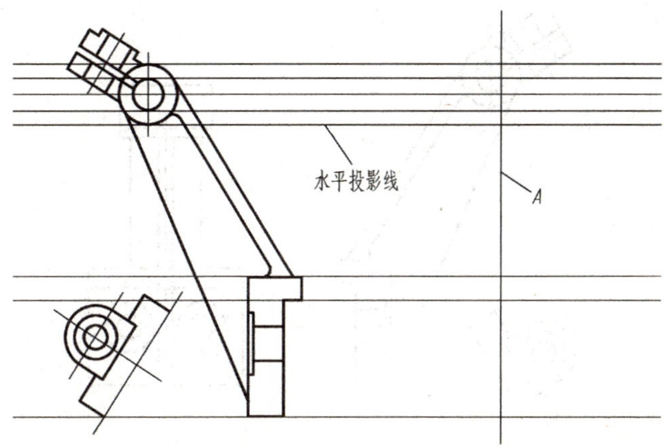

图 9-22

9. 通过偏移线段 *A* 来形成左视图的主要细节特征，结果如图 9-23 所示。

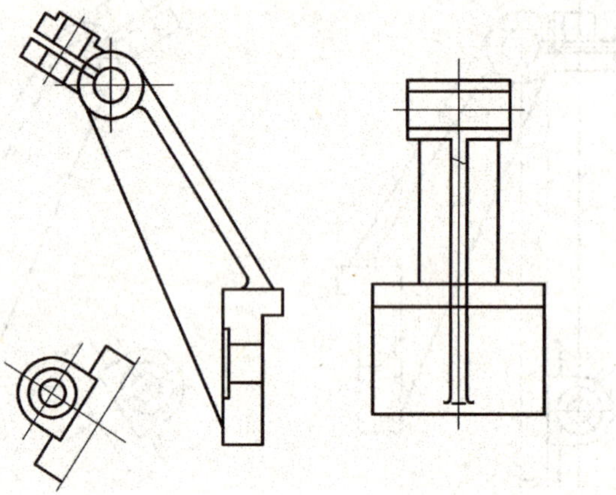

图 9-23

10. 从主视图绘制水平投影线，将孔的中心向左视图投影，然后绘制圆 *E*、*F* 等，结果如图 9-24 所示。

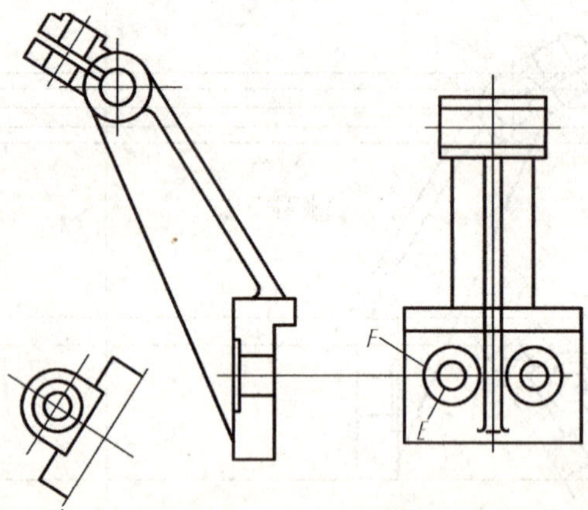

图 9-24

11. 绘制剖面图。利用 PLINE 命令在主视图的适当地方绘制剖面图，再绘制剖切位置，结果如图 9-25 所示。

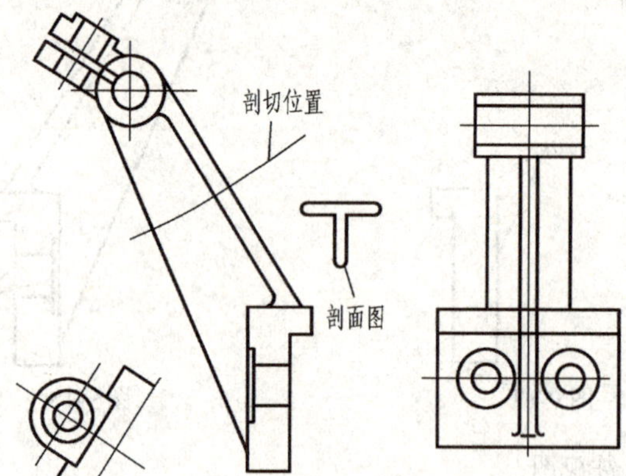

图 9-25

12. 利用 ALIGN 命令将剖面图与剖切位置对齐，结果如图 9-26 所示。

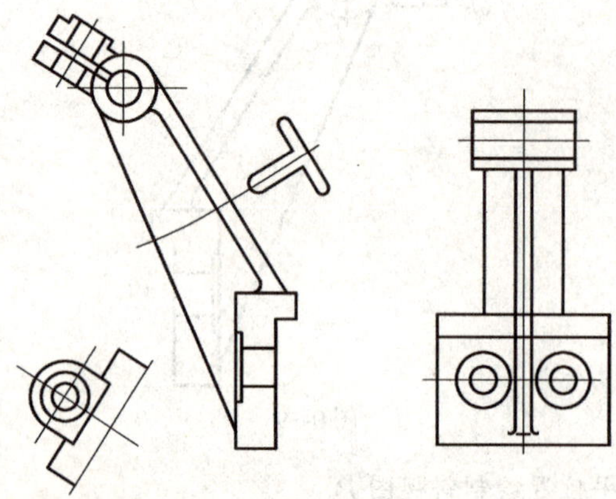

图 9-26

13. 绘制断裂线并填充剖面图案。利用 SPLINE 命令绘制断裂线，然后填充剖面图案，将剖面图案修改到剖面线层上，再将对称线、圆的中心线等修改到中心线层上，结果如图 9-26 所示。

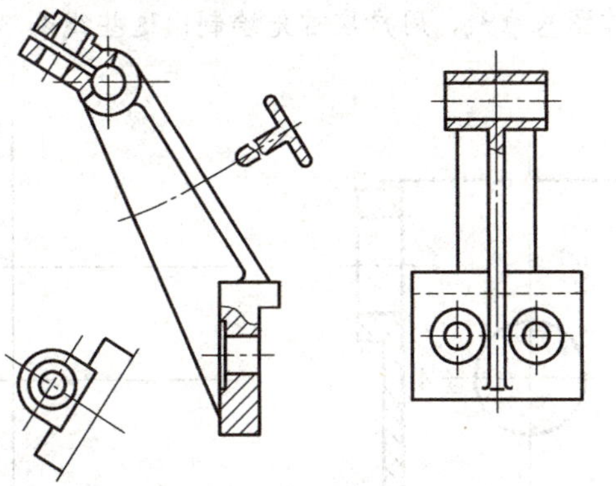

图 9-27

9.4　叉架类零件综合练习

【练习 9-6】 绘制图 9-27 所示的图形。

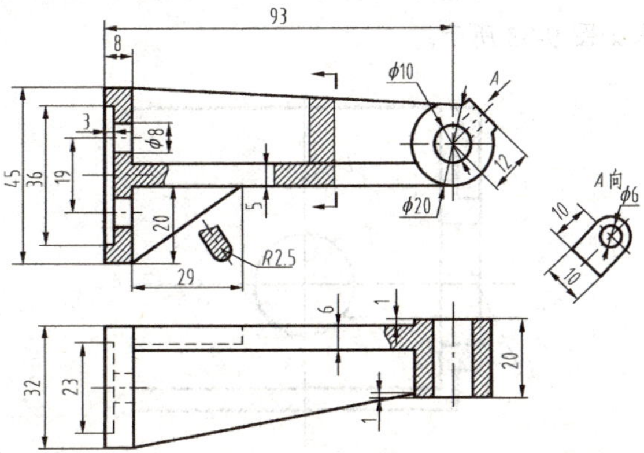

图 9-28

【练习 9-7】 绘制图 9-28 所示的图形。

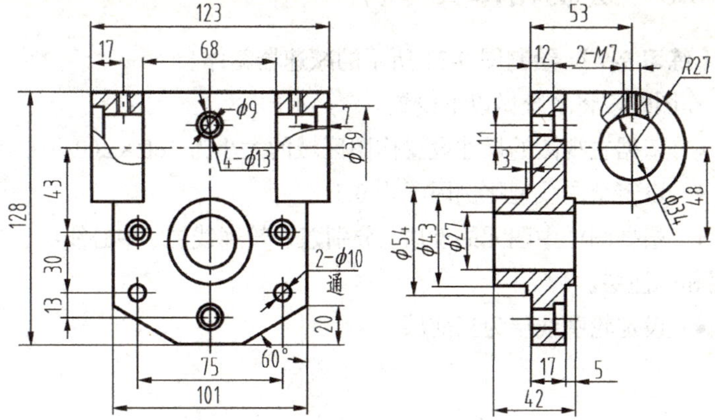

图 9-29

【练习 9-8】 绘制图 9-30 所示的图形。

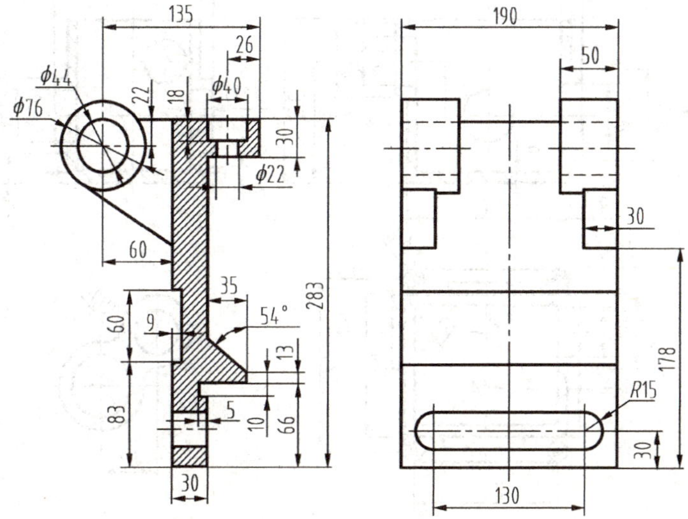

图 9-30

9.5 绘制箱体类零件

【**练习 9-9**】 绘制图 9-31 所示的减速器箱体。

作图时应将系统做以下设置。

- 依据主视图的尺寸设置作图区域的大小为 200 × 200。
- 设定全局线型比例因子为 0.5。
- 根据图样中图元的性质，分别建立轮廓线层、中心线层、剖面线层和标注层。
- 设定轮廓线层为当前层。

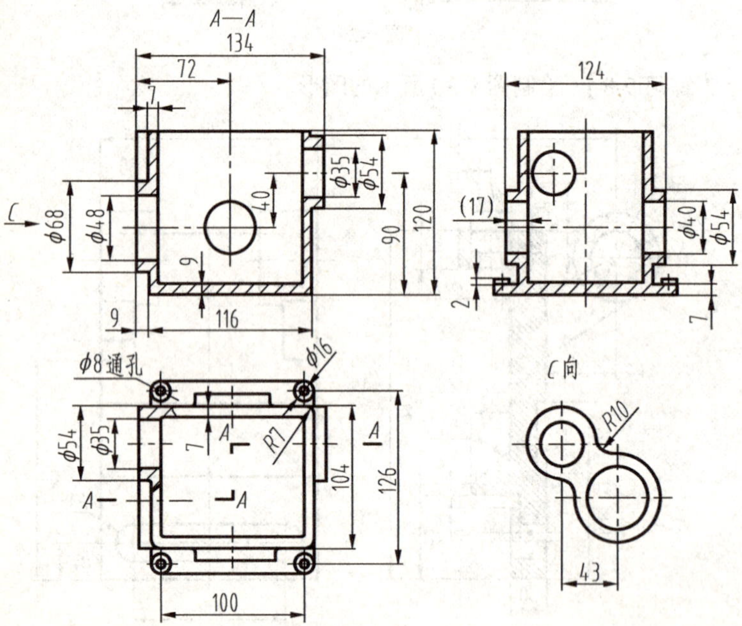

图 9-31

1. 打开对象捕捉、极轴追踪及自动追踪功能，设定自动捕捉类型为端点、圆心及交点。

2. 主视图布局。零件的端面线 *D* 及孔的中心线 *A*、*B* 和 *C* 是主视图的主要作图基准线，用户应首先绘制出这些线条，结果如图 9-32 所示。

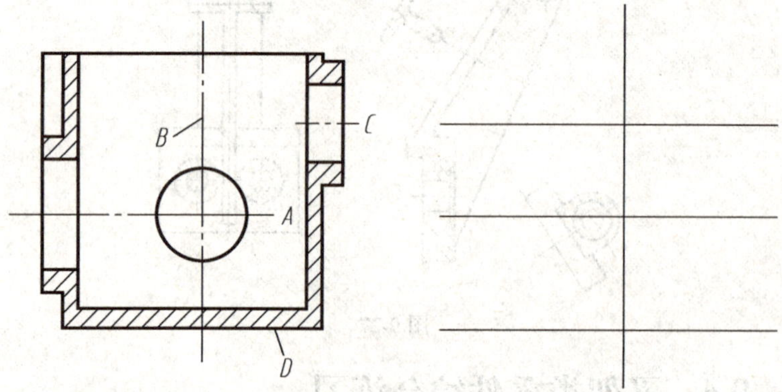

图 9-32

3. 绘制主视图细节。绘制圆 *E*，再偏移线段 *A*、*B* 以形成图形细节 *F*，结果如图 9-33 所示。

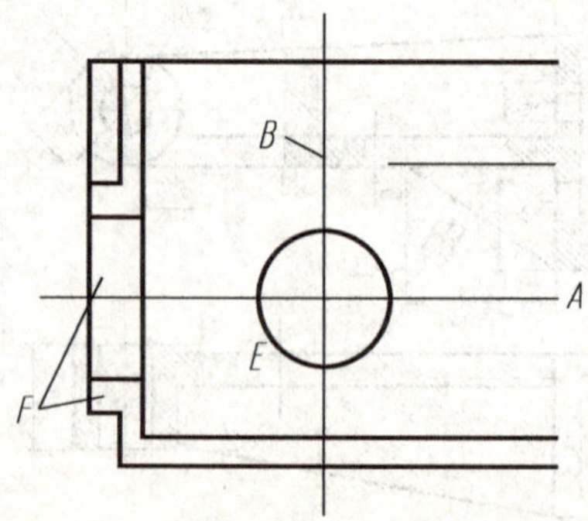

图 9-33

4. 通过偏移线段 *C*、*G* 来形成图形细节 *H*，结果如图 9-34 所示。

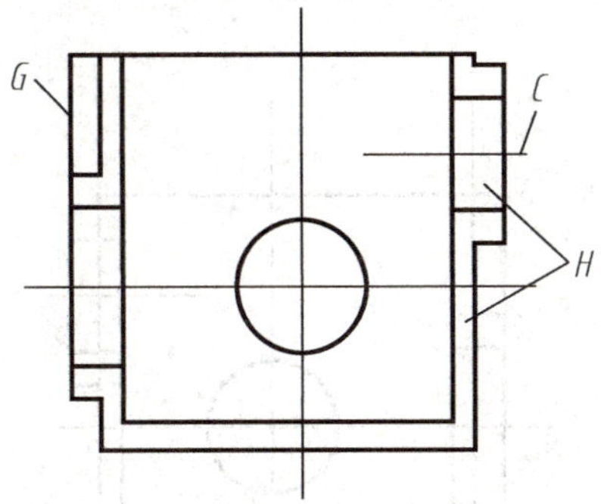

图 9-34

5. 绘制左视图。从主视图向左视图绘制水平投影线，再绘制左视图的对称线（左视图近似对称），结果如图 9-35 所示。

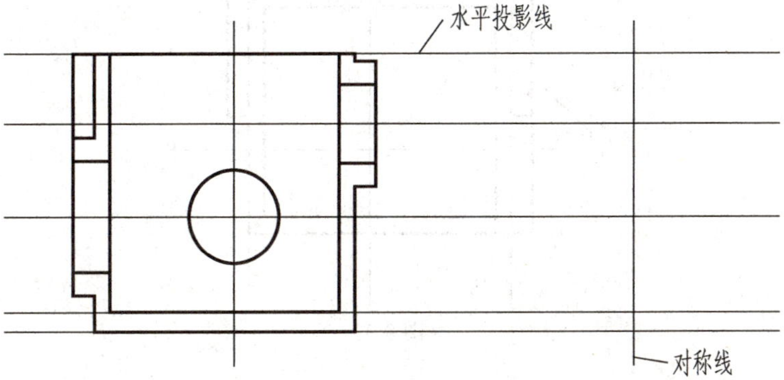

图 9-35

6. 以线段 *A*、*B* 和 *C* 为作图基准线，通过偏移它们来形成图形细节 *D*，结果如图 9-36 所示。

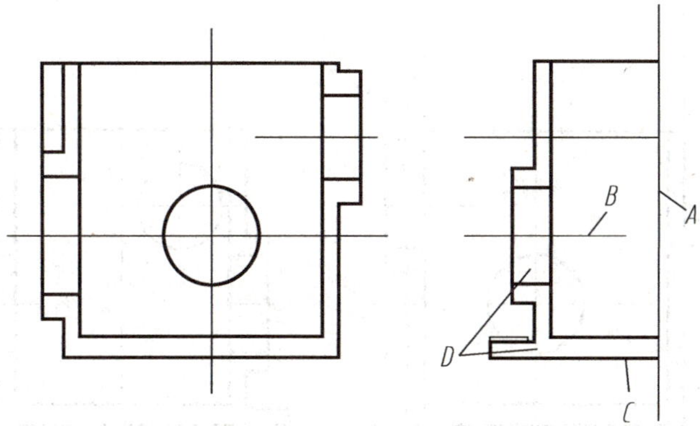

图 9-36

7. 将图形 *D* 镜像，然后绘制圆 *E*，结果如图 9-37 所示。

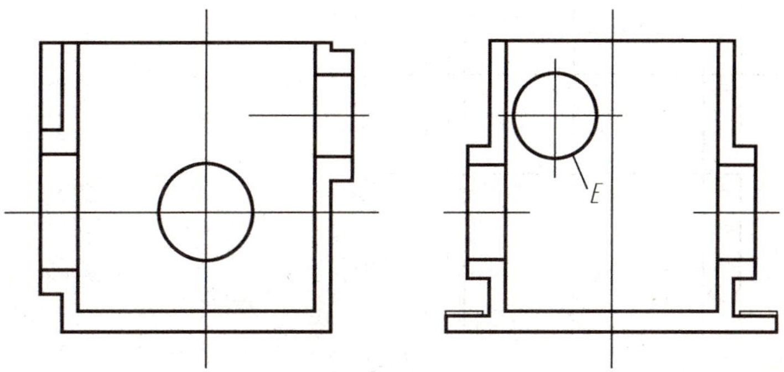

图 9-37

8. 绘制俯视图。绘制俯视图中孔的轴线 *A*、*B*，再从主视图向俯视图作竖直投影线，结果如图 9-38 所示。

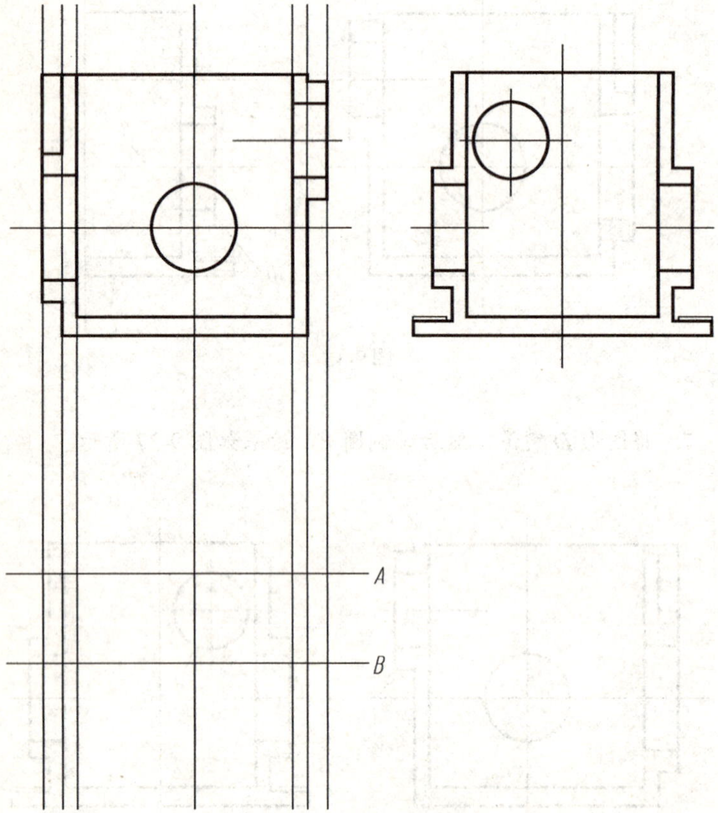

图 9-38

9. 偏移线段 *A*、*B* 以形成图形细节 *C*，结果如图 9-39 所示。

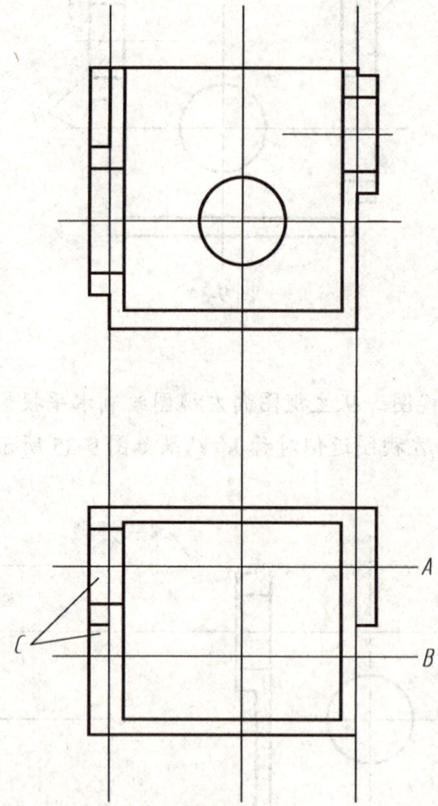

图 9-39

10. 偏移线段 E、F 和 G 以形成图形细节 H，然后绘制圆，结果如图 9-40 所示。

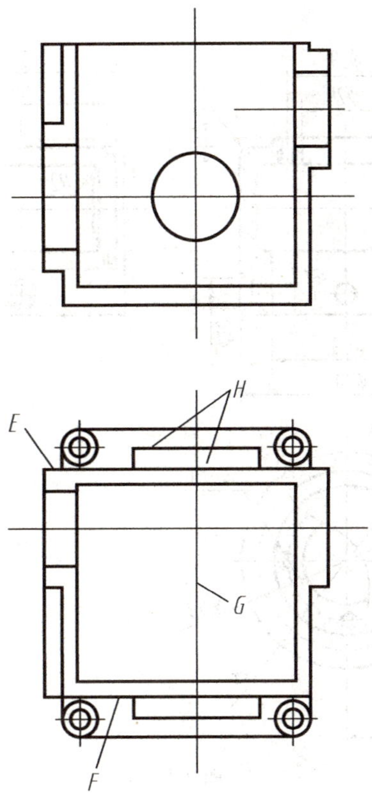

图 9-40

11. 绘制局部视图。在适当位置绘制局部视图的定位线 A、B、C 和 D，然后绘制圆，结果如图 9-41 所示。

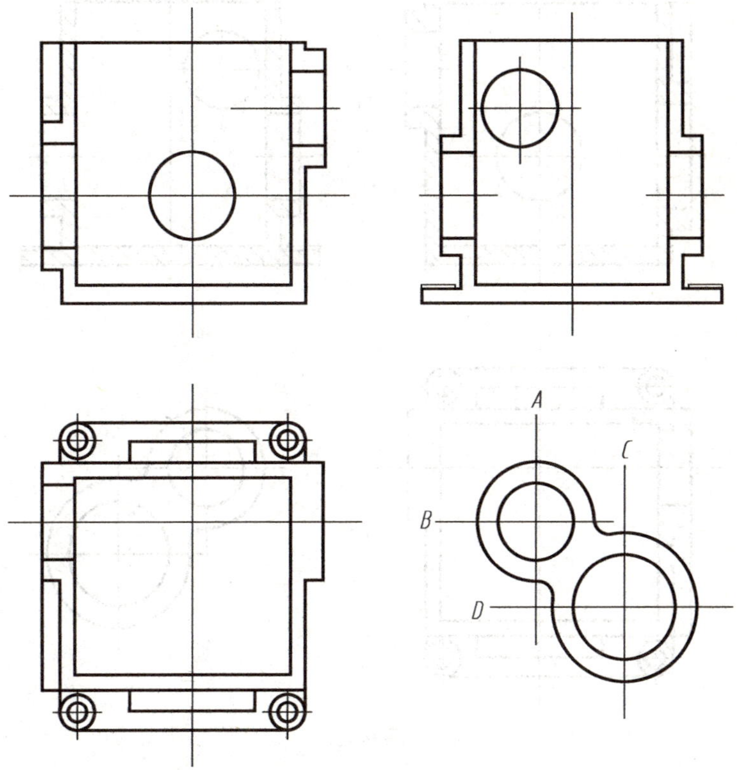

图 9-41

12．将图形对称线、孔的中心线修改到中心线层上，再利用 SPLINE 命令绘制断裂线，然后填充剖面图案，结果如图 9-42 所示。

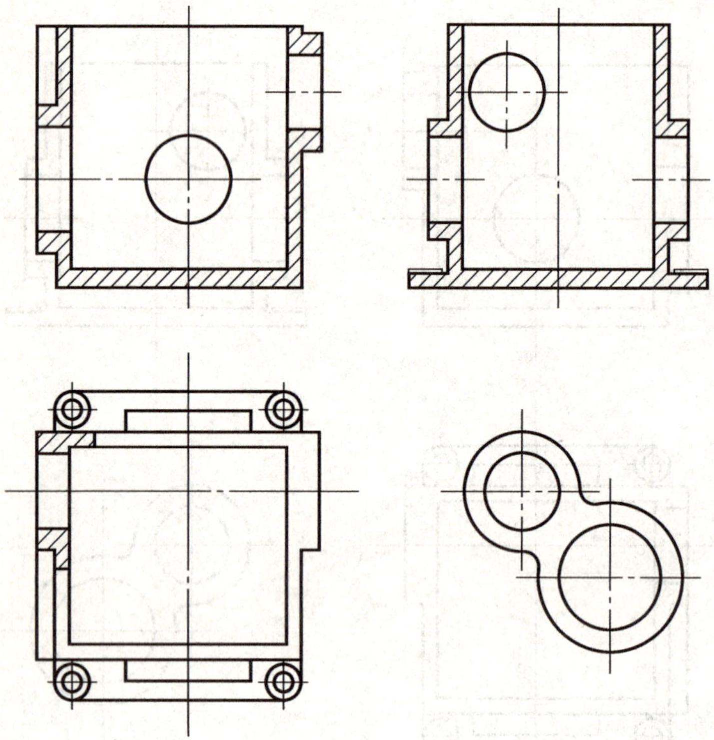

图 9-42

9.6　箱体类零件综合练习

【练习 9-10】 绘制图 9-43 所示的图形。

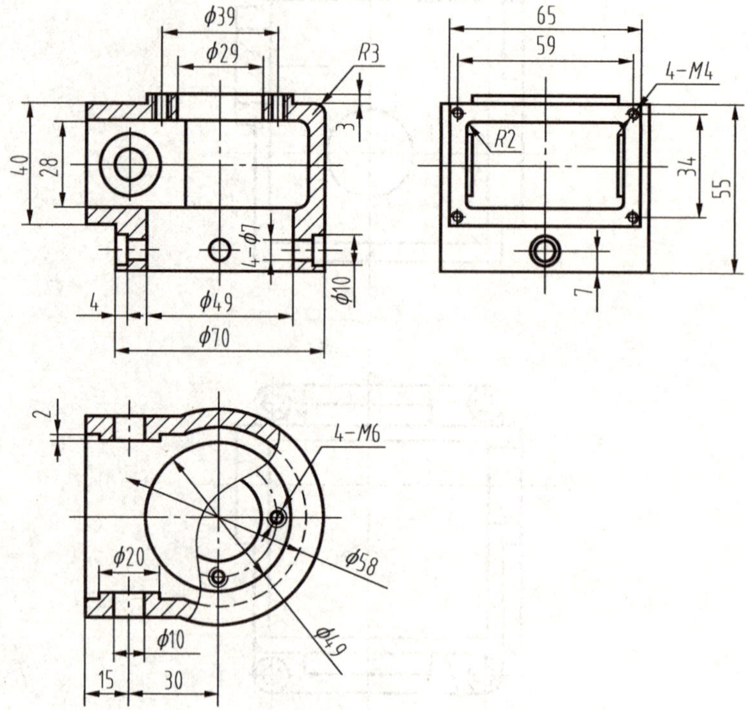

图 9-43

【练习 9-11】 绘制图 9-42 所示的图形。

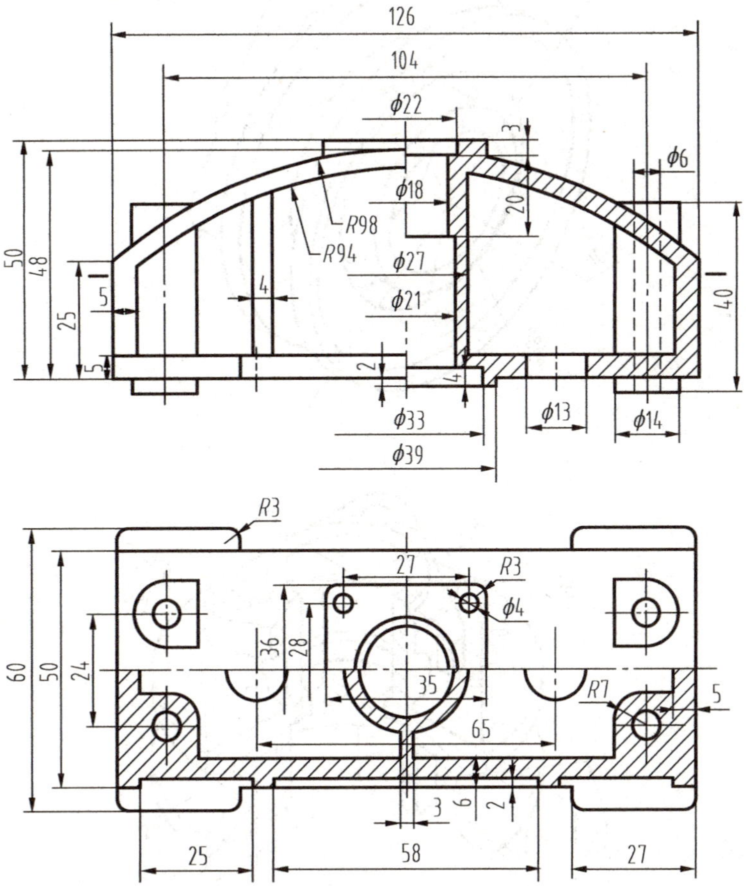

图 9-44

【练习 9-12】 绘制图 9-45 所示的图形。

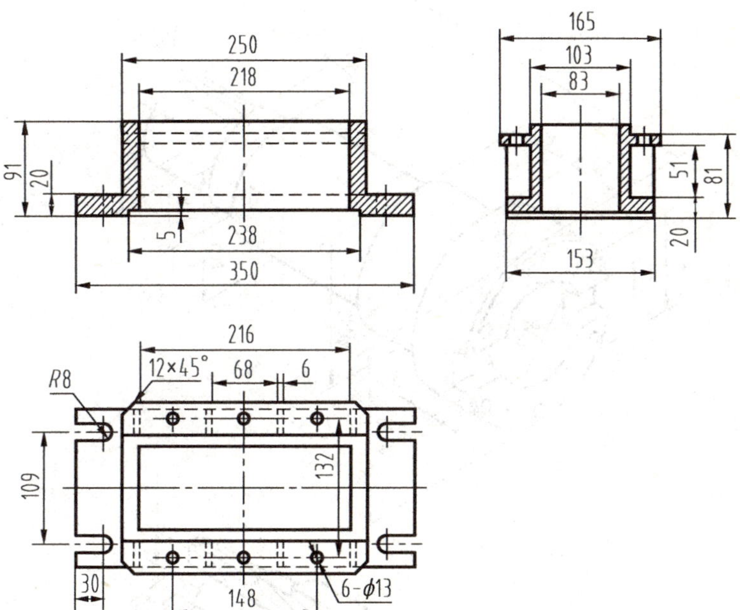

图 9-45

9.7　根据轴测图绘制零件视图

【练习 9-13】　绘制图 9-43 所示的零件图形。

【练习 9-14】　绘制图 9-44 所示的零件图形。

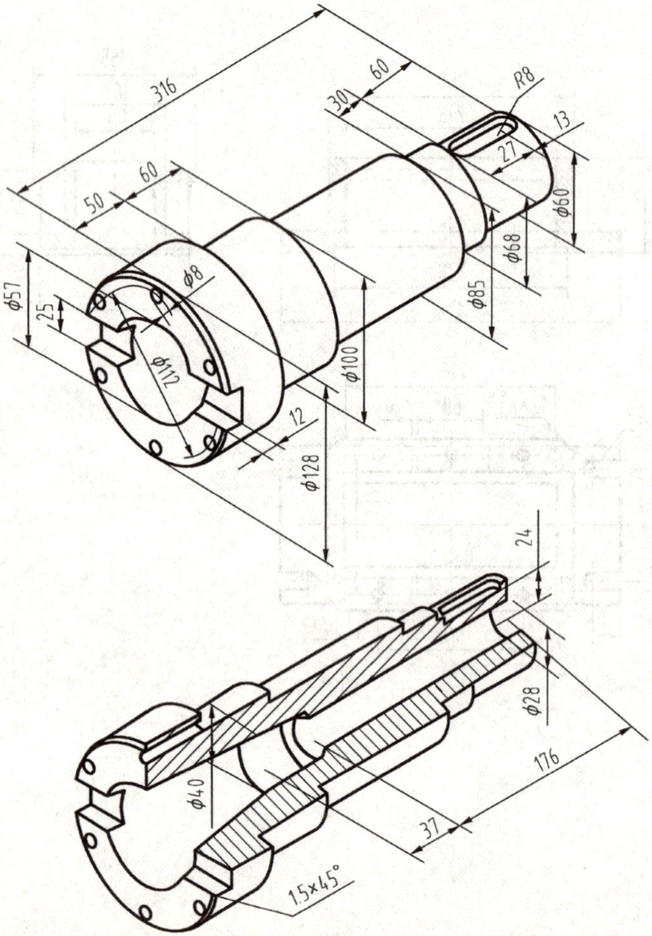

图 9-46

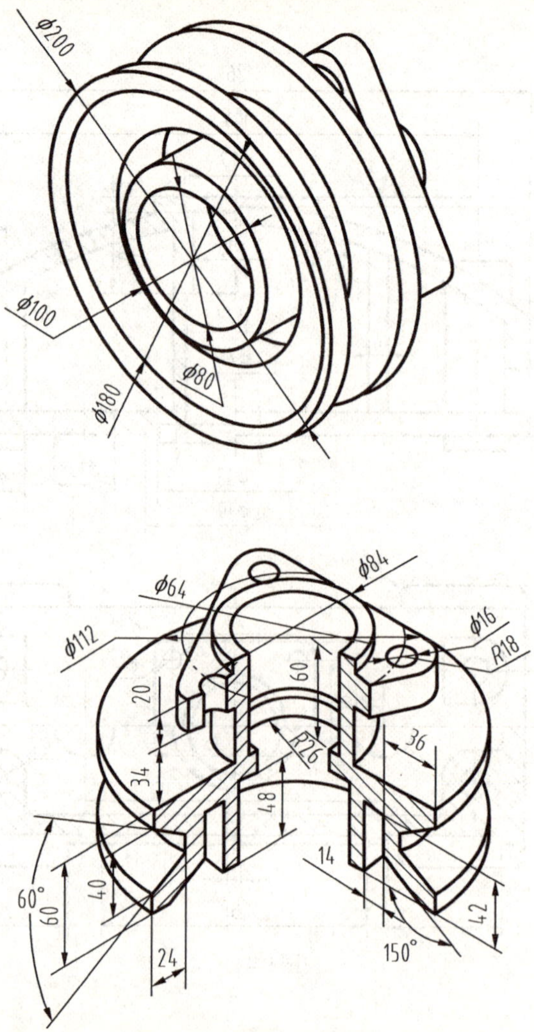

图 9-47

【练习 9-15】 绘制图 9-45 所示的零件图形。

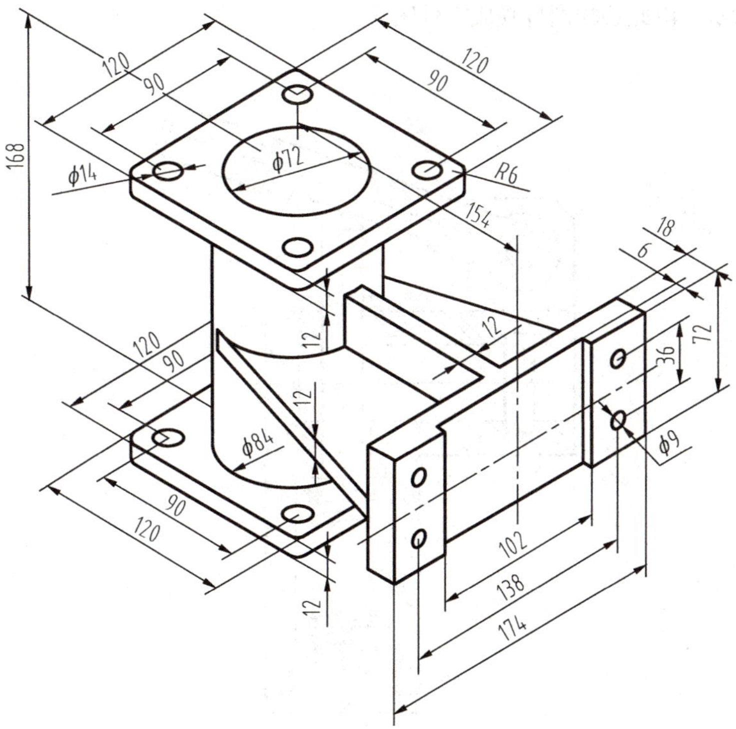

图 9-48

【练习 9-16】 绘制图 9-46 所示的零件图形。

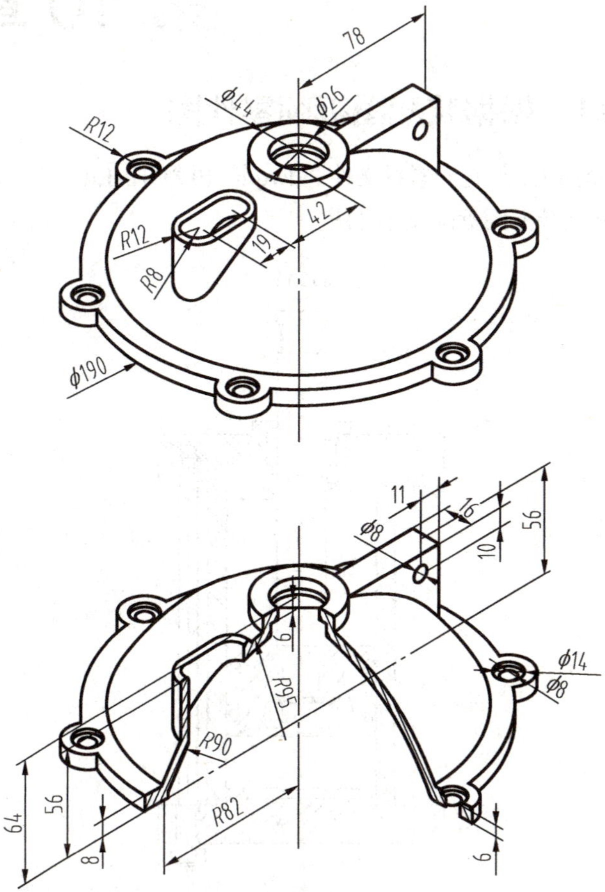

图 9-49

第 10 章 装 配 图

10.1 根据装配图拆画零件图

【**练习 10-1**】打开素材文件“\dwg\第 10 章\10-1.dwg”，如图 10-1 所示。将此装配图拆画成零件图。

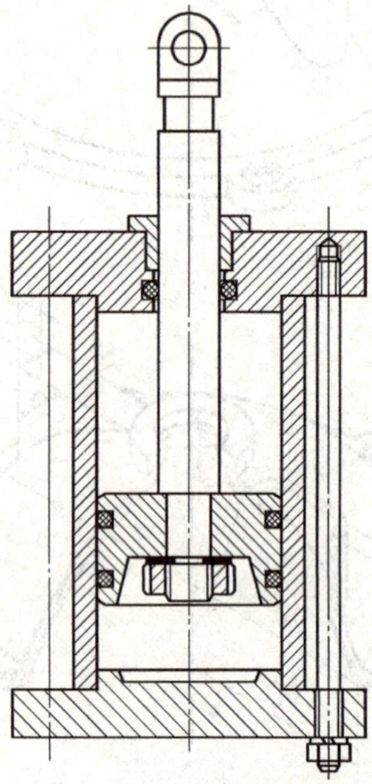

图 10-1

要点提示 打开素材文件“\dwg\第 10 章\10-1.dwg”后，再创建一个新文件，然后通过 AutoCAD 的【复制】/【粘贴】功能把装配图中的各个零件图复制到新文件中即可。

【**练习 10-2**】打开素材文件“\dwg\第 10 章\10-2.dwg”，如图 10-2 所示。由此装配图拆画成零件图。

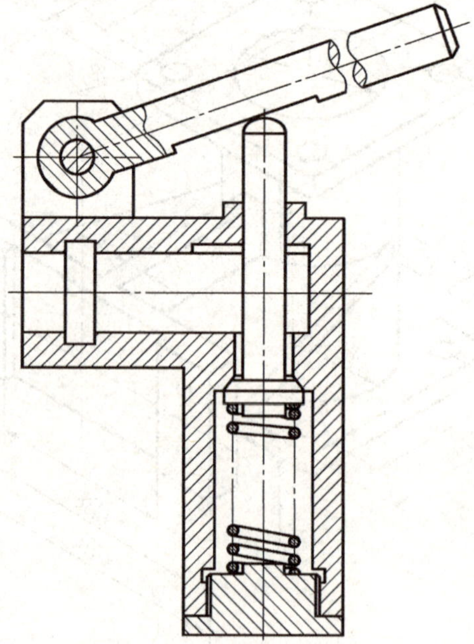

图 10-2

【**练习 10-3**】打开素材文件“\dwg\第 10 章\10-3.dwg”，如图 10-3 所示。将此装配图拆画成零件图。

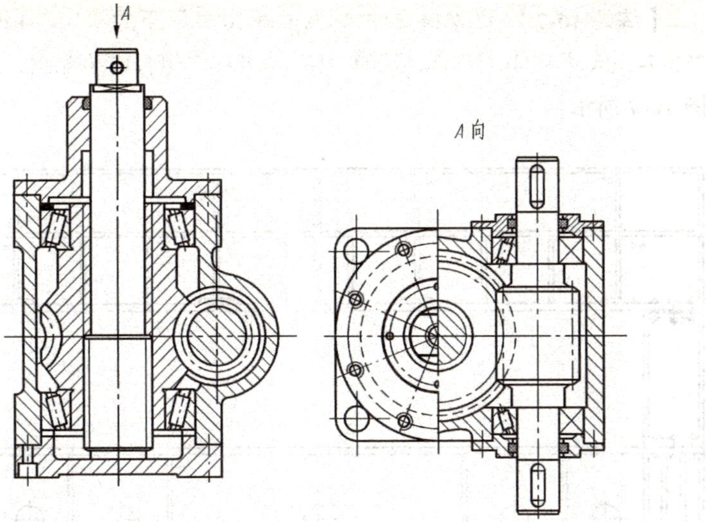

图 10-3

【练习 10-4】打开素材文件“\dwg\第 10 章\10-4.dwg”，如图 10-4 所示。将此装配图拆画成零件图。

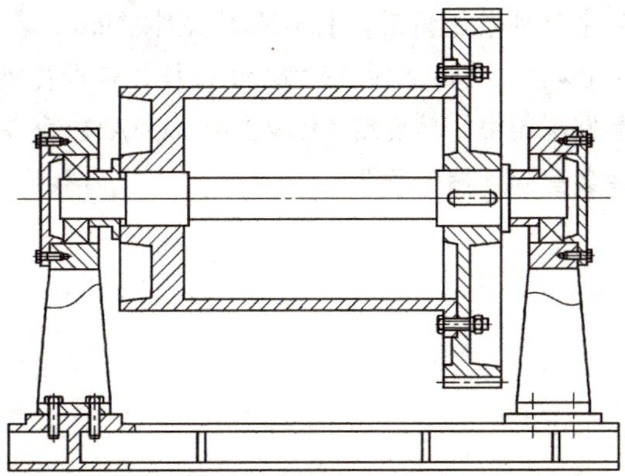

图 10-4

10.2　由零件图组合装配图

【练习 10-5】将素材文件“\dwg\第 10 章”下的“10-5-1.dwg”、“10-5-2.dwg”、“10-5-3.dwg”、“10-5-4.dwg”和“10-5-5.dwg”组合成装配图，结果如图 10-5 所示。

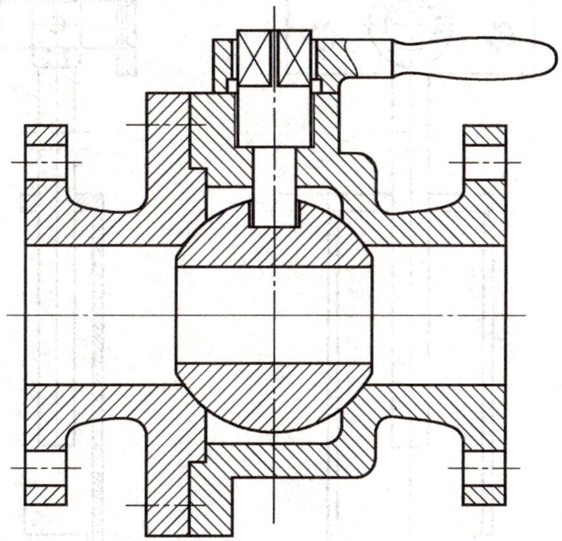

图 10-5

要点提示　创建一个新文件，再依次打开各个零件图，通过 AutoCAD 的【复制】/【粘贴】功能把零件图复制到新文件中进行“装配”。

【练习 10-6】 将素材文件“\dwg\第 10 章”下的“10-6-1.dwg”、“10-6-2.dwg”、“10-6-3.dwg”、“10-6-4.dwg”和“10-6-5.dwg”组合成装配图，结果如图 10-6 所示。

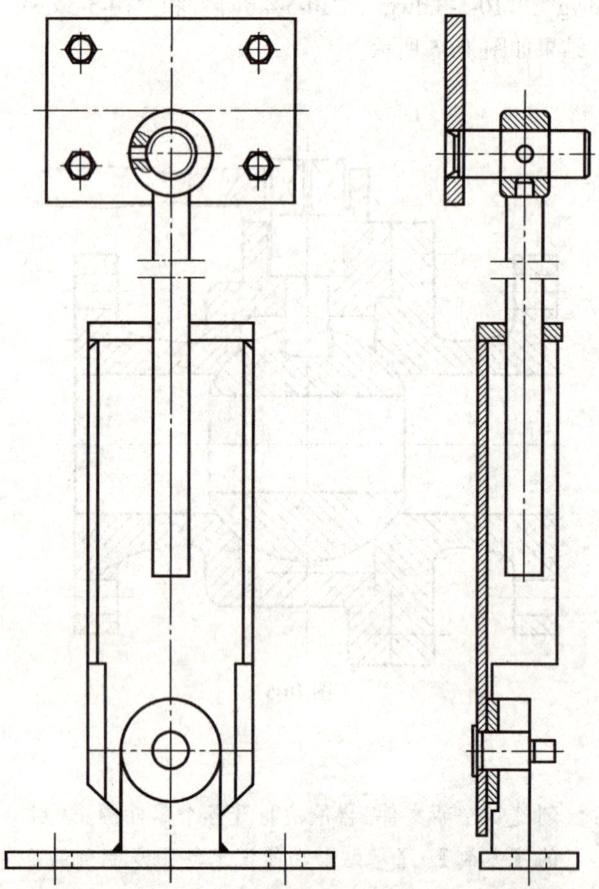

图 10-6

【练习 10-7】 将素材文件“\dwg\第 10 章”下的“10-7-1.dwg”、“10-7-2.dwg”、“10-7-3.dwg”和“10-7-4.dwg”组合成装配图，结果如图 10-7 所示。

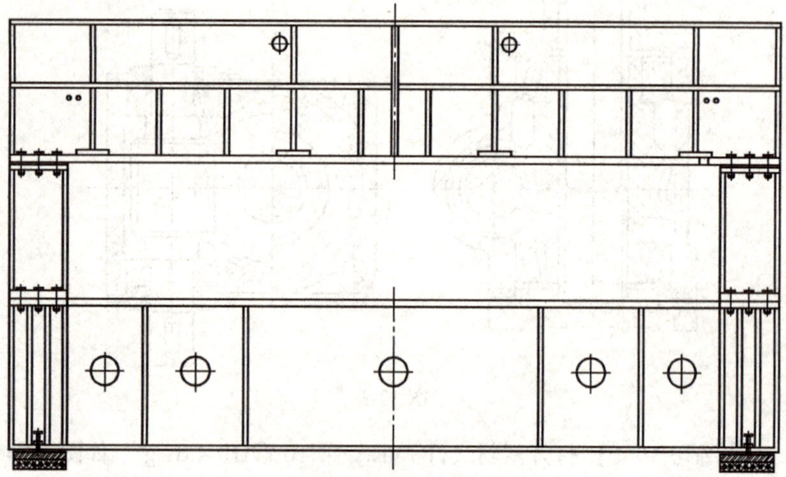

图 10-7

要点提示 4 个零件装配好后，打开素材文件“\dwg\第 10 章\标准件.dwg”，将该文件中的 M20 螺栓、螺母及垫圈等标准件复制到图中，然后用 MOVE 和 ROTATE 命令将这些标准件装配到正确的位置。

第 11 章　提高作图效率综合练习

11.1　定制图形库

请将以下生成的图块保存起来，以便在后面的练习中使用。

【**练习 11-1**】 绘制图 11-1 所示的螺栓头、螺杆、螺母及圆垫圈，再将它们创建成图块，并将各图块的插入点分别定义为 *A*、*B*、*C*、*D* 和 *E* 点，然后存储图形文件，文件名为“螺栓连接件.dwg”。

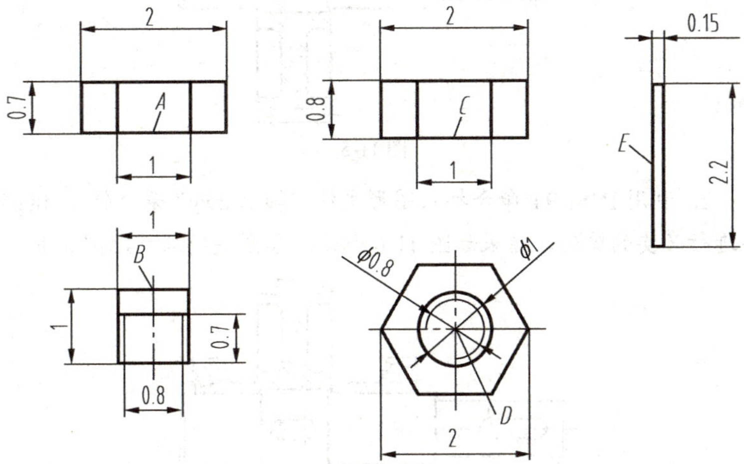

图 11-1

【**练习 11-2**】 绘制轴承及轴套，然后用 WBLOCK 命令将它们分别存为“轴承.dwg”和“轴套.dwg”文件。这两个图形的插入点定义在 *A*、*B* 点处，结果如图 11-2 所示。

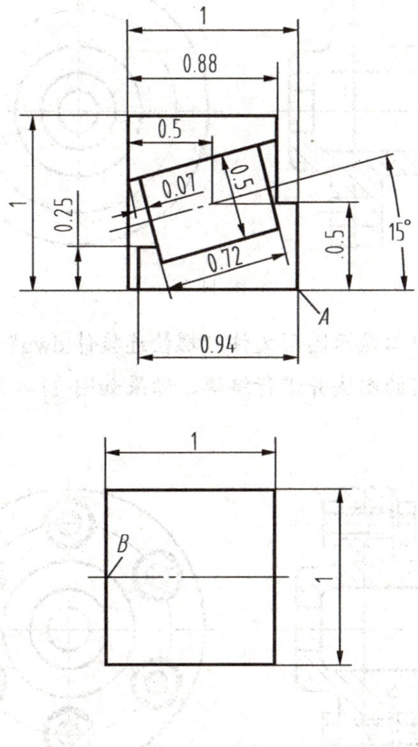

图 11-2

11.2 插入标准件块来组合装配图

【练习 11-3】 插入标准件块。

操作步骤提示

1. 打开素材文件“\dwg\第 11 章\11-3.dwg”，如图 11-3 所示。

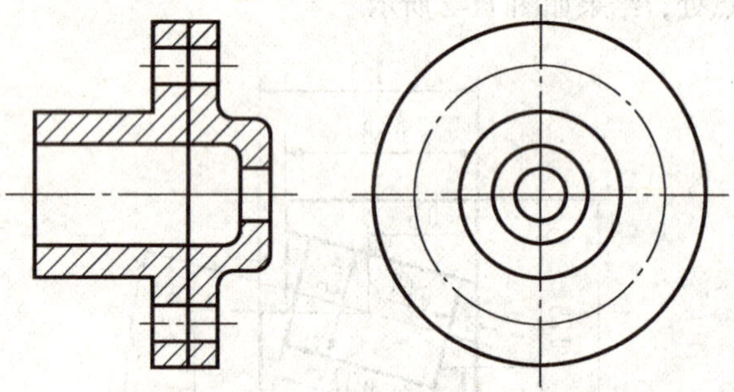

图 11-3

2. 用设计中心显示图形文件“螺栓连接件.dwg”中包含的图块。

3. 插入所需的图块并进行编辑，结果如图 11-4 所示。各图块的缩放比例如下。

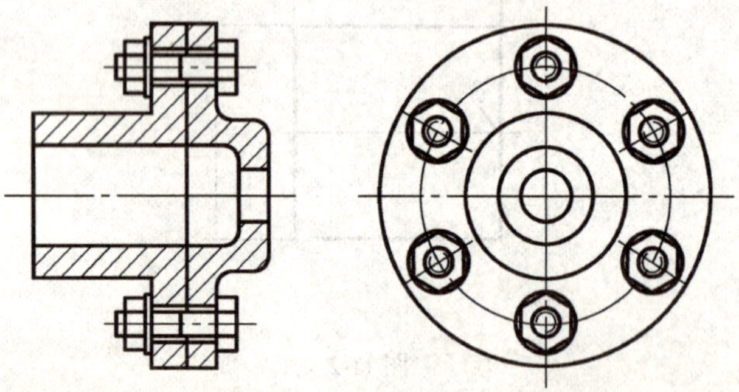

图 11-4

- 螺栓头：x、y 方向的比例因子等于 12。
- 螺杆：x 方向的比例因子等于 12，y 方向的比例因子等于 46。
- 螺母：x、y 方向的比例因子等于 12。
- 圆垫圈：x、y 方向的比例因子等于 12。

【练习 11-4】 插入标准件块。

操作步骤提示

1. 打开素材文件“\dwg\第 11 章\11-4.dwg”，如图 11-5 所示。

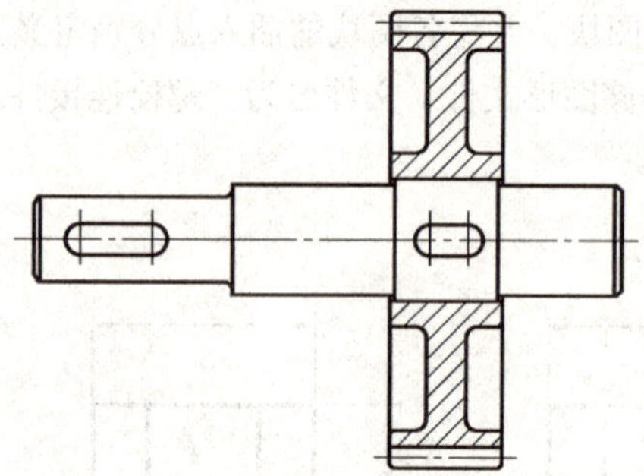

图 11-5

2. 利用 INSERT 命令插入图形文件“轴承.dwg”和“轴套.dwg”，再进行必要的编辑，结果如图 11-6 所示。各图块的缩放比例如下。

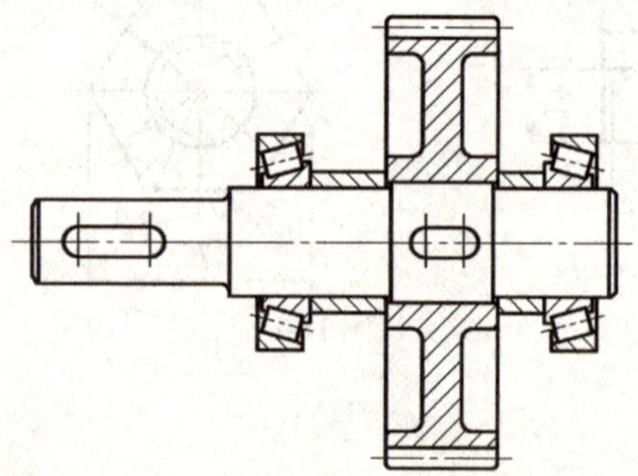

图 11-6

- 轴承：x、y 方向的比例因子等于 27。
- 长轴套：x 方向的比例因子等于 40，y 方向的比例因子等于 70。
- 短轴套：x 方向的比例因子等于 25，y 方向的比例因子等于 70。

11.3　使用结构要素图块来快速生成图形

【练习 11-5】将图 11-7 所示的结构要素创建成图块，并设定各图块的插入点为 A、B、C 和 D 点，然后把图形保存到文件中，文件名为“结构要素.dwg”。

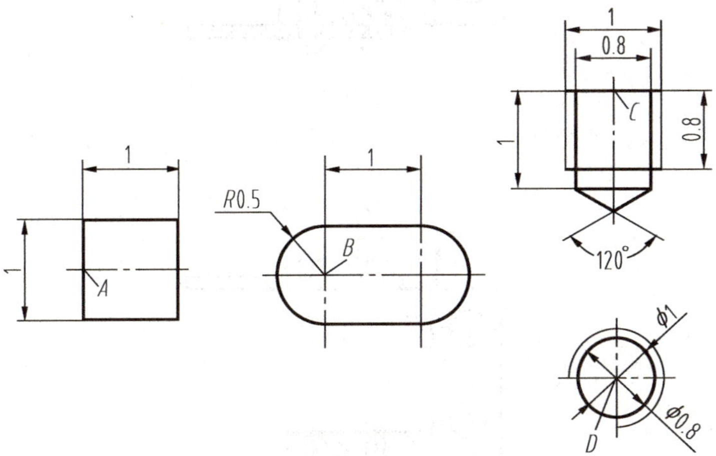

图 11-7

【练习 11-6】绘制图 11-8 所示的图形。

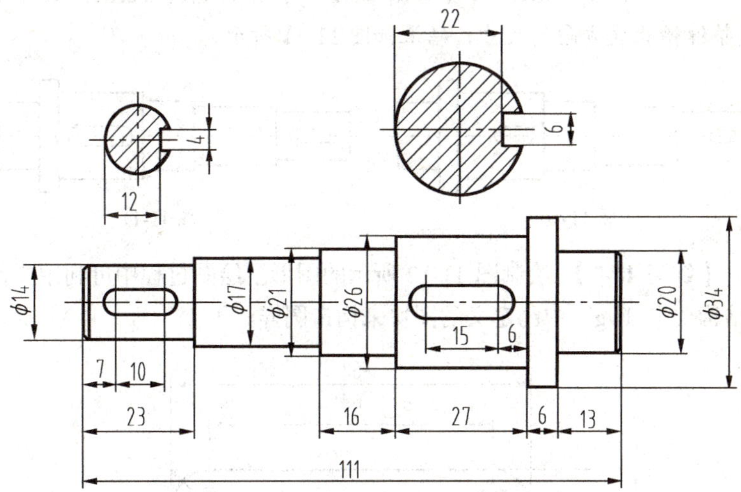

图 11-8

操作步骤提示

1. 设置作图区域的大小为 160×100，再设定全局线型比例因子为 0.2。

2. 用设计中心显示图形文件“结构要素.dwg”中包含的图块，然后插入图块“轴段”，结果如图 11-9 所示。

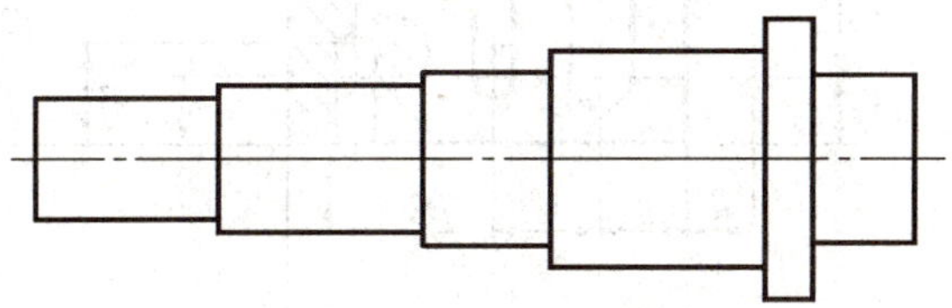

图 11-9

3. 插入图块“槽”，结果如图 11-10 所示。

4. 利用 EXPLODE 命令分解图块“槽”，再利用 STRETCH 命令调整键槽长度方向的尺寸，结果如图 11-11 所示。

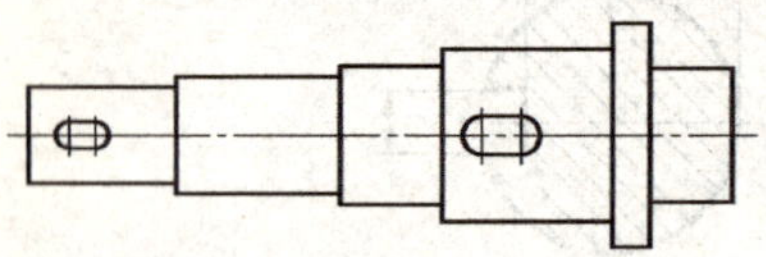

图 11-10

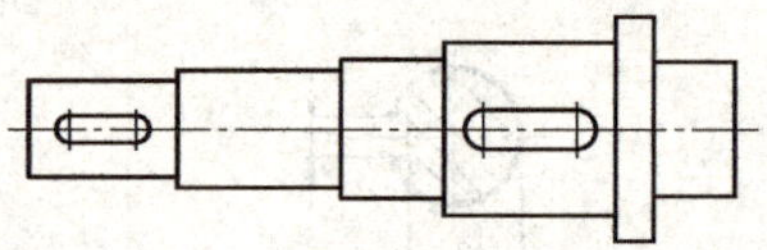

图 11-11

【练习 11-7】 绘制图 11-12 所示的图形。绘图过程中可利用文件“结构要素.dwg”中已定义的图块来构造图样。

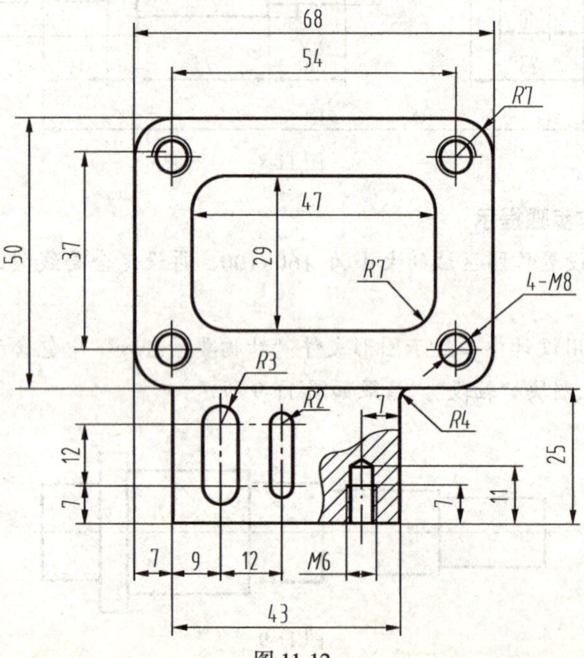

图 11-12

11.4 块的更新与替换

【练习 11-8】 打开素材文件“\dwg\第 11 章\11-8.dwg”，该文件中已包含了图块“螺钉头”，重新定义此图块，将图 11-13（a）修改为图 11-13（b）。

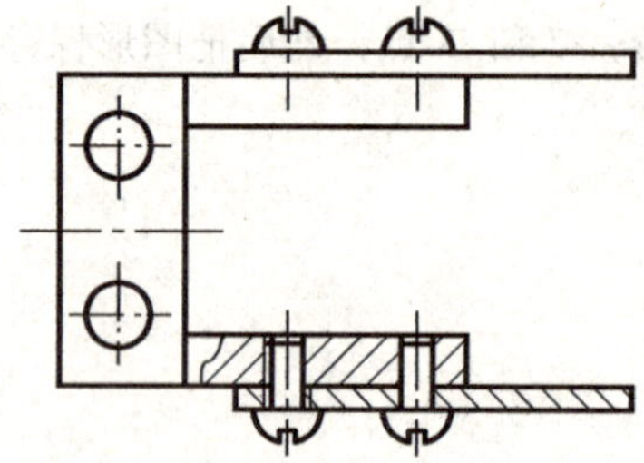

(a)

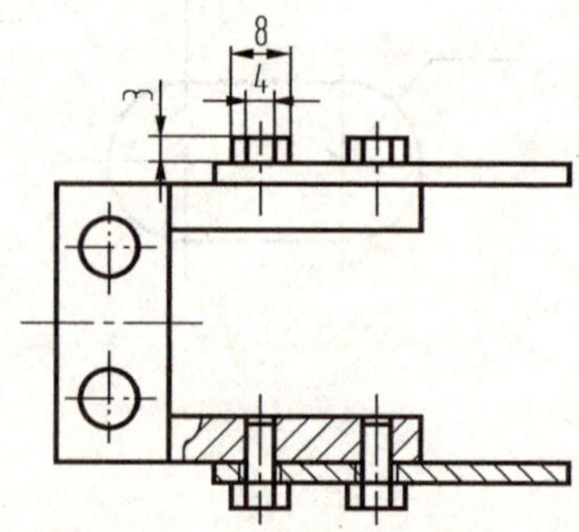

(b)

图 11-13

【练习 11-9】打开素材文件“\dwg\第 11 章\11-9.dwg”，如图 11-14 所示。该图中已包含图块“弹簧”，使用一个简单的图块将其替换。

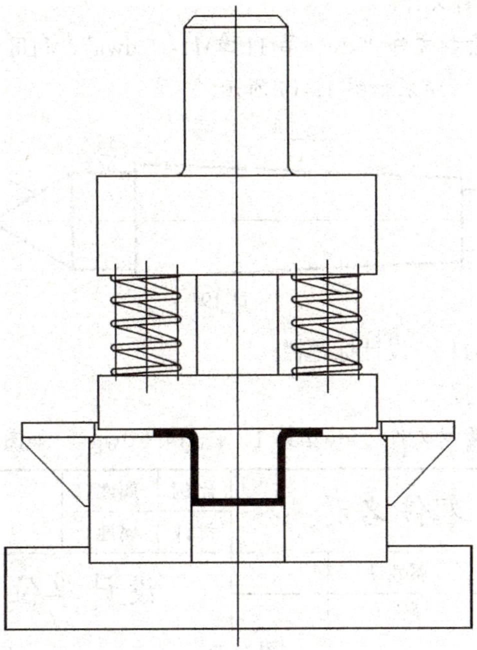

图 11-14

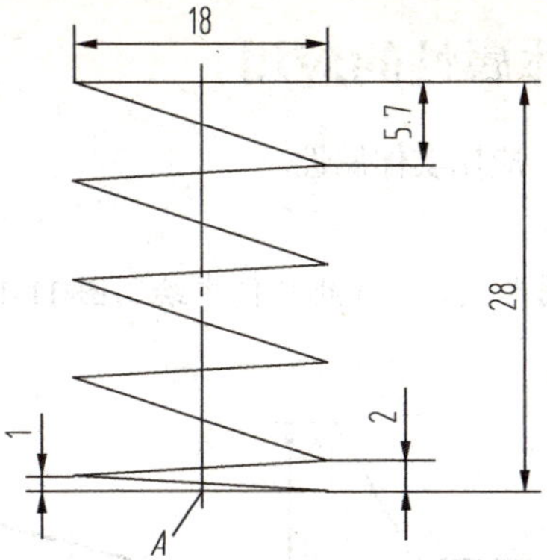

图 11-15

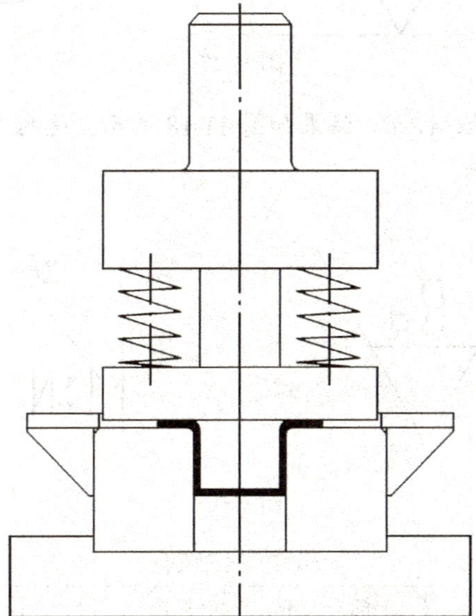

图 11-16

操作步骤提示

1. 在图 11-14 所示的图形中绘制图 11-15 所示的简化弹簧，然后利用 WBLOCK 命令将此线框写入文件“简化弹簧.dwg”中，并定义该文件的插入点为 *A* 点。

2. 利用文件“简化弹簧.dwg”替换图块“弹簧”，结果如图 11-16 所示。

11.5　实体属性的应用

【练习 11-10】 应用实体属性。

操作步骤提示

1. 建立新的图形文件，在此文件中绘制图 11-17 所示的表面粗糙度及锥度符号。

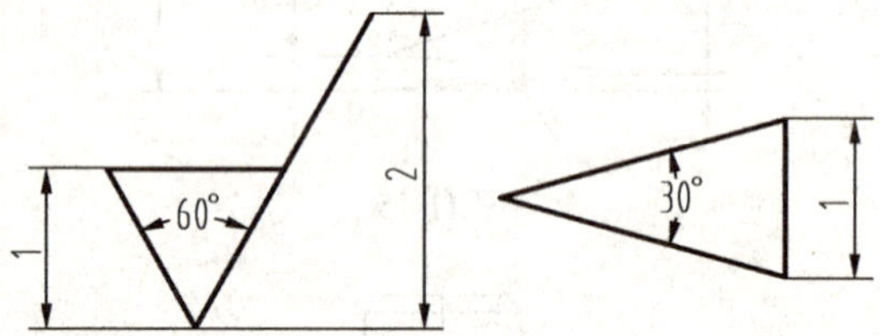

图 11-17

2. 创建属性 *A*、*B*，结果如图 11-18 所示。这两项属性包含的内容如表 11-1 所示。

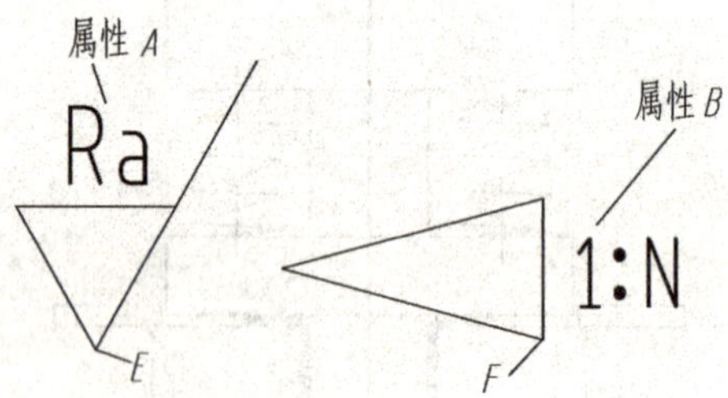

图 11-18

表 11-1　　属性包含的内容

项　目	标　记	提　示	值
属性 *A*	*Ra*	粗糙度值	12.5
属性 *B*	1∶N	锥度值	1∶10

3. 将表面粗糙度符号与属性 *A* 一起生成图块“粗糙度”，再把锥度符号与属性 *B* 一起生成图块“锥度”，这两个图块的插入点分别是 *E*、*F* 点，然后保存文件。

4. 打开素材文件“\dwg\第 11 章\11-10.dwg”，利用已创建的符号块标注此图形，结果如图 11-19 所示。

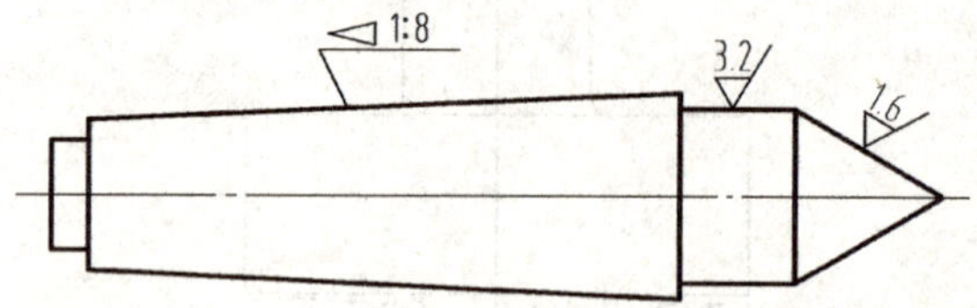

图 11-19

【练习 11-11】 设计标题栏。

操作步骤提示

1. 打开素材文件“\dwg\第 11 章\11-11.dwg”，如图 11-20 所示。

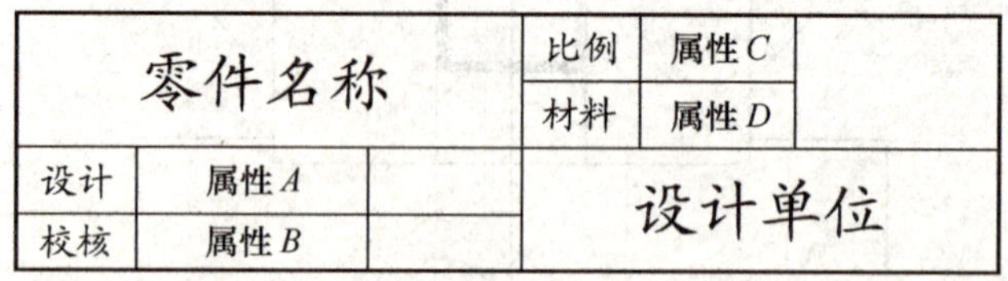

图 11-20

2. 在标题栏中创建属性 *A*、*B*、*C* 和 *D*，结果如图 11-21 所示。各属性项目包含的内容如表 10-2 所示。

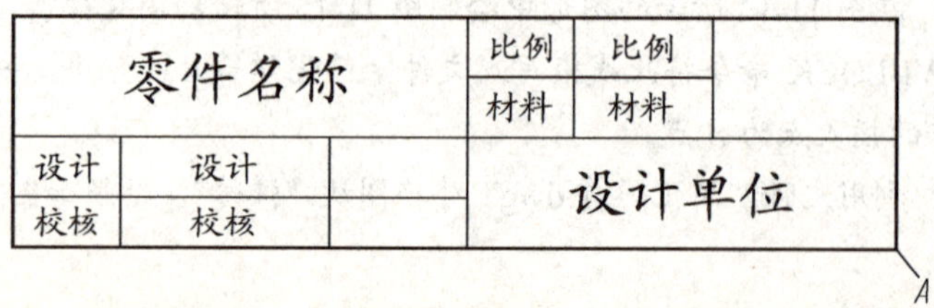

图 11-21

表 11-2　　　　属性项目包含的内容

项　目	标　记	提　示	值
属性 *A*	设计	设计人姓名	请填写姓名
属性 *B*	校核	校核人姓名	请填写姓名
属性 *C*	比例	绘图比例	请填写比例
属性 *D*	材料	零件材料	请填写材料

3. 利用 BASE 命令定义图形的插入基点为 *A* 点，然后保存文件。

4. 建立一个新文件，在此文件中插入已生成的标题栏，并填写属性信息，结果如图 11-22 所示。

<table>
<tr><td colspan="3" rowspan="2">零件名称</td><td>比例</td><td>1:2</td><td rowspan="2"></td></tr>
<tr><td>材料</td><td>45</td></tr>
<tr><td>设计</td><td>张强</td><td></td><td colspan="3" rowspan="2">设计单位</td></tr>
<tr><td>校核</td><td>李君</td><td></td></tr>
</table>

图 11-22

【练习 11-12】 设计明细表。

操作步骤提示

1. 绘制图 11-23 所示的图形，并创建“序号”、“名称”、“数量”、“材料”和“备注”等属性项目，然后将图形与属性一起定制成图块。

序号	名称	数量	材料	备注

图 11-23

2. 插入已创建的图块，生成图 11-24 所示的明细表。

6	泵轴	1	45	
5	垫圈 B12	2	A3	GB97-76
4	螺母 M12	8	45	GB58-76
3	内转子	1	40Cr	
2	外转子	1	40Cr	
1	泵体	1	HT25-47	
序号	名称	数量	材料	备注

图 11-24

11.6　动态块

【练习 11-13】 打开素材文件“\dwg\第 11 章\11-13.dwg”，如图 11-25 所示。将图中的 M12 螺栓定制成动态块。螺栓尺寸 *L* 是可变动的，可通过查寻参数的方式确定，其系列值分别为 45、50、55、60 和 65。

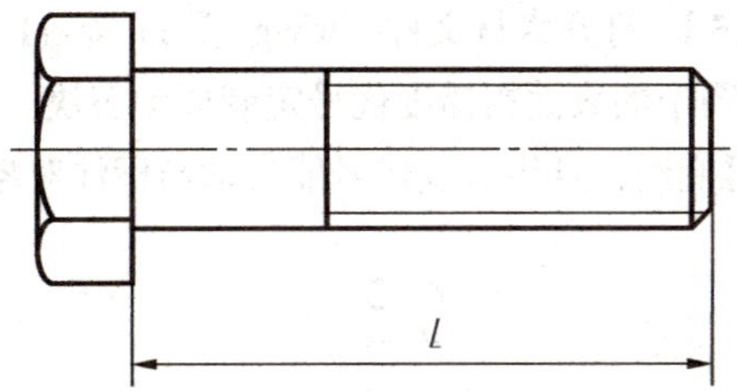

图 11-25

【练习 11-14】 打开素材文件"\dwg\第 11 章\11-14.dwg"，如图 11-26 所示。将图中的六角头螺母定制成动态块，螺母尺寸 *e*、*m* 是可变动的，其取值范围如表 10-3 所示。

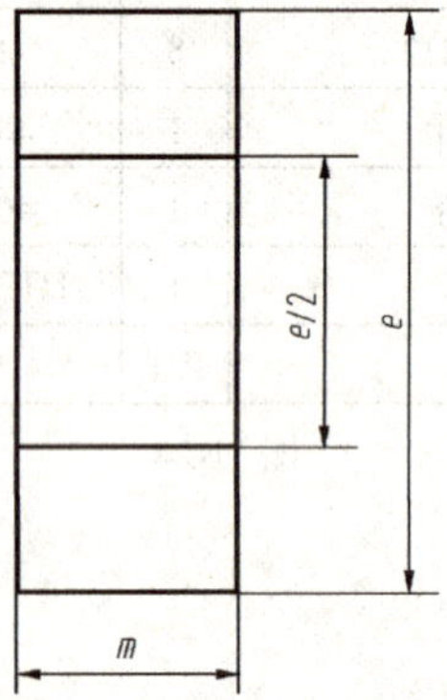

图 11-26

表 10-3　　尺寸 *e*、*m* 的取值范围

螺 母 规 格	*e*	*m*
*M*3	6.01	2.4
*M*6	11.05	5.2
*M*12	20.03	10.8

【练习 11-15】 打开素材文件"\dwg\第 11 章\11-15.dwg"，如图 11-27 所示。将图中的表面粗糙度代号定制成动态块。当使用该块时，要求粗糙度值可变动，且粗糙度代号能自动与标注对象对齐。

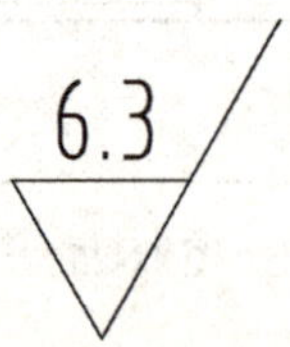

图 11-27

【练习 11-16】 打开素材文件"\dwg\第 11 章\11-16.dwg"，如图 11-28 所示。将图中的零件序号定制成动态块。当使用该块时，要求序号值可变动，且能调整引线的方向。

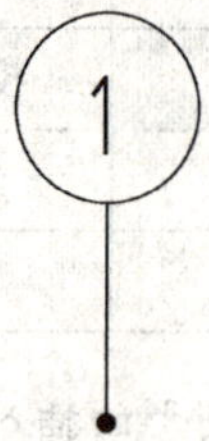

图 11-28

11.7　通过外部参照构造一个新图样

【练习 11-17】 利用 XREF 命令将素材文件"\dwg\第 11 章"中的"11-17-1.dwg"、"11-17-2.dwg"、"11-17-3.dwg"、"11-17-4.dwg"和"11-17-5.dwg"输入到当前图形中，然后将它们组合起来，结果如图 11-29 所示。

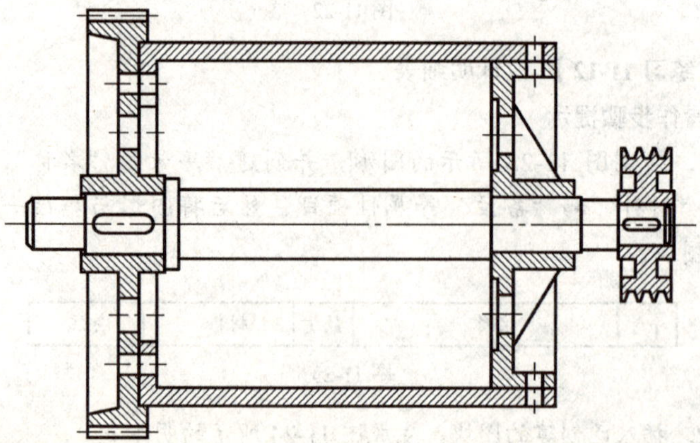

图 11-29

【练习 11-18】 引用及更新外部图形。

操作步骤提示

1．打开素材文件“\dwg\第 11 章”中的“11-18-1.dwg”、“11-18-2.dwg”。

2．创建新文件，然后利用 XREF 命令把文件“11-18-1.dwg”和“11-18-2.dwg”输入到当前图形中，再用 MOVE 命令移动图形，使两个图形“装配”在一起，结果如图 11-30 所示。这两个文件的缩放比例为 1:1。

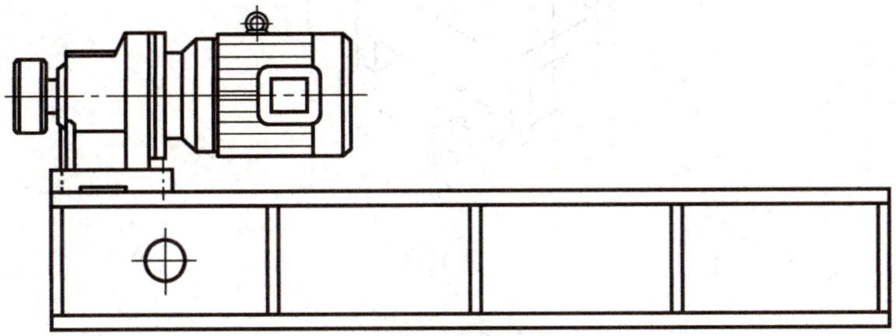

图 11-30

3．激活图形“11-18-1.dwg”，修改此图形，结果如图 11-31 所示，然后保存文件。

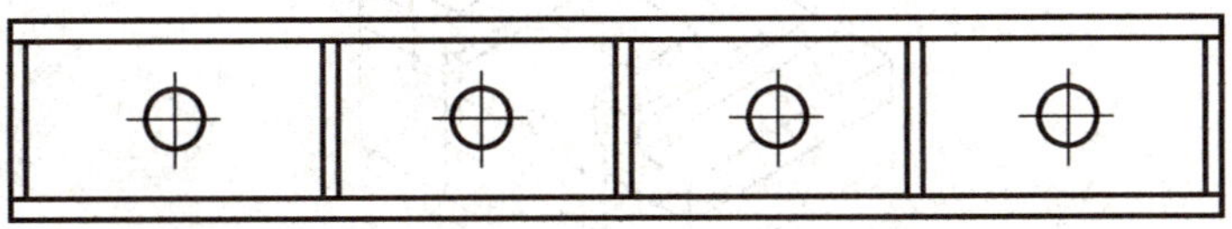

图 11-31

4．激活新文件，然后更新外部引用文件“11-18-1.dwg”，结果如图 11-32 所示。

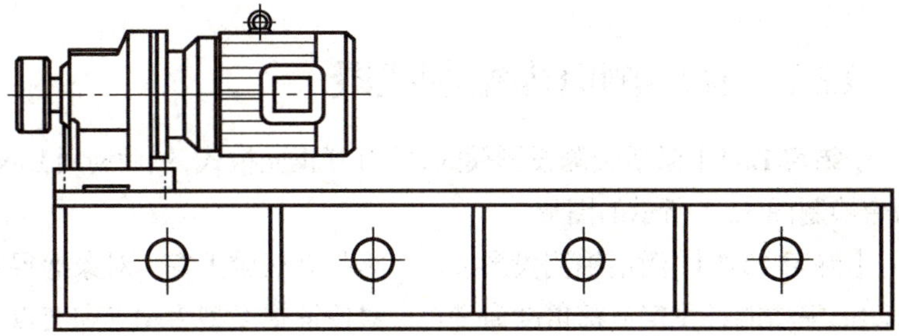

图 11-32

第 12 章　绘制轴测图

12.1　在轴测面内绘制线段

【练习 12-1】激活轴测投影模式,并打开正交模式,然后利用 LINE 命令绘制图 12-1 所示的图形。

【练习 12-2】激活轴测投影模式，再打开极轴追踪、对象捕捉及自动追踪功能，设定追踪角度为 30°，对象捕捉类型为端点和交点，然后利用 LINE 命令绘制图 12-2 所示的图形。

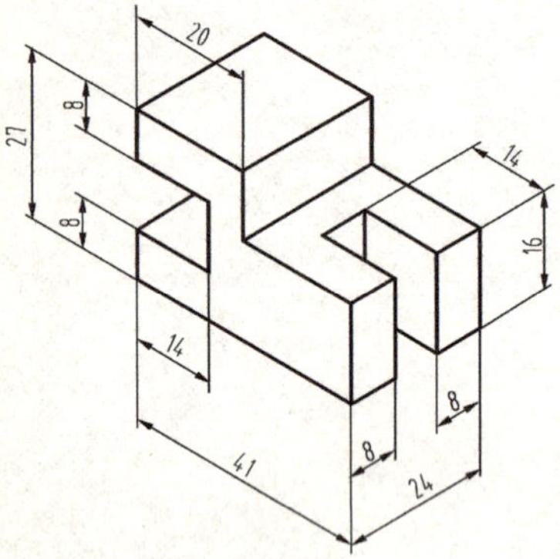

图 12-1

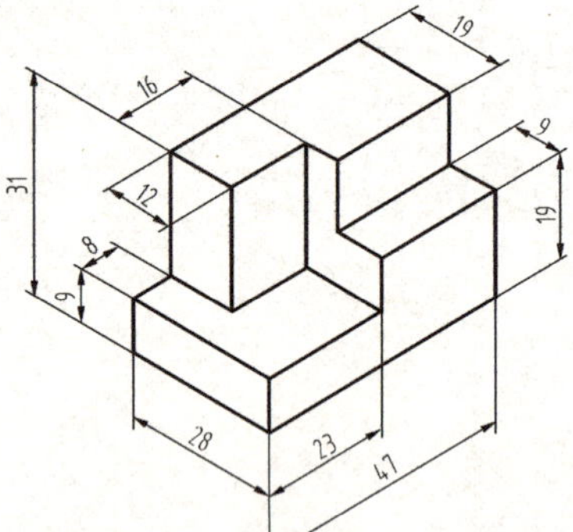

图 12-2

【练习 12-3】激活轴测投影模式，再打开极轴追踪、对象捕捉及自动追踪功能，设定追踪角度为 30°，对象捕捉类型为端点和交点，然后利用 LINE 命令绘制图 12-3 所示的图形。

【练习 12-4】激活轴测投影模式，再打开极轴追踪、对象捕捉及自动追踪功能，设定追踪角度为 30°，对象捕捉类型为端点和交点，然后利用 LINE 命令绘制图 12-4 所示的图形。

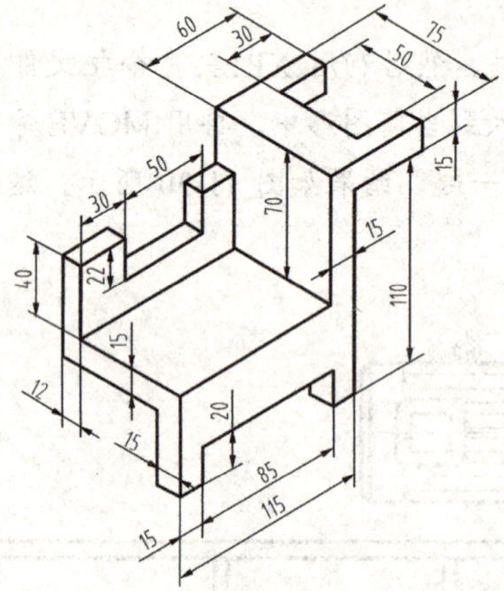

图 12-3

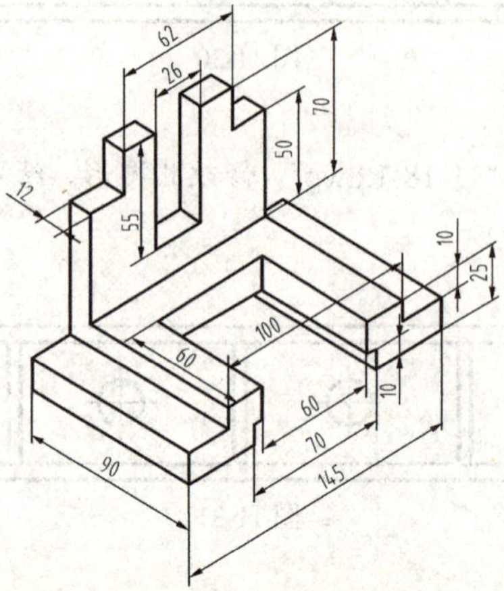

图 12-4

12.2　在轴测面内绘制平行线

【练习 12-5】打开素材文件"\dwg\第 12 章\12-5.dwg"，利用 COPY 和 TRIM 命令将图 12-5 中的左图修改为右图。

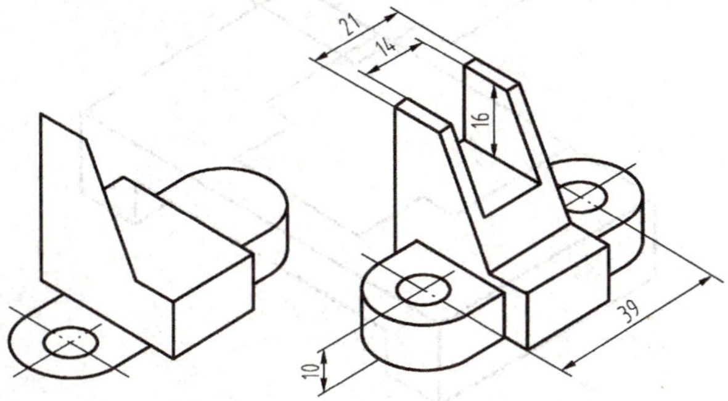

图 12-5

【练习 12-6】 利用 LINE、COPY 和 TRIM 命令绘制图 12-6 所示的图形。

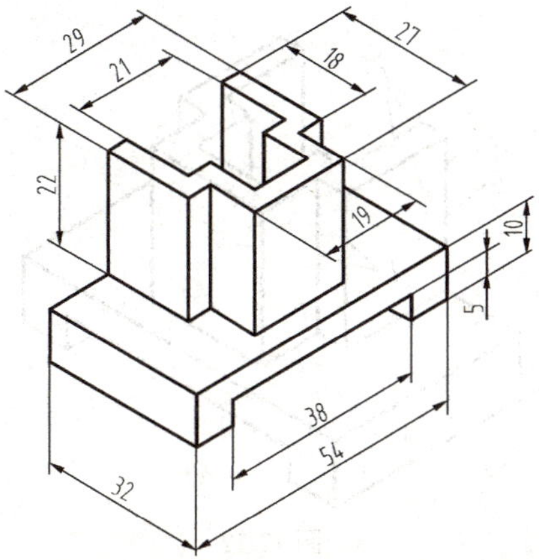

图 12-6

操作步骤提示

1. 在左轴测面内绘制矩形的轴测投影 *A*，结果如图 12-7 所示。

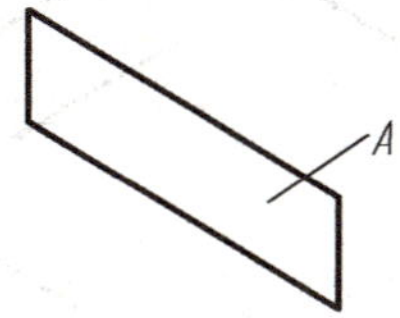

图 12-7

2. 将图形 *A* 复制到 *B* 处，结果如图 12-8 所示。

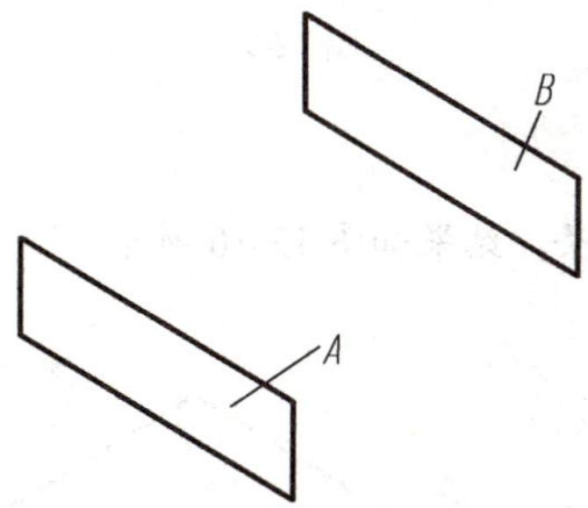

图 12-8

3. 绘制线段 *C*、*D* 和 *E*，结果如图 12-9 所示。继续绘制以下平行线。

（1）复制线段 *E* 到 *F* 处。

（2）复制线段 *G* 到 *H* 处。

（3）复制线段 *H* 到 *K* 处。

（4）复制线段 *M* 到 *N* 处。

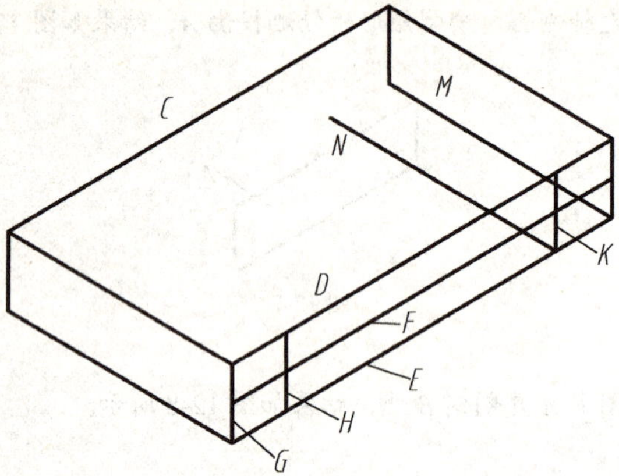

图 12-9

4. 修剪多余线条，结果如图 12-10 所示。

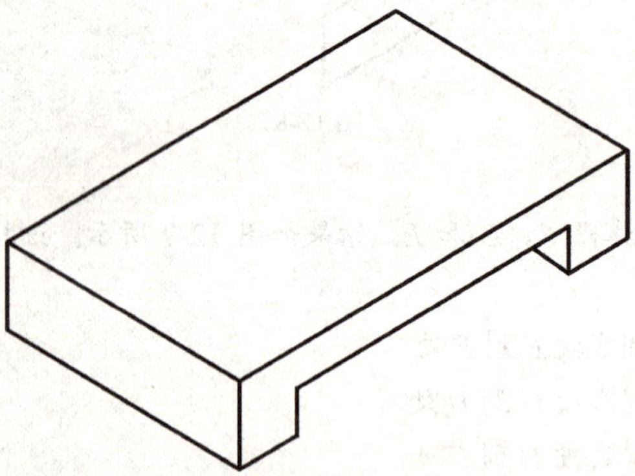
图 12-10

5. 绘制线框 *A*，并把线框 *A* 复制到 *B* 处，结果如图 12-11 所示。

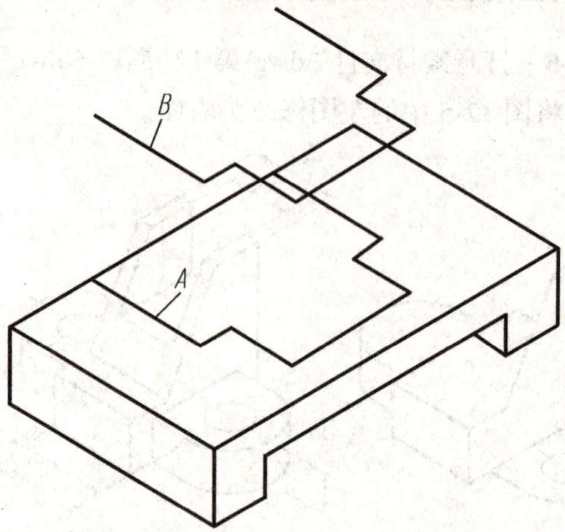

图 12-11

6. 绘制线框 *C*，再绘制线段 *D*、*E* 等，然后修剪多余线条，结果如图 12-12 所示。

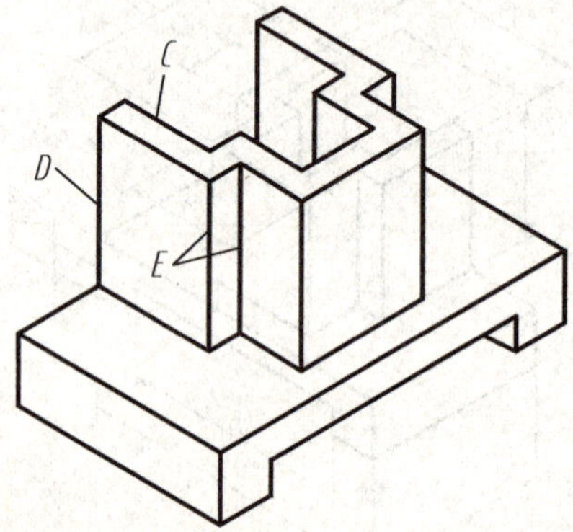

图 12-12

【练习 12-7】利用 LINE、COPY 和 TRIM 命令绘制图 12-13 所示的图形。

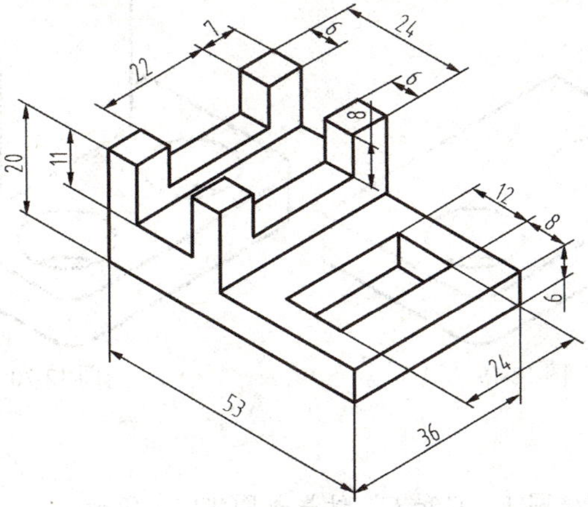

图 12-13

【练习 12-8】利用 LINE、COPY 和 TRIM 命令绘制图 12-14 所示的图形。

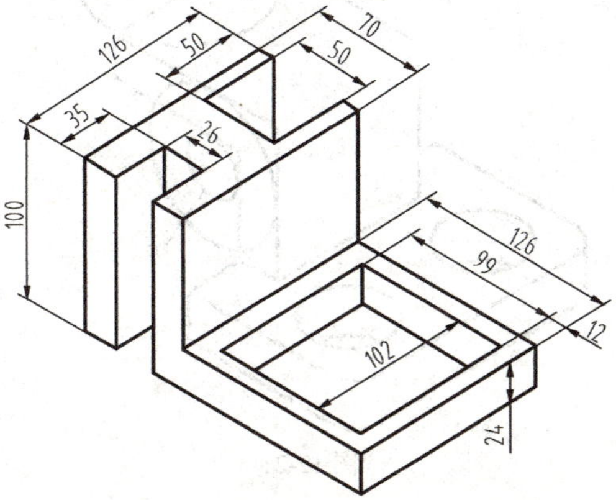

图 12-14

12.3　绘制圆和圆弧的轴测投影

【练习 12-9】绘制图 12-15 所示的轴测图。

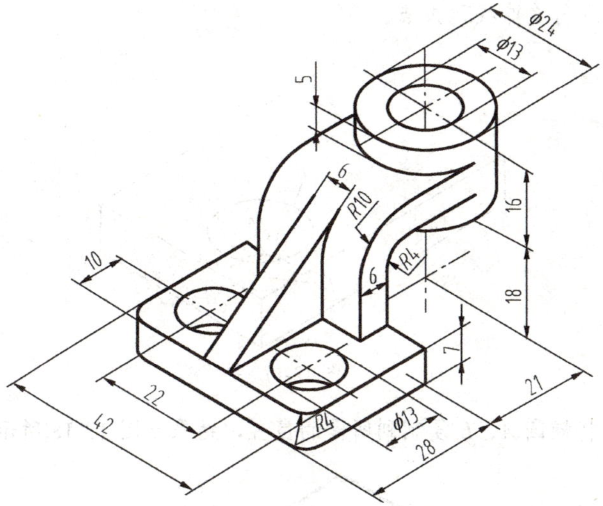

图 12-15

操作步骤提示

1. 首先绘制出长方形底板的轴测投影，结果如图 12-16 所示。

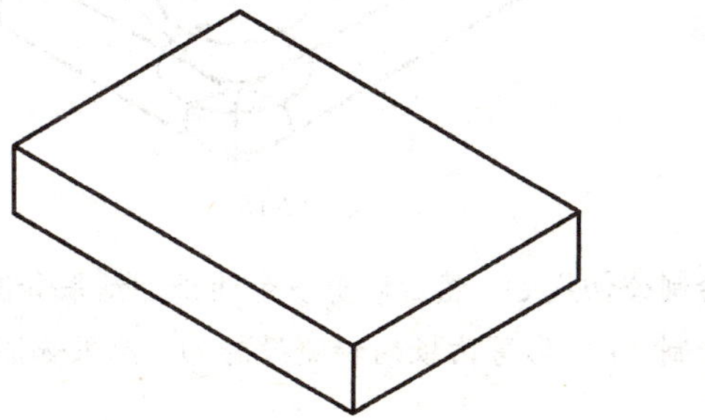

图 12-16

2. 绘制椭圆 *A*、*B*，结果如图 12-17 所示。在确定这两个椭圆的中心时，可采取自动追踪的方法。例如，如果要寻找椭圆 *A* 的中心点 *N*，可先使用“TT”选项在 *M* 点处建立一个临时参考点，然后从此点沿 150° 方向追踪找到 *N* 点。

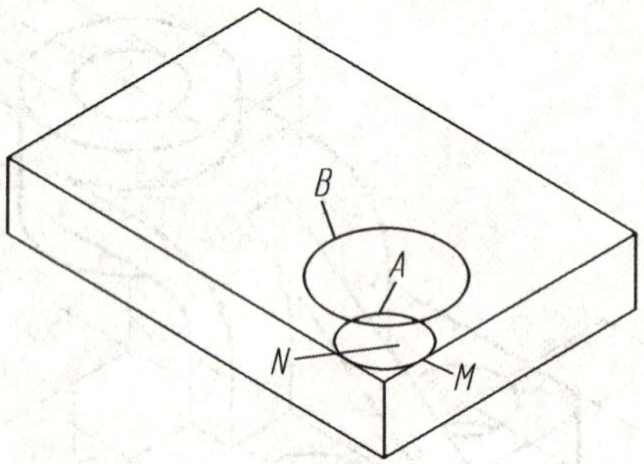

图 12-17

3. 将椭圆 *A*、*B* 复制到所需的位置，结果如图 12-18 所示。

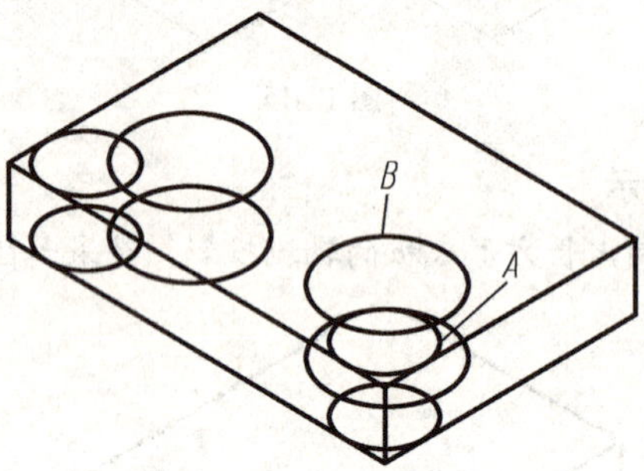

图 12-18

4. 绘制公切线 *C*，然后修剪多余线条，结果如图 12-19 所示。

5. 绘制“L”形弯曲板的轴测投影 *D*，结果如图 12-20 所示。

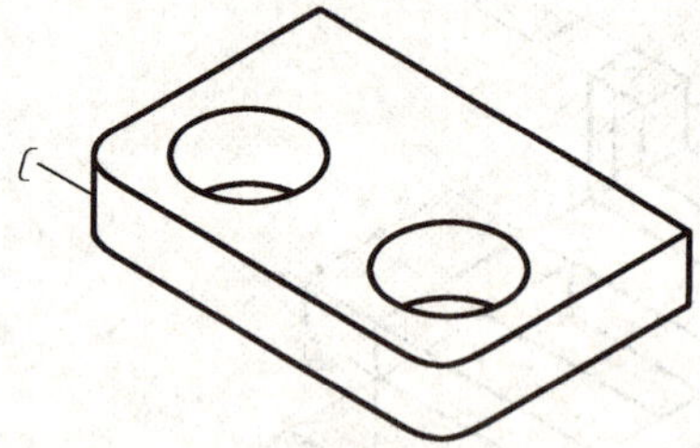

图 12-19

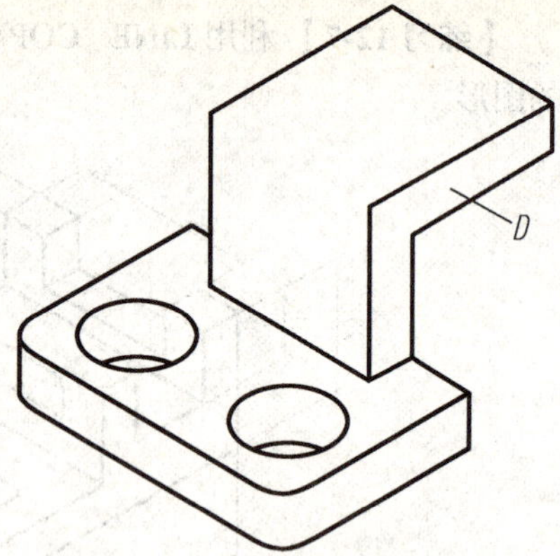

图 12-20

6. 绘制椭圆 *E*、*F* 和 *G*，结果如图 12-21 所示。

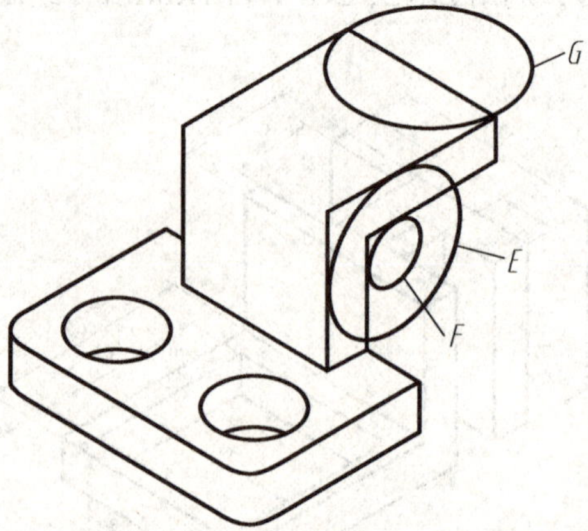

图 12-21

7. 将椭圆 E、F 和 G 复制到所需的位置，再绘制公切线 A、B 及椭圆 C，结果如图 12-22 所示。

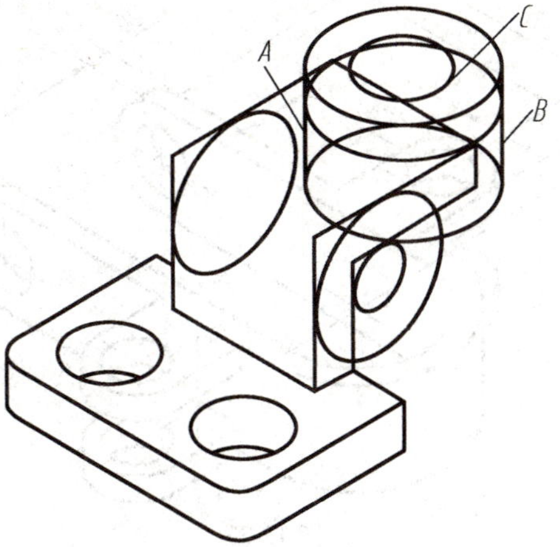

图 12-22

8. 修剪及删除多余线条，结果如图 12-23 所示。

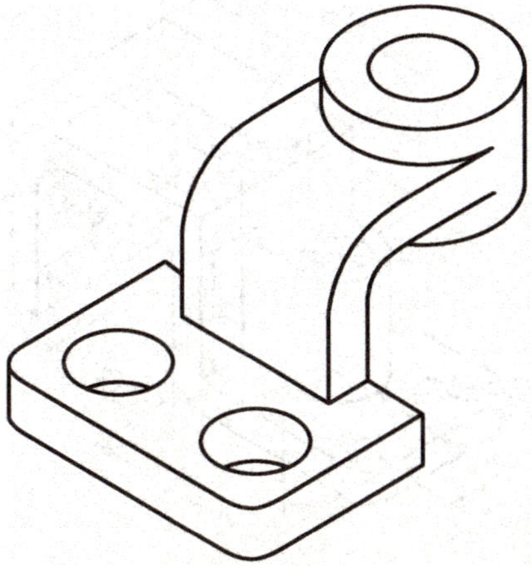

图 12-23

9. 把椭圆弧 D、线段 E 复制到 F 处，然后绘制切线 G、平行线 H 及线段 I，结果如图 12-24 所示。

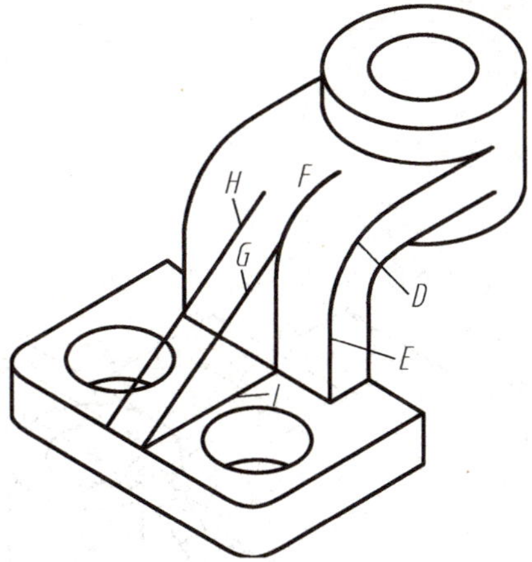

图 12-24

10. 修剪多余线条，结果如图 12-25 所示。

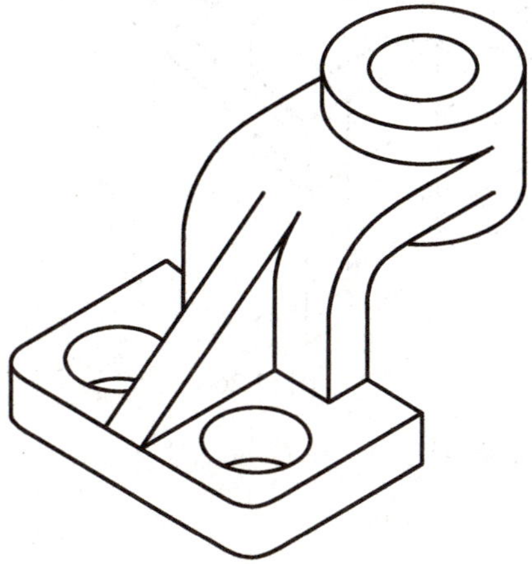

图 12-25

【练习 12-10】 绘制图 12-26 所示的轴测图。

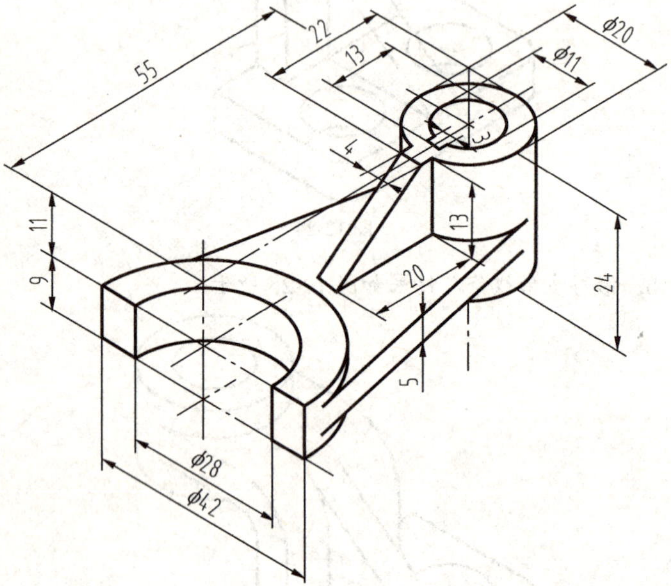

图 12-26

【练习 12-11】 绘制图 12-27 所示的轴测图。

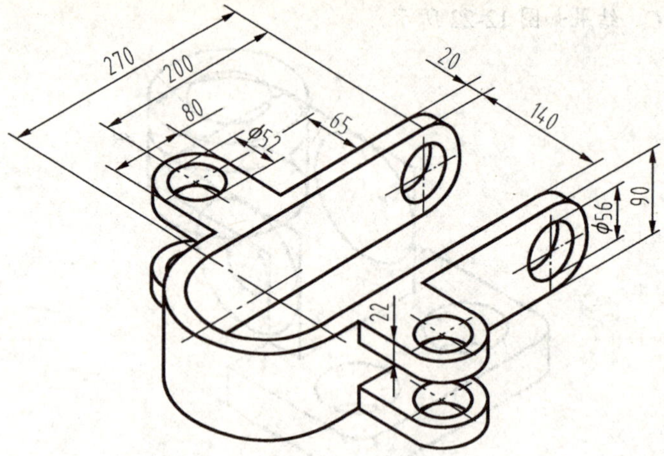

图 12-27

【练习 12-12】 绘制图 12-28 所示的轴测图。

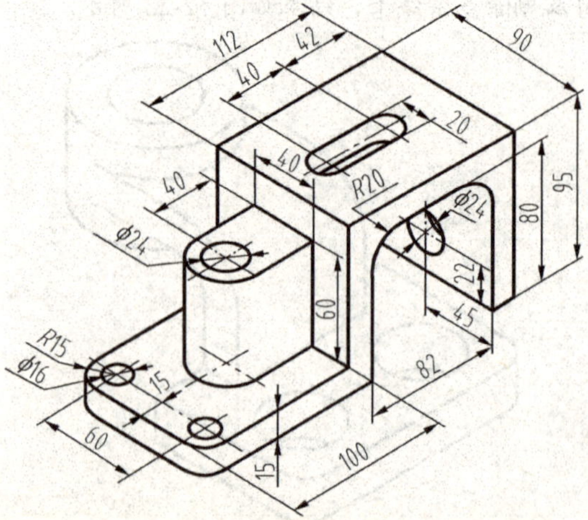

图 12-28

12.4　根据二维视图绘制轴测图

【练习 12-13】根据图 12-29 所示的二维视图绘制出零件的正等轴测图。

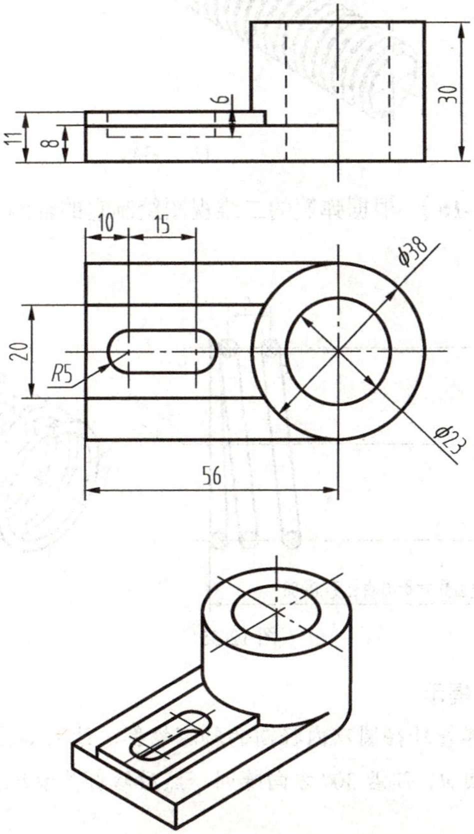

图 12-29

【练习 12-14】根据图 12-30 所示的二维视图绘制出零件的正等轴测图。

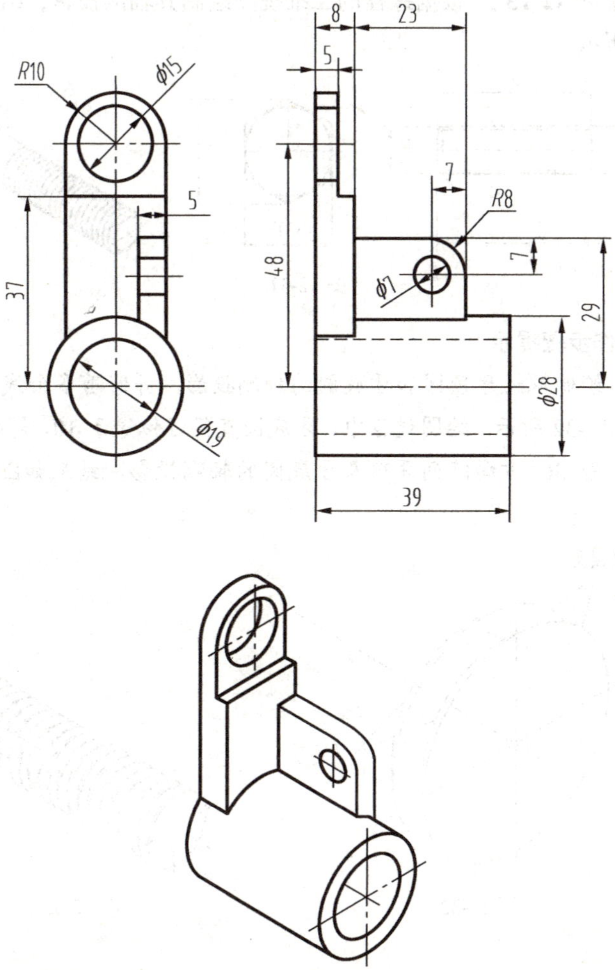

图 12-30

12.5　绘制螺纹及弹簧的轴测投影

【练习 12-15】 根据螺栓的二维视图绘制其轴测投影，结果如图 12-31 所示。

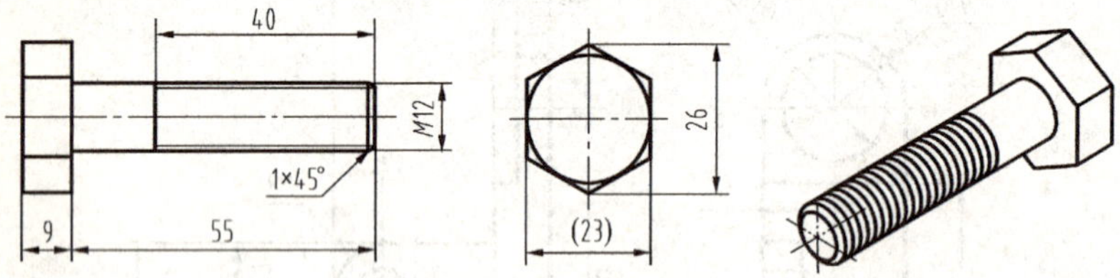

图 12-31

操作步骤提示

1. 绘制螺纹牙顶圆和牙底圆的轴测投影，并修剪多余线条，结果如图 12-32 所示。绘图过程中，牙底圆直径近似等于 10，螺距为 2。

2. 沿 30° 方向阵列牙顶及牙底圆的轴测投影，结果如图 12-33 所示。

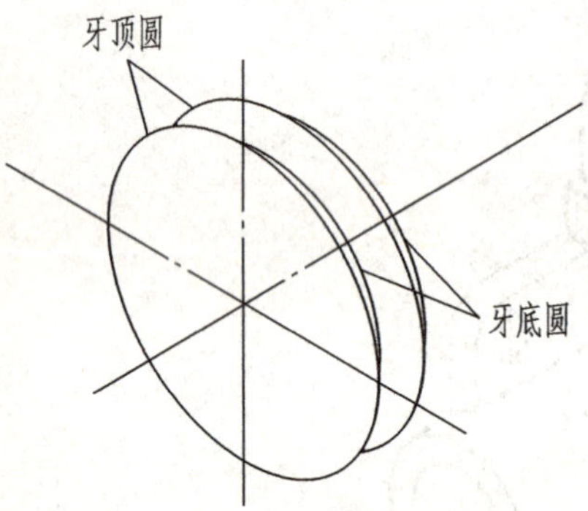

图 12-32

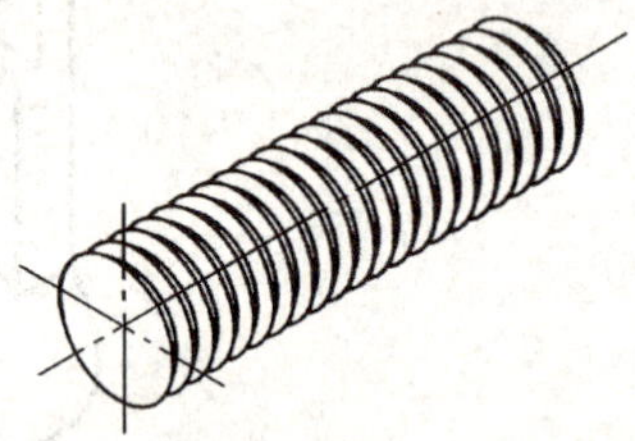

图 12-33

3. 绘制倒角及螺栓头部的轴测投影，结果如图 12-34 所示。

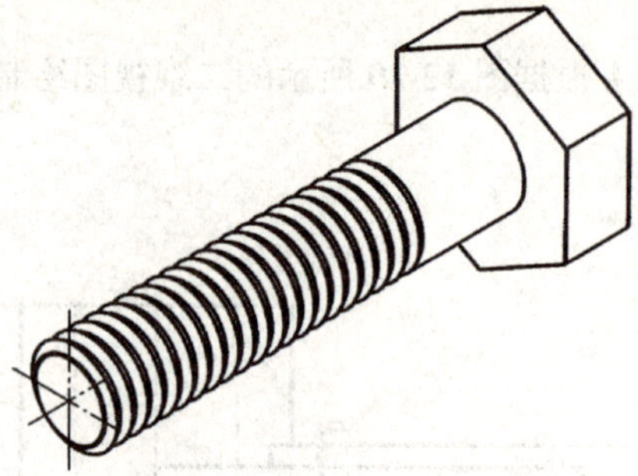

图 12-34

【练习 12-16】 根据弹簧的二维视图绘制它的轴测投影，结果如图 12-35 所示。

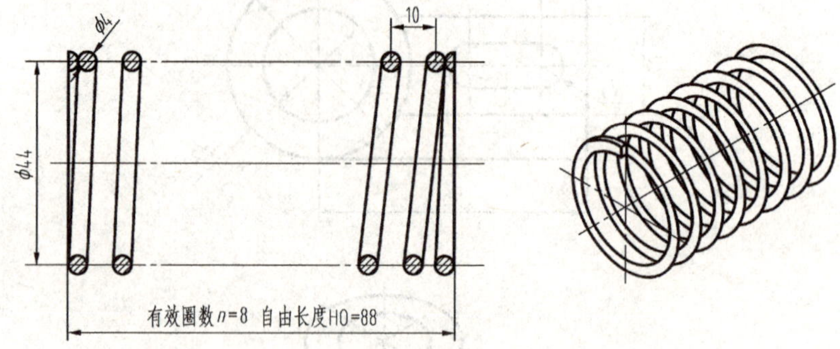

图 12-35

操作步骤提示

1. 绘制弹簧外径圆及内径圆的轴测投影，结果如图 12-36 所示。

2. 将椭圆 *A*、*B* 沿 30° 方向阵列，然后修剪多余线条，结果如图 12-37 所示。

3. 绘制弹簧端部的细节，结果如图 12-38 所示。

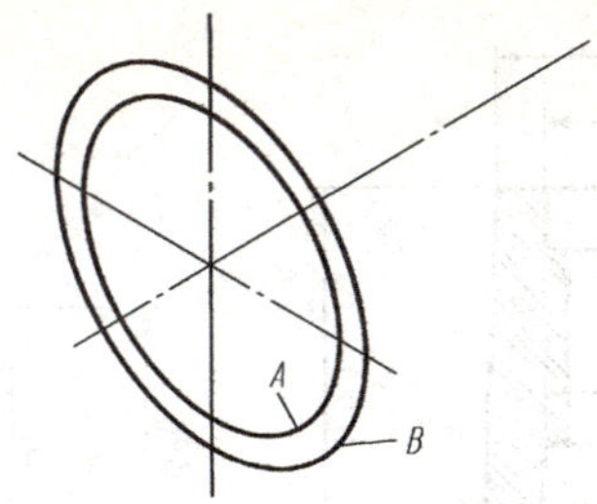

图 12-36

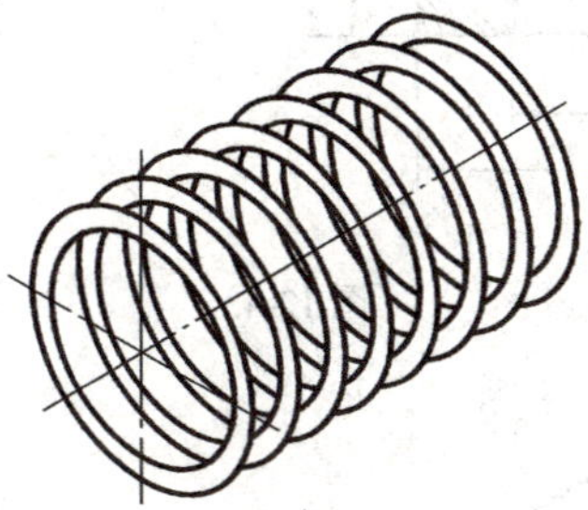

图 12-37

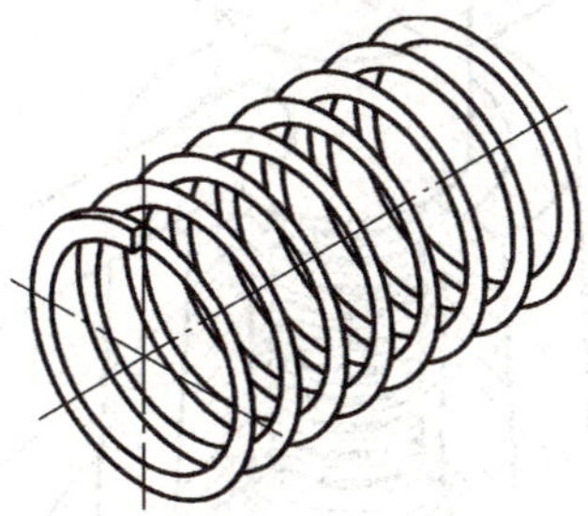

图 12-38

12.6　绘制轴测剖视图

【练习 12-17】 绘制图 12-39 所示的轴测剖视图。

【练习 12-18】 绘制图 12-40 所示的轴测剖视图。

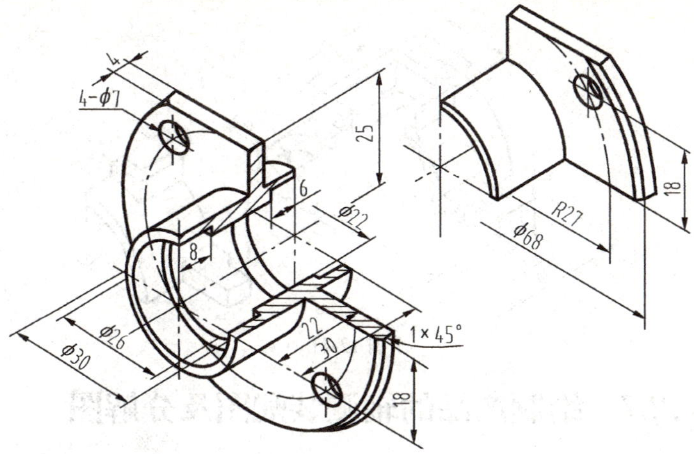

图 12-39

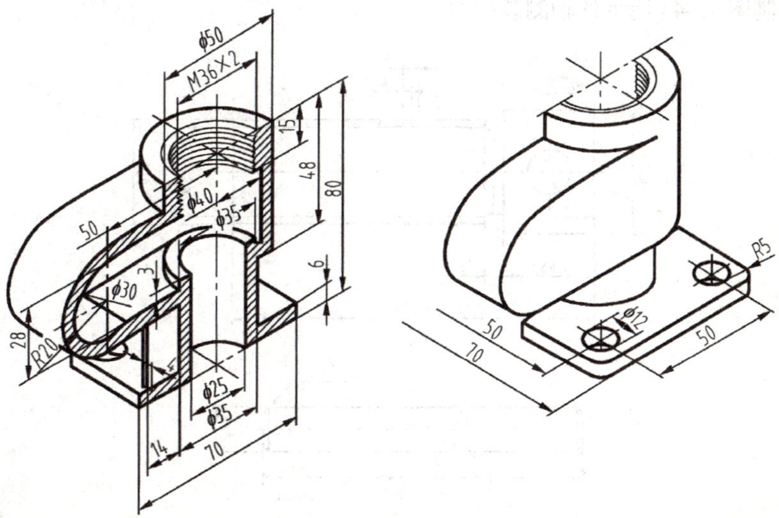

图 12-40

【练习 12-19】 绘制图 12-41 所示的轴测剖视图。

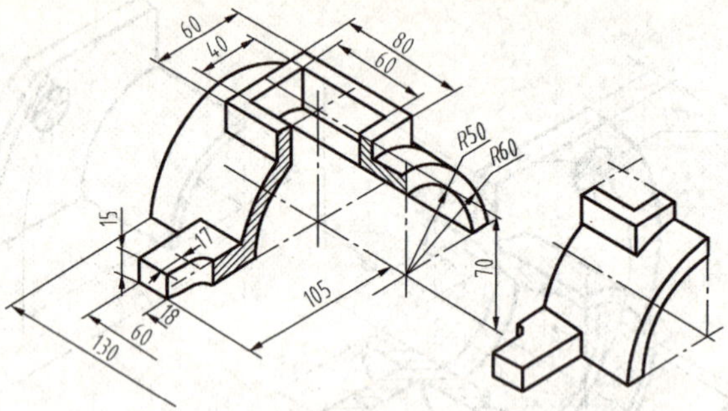

图 12-41

12.7 绘制产品的轴测装配图及分解图

【练习 12-20】 根据图 12-42 和图 12-43 所示零件的二维视图，绘制图 12-44 所示的轴测装配图。

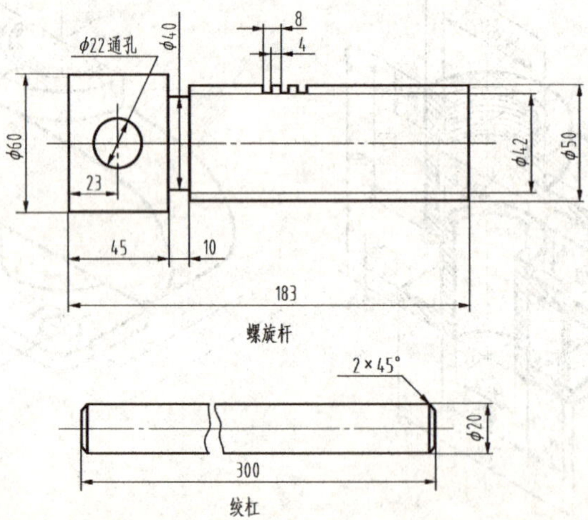

图 12-42

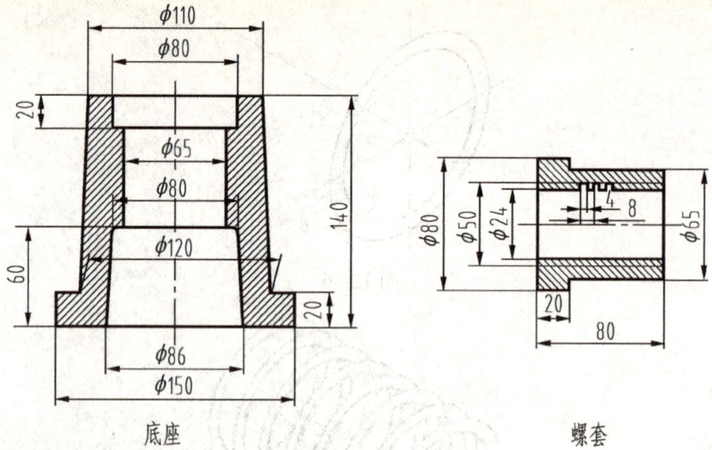

图 12-43

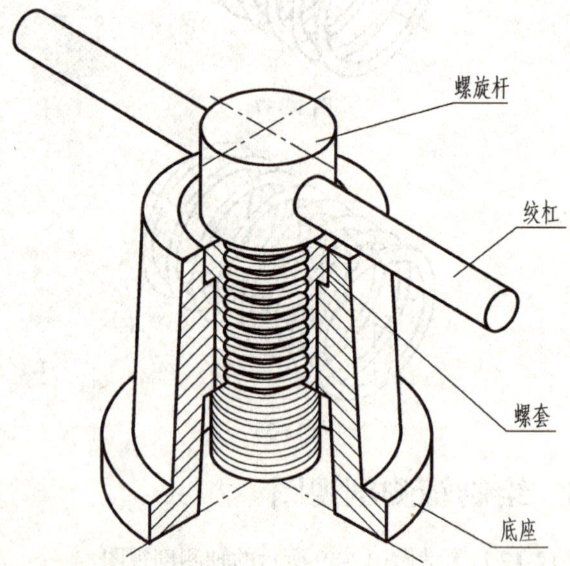

图 12-44

【练习 12-21】 绘制轴测分解图。

操作步骤提示

1. 打开素材文件“\dwg\第 12 章\12-21dwg”。

2. 将图形文件中包含的零件组合成轴测分解图，结果如图 12-45 所示。

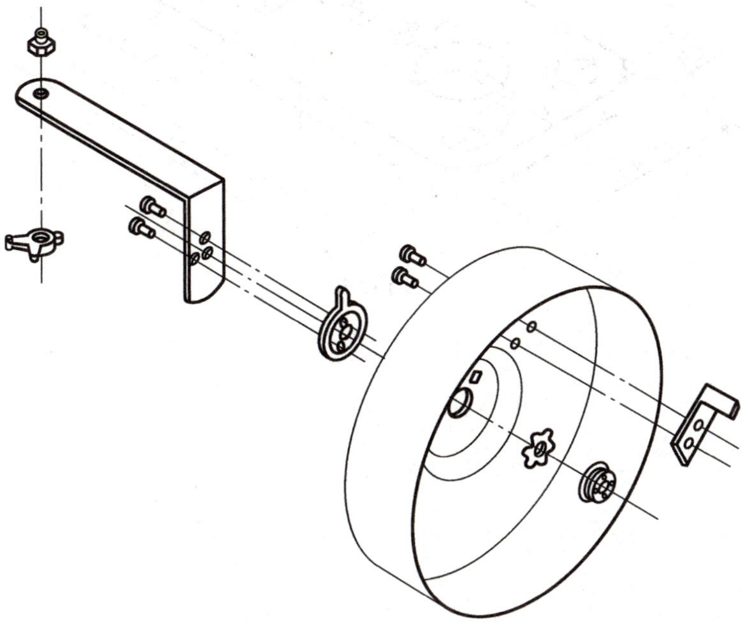

图 12-45

3. 把轴测分解图按逆时针方向旋转 30°，结果如图 12-46 所示。

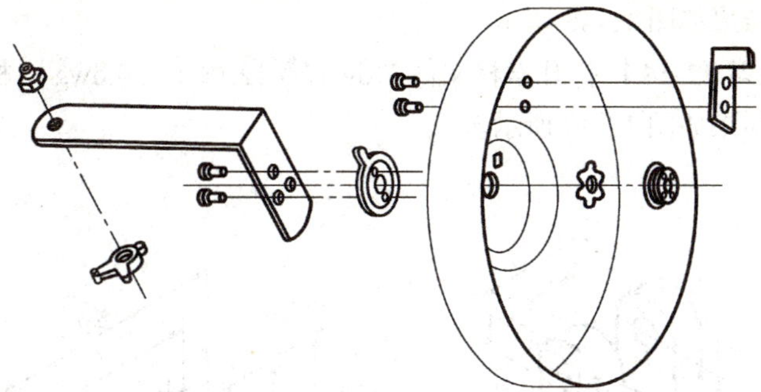

图 12-46

12.8　轴测图的尺寸标注

【练习 12-22】 打开素材文件“\dwg\第 12 章\12-22.dwg”，标注该图样，结果如图 12-47 所示。

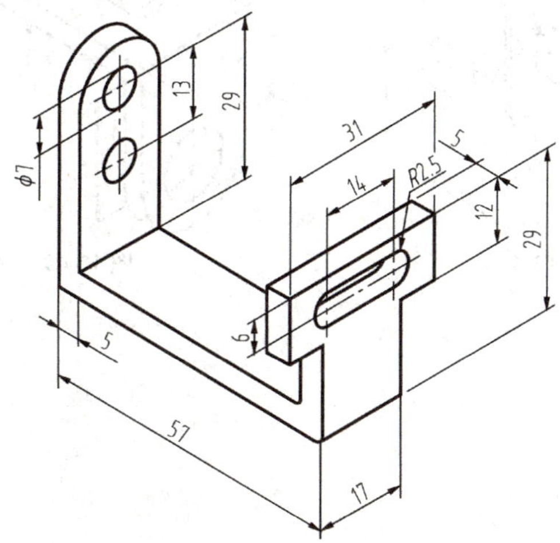

图 12-47

【练习 12-23】 打开素材文件“\dwg\第 12 章\12-23.dwg”，标注该图样，结果如图 12-48 所示。

【练习 12-24】 打开素材文件“\dwg\第 12 章\12-24.dwg”，标注该图样，结果如图 12-49 所示。

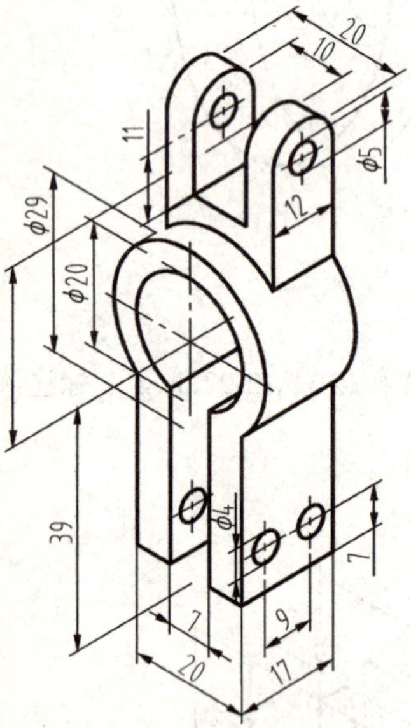

图 12-48

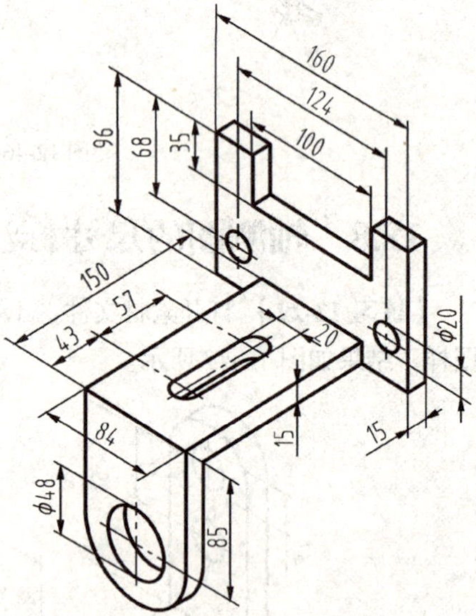

图 12-49

【练习 12-25】 打开素材文件“\dwg\第 12 章\12-25.dwg”，标注该图样，结果如图 12-50 所示。

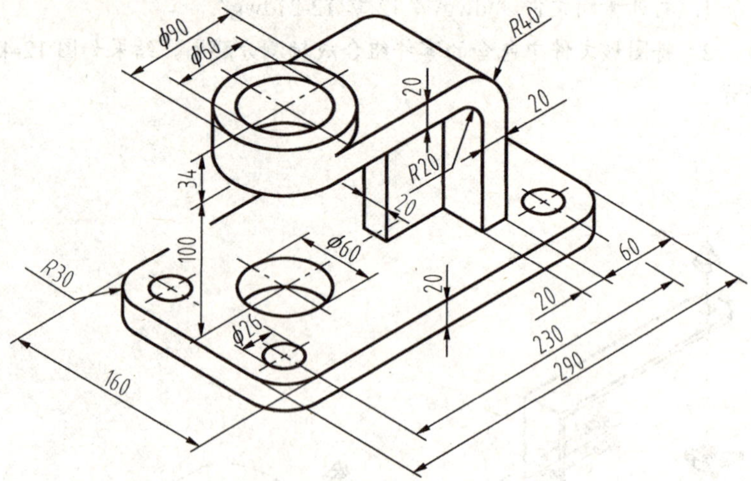

图 12-50

第 13 章　打 印 图 形

13.1　打印单张图纸

【练习 13-1】设置打印参数，打印效果如图 13-1 所示。

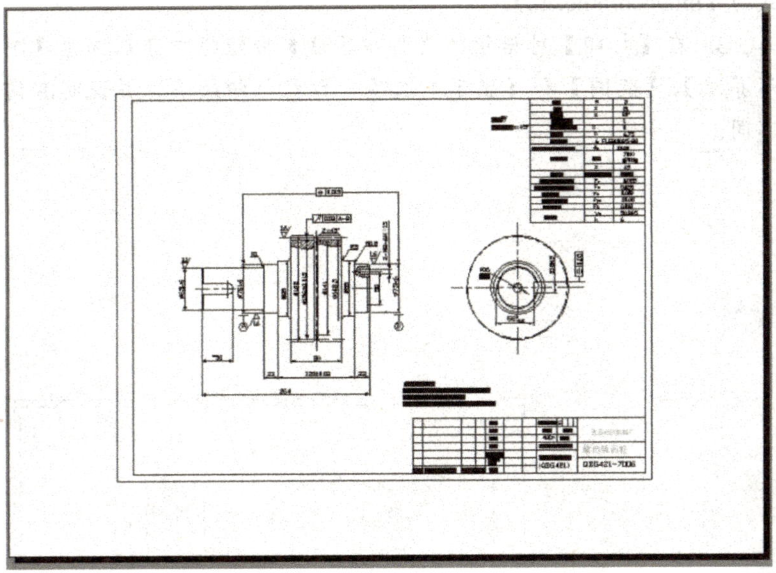

图 13-1

1. 打开素材文件“\dwg\第 13 章\13-1.dwg”。

2. 利用 AutoCAD 的【添加绘图仪向导】配置一台内部打印机“DesignJet 450C C4716A”。

3. 选择菜单命令【文件】/【打印】，打开【打印】对话框，在该对话框中做以下设置。

（1）打印设备：DesignJet 450C C4716A。

（2）图纸幅面：A2。

（3）图形放置方向：。

（4）打印范围：在【打印区域】分组框的【打印范围】下拉列表中选择【范围】选项。

（5）打印比例：1∶2。

（6）打印原点位置：居中打印。

（7）打印样式：在【打印样式表】分组框的下拉列表中选择打印样式为【monochrome.ctb】（将所有颜色打印为黑色）。

4. 预览打印效果，如图 13-1 所示。

【练习 13-2】使用自定义图纸。

1. 打开素材文件“\dwg\第 13 章\13-2.dwg”。

（1）选择菜单命令【文件】/【打印】，打开【打印】对话框，在该对话框中做以下设置。

（2）打印设备：DesignJet 450C C4716A。

（3）图纸幅面：自定义尺寸为 200×300，实际可打印区域为 190×290。

（4）图形放置方向：。

（5）打印范围：在【打印区域】分组框的【打印范围】下拉列表中选择【范围】选项。

（6）打印比例：1∶2.5。

（7）打印原点位置：居中打印。

（8）打印样式：在【打印样式表】分组框的下拉列表中选择打印

样式为【monochrome.ctb】。

2. 预览打印效果，如图 13-2 所示。

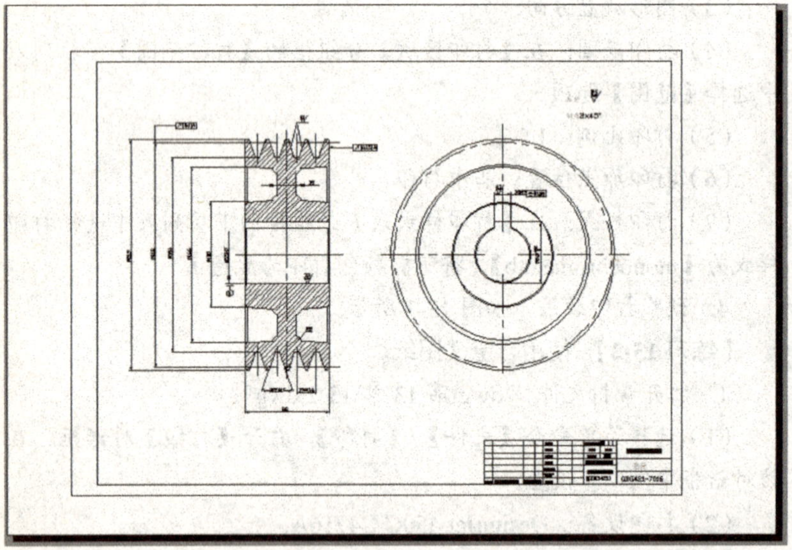

图 13-2

【练习 13-3】 设定不同打印区域时的打印效果。

1. 打开素材文件“\dwg\第 13 章\13-3.dwg”，如图 13-3 所示。

2. 选择菜单命令【文件】/【打印】，打开【打印】对话框，在该对话框中做以下设置。

- 打印设备：DesignJet 450C C4716A。
- 图纸幅面：A3。
- 图形放置方向：。
- 打印比例：1∶1。
- 打印原点位置：居中打印。
- 打印样式：在【打印样式表】分组框的下拉列表中选择打印样式为【monochrome.ctb】。

3. 在【打印】对话框的【打印区域】分组框中分别选择【图形界限】、【范围】和【显示】选项，预览打印效果。并说明有何不同。

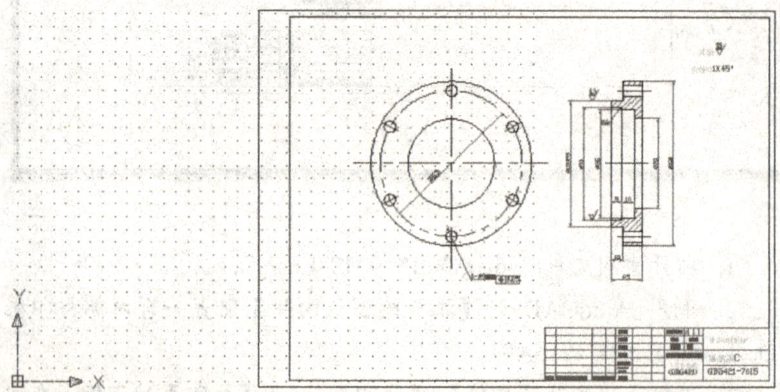

图 13-3

13.2　将多张图纸布置在一起打印

【练习 13-4】 素材文件"\dwg\第 13 章"中的"13-4-1.dwg"、"13-4-2.dwg"都采用了 A3 幅面图纸，绘图比例都为 1∶1，请将它们布置在一起输出到 A2 幅面的图纸上，打印效果预览如图 13-4 所示。

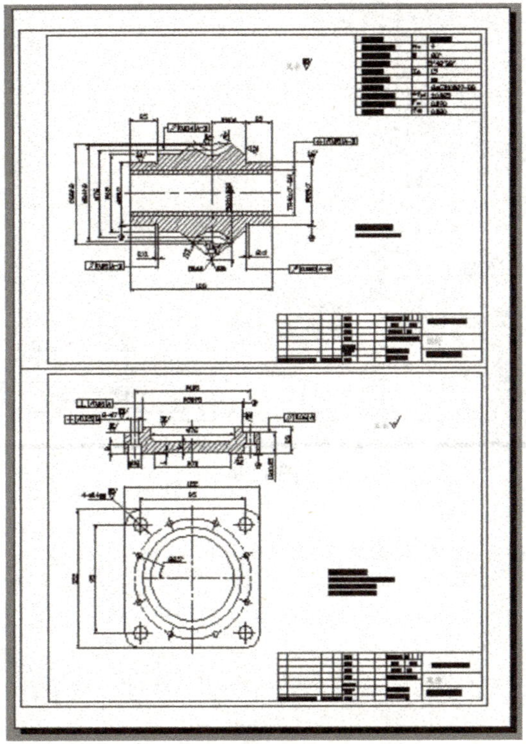

图 13-4

要点提示　利用外部参照的方式，将两个图形文件插入到一个新文件中，把它们布置在一起，然后打印。

【练习 13-5】 素材文件"\dwg\第 13 章"中的"13-5-1.dwg"、"13-5-2.dwg"的绘图比例分别为 1∶1 和 1∶4，请将它们布置在一起输出到 A1 幅面的图纸上，打印效果预览如图 13-5 所示。

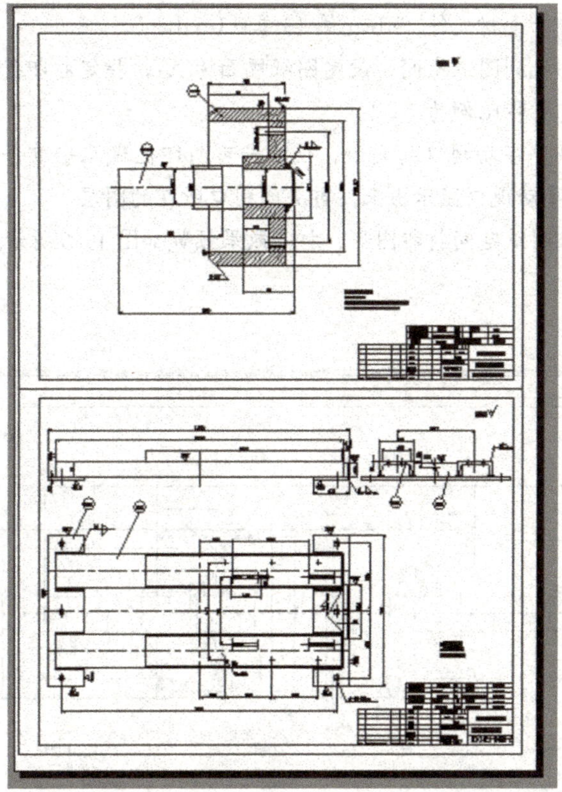

图 13-5

要点提示　利用外部参照的方式，将不同绘图比例的图样插入到一个新文件中，然后按绘图比例缩放各图样，再调整图形位置，使其与图纸大小相适应。

13.3 从图纸空间打印图形

【练习 13-6】从图纸空间打印图纸。

1. 打开素材文件"\dwg\第 13 章\13-6.dwg"。

2. 切换到图纸空间，设定图纸幅面为 A1，指定打印范围为【布局】，设定打印比例为 1∶1。

3. 调整浮动视口的大小，使其与可打印区域几乎重合，然后使图形充满浮动视口显示出来，再关闭视口所在的图层。

4. 从图纸空间打印图形，打印效果预览如图 13-6 所示。

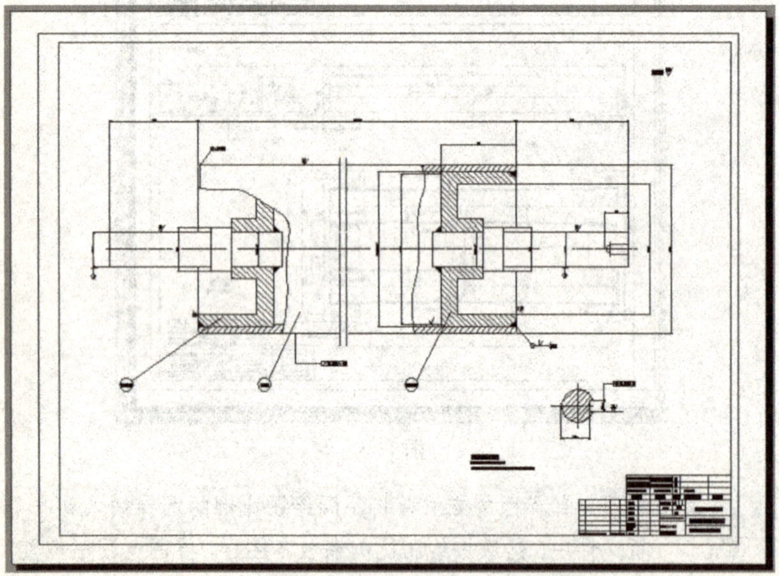

图 13-6

【练习 13-7】从图纸空间打印素材文件"\dwg\第 13 章\13-7.dwg"，打印效果预览如图 13-7 所示。

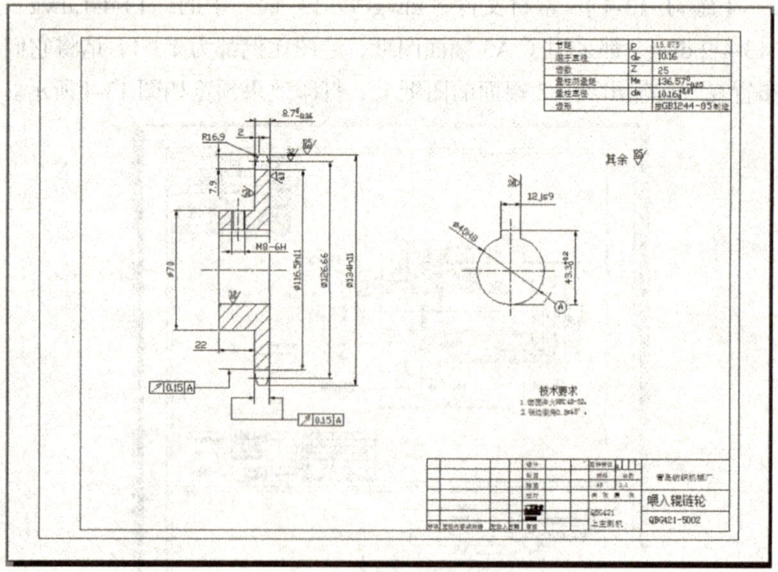

图 13-7

第3篇 三维建模练习

这部分练习题中使用了大部分三维图形绘制及编辑命令。如果读者是刚开始接触 AutoCAD 的三维功能，那么建议先系统地学习三维绘图的基本命令，然后通过此部分提供的练习题来巩固所学的内容，同时加深对三维绘图命令的理解。

本篇包括以下主要内容。

- 创建基本三维实体。
- 通过拉伸、旋转二维对象形成实体。
- 通过扫掠、放样创建实体。
- 利用布尔运算创建实体模型。
- 三维阵列、镜像、旋转及对齐。
- 三维图形倒圆角及倒斜角。
- 编辑实心体的表面。
- 压印几何对象及实体抽壳。

第 14 章 绘制三维实体模型

14.1 绘制基本三维实体

【练习 14-1】 利用 POLYSOLID 命令绘制图 14-1 所示的实体模型。设置模型高度为 500，厚度为 30，左图为模型中间厚度处的形状和尺寸。

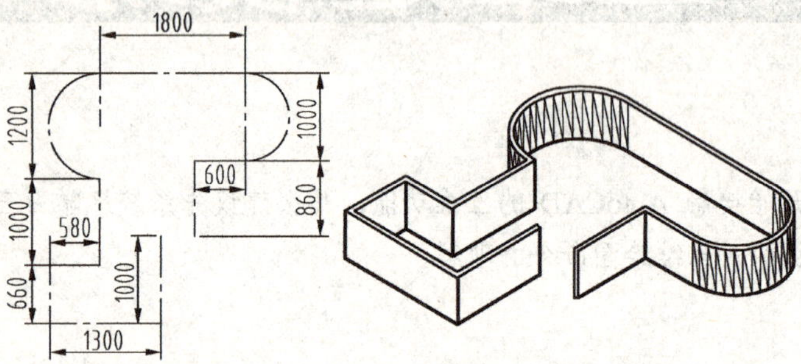

图 14-1

【练习 14-2】 绘制图 14-2 所示组合体的实体模型。

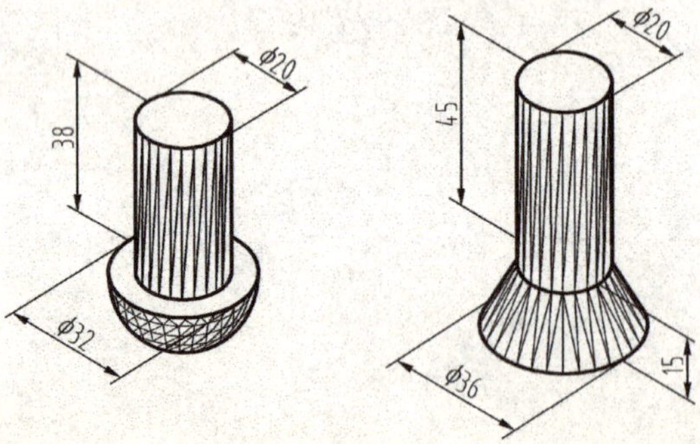

图 14-2

【练习 14-3】 绘制图 14-3 所示组合体的实体模型。

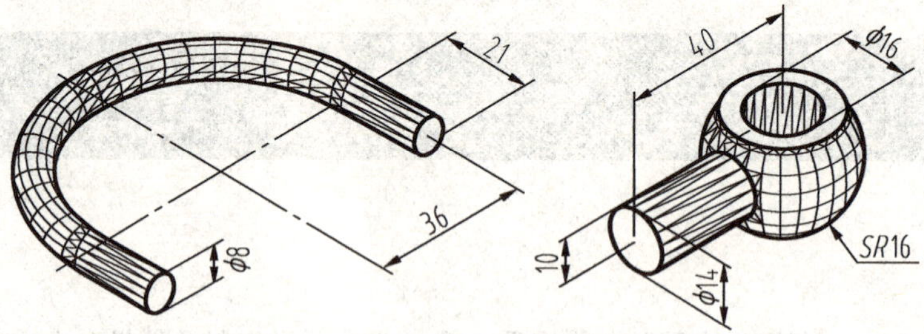

图 14-3

【练习 14-4】 绘制图 14-4 所示组合体的实体模型。

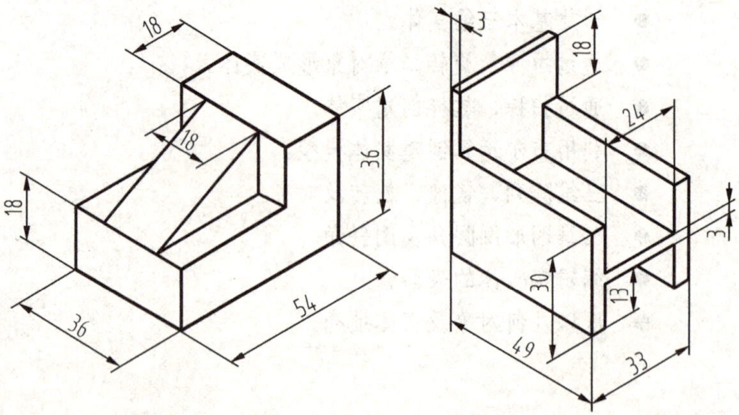

图 14-4

【练习 14-5】 绘制图 14-5 所示组合体的实体模型。

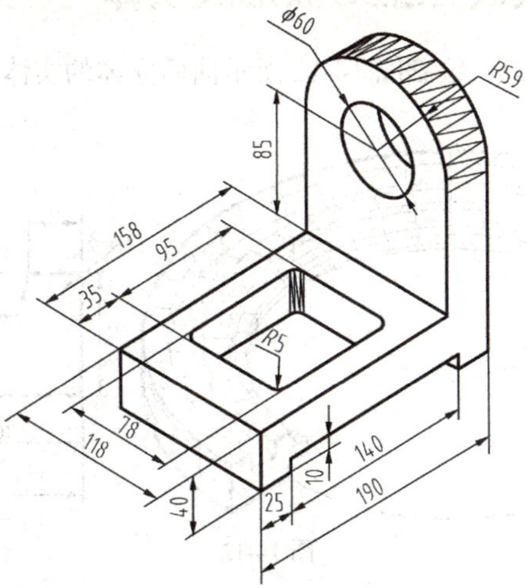

图 14-5

14.2　拉伸二维对象形成实体

【练习 14-6】 通过拉伸平面图形绘制图 14-6 所示的实体模型。

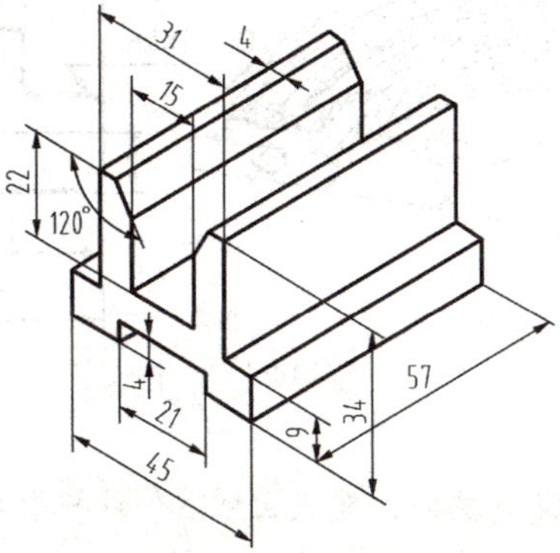

图 14-6

【练习 14-7】 通过拉伸平面图形绘制图 14-7 所示的实体模型。

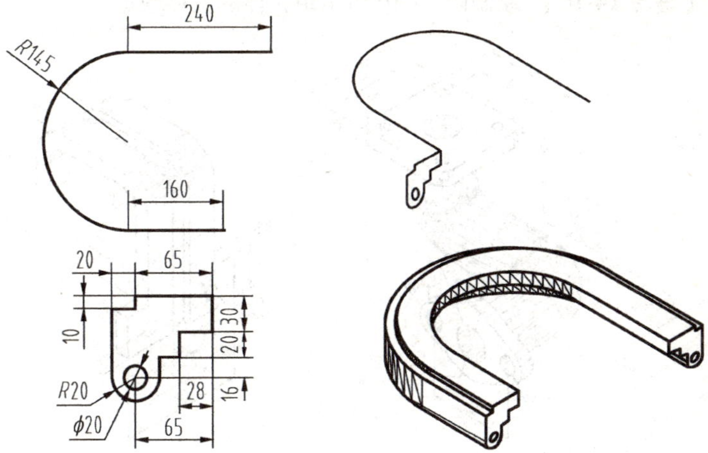

图 14-7

【练习 14-8】 通过拉伸平面图形绘制图 14-8 所示的实体模型。

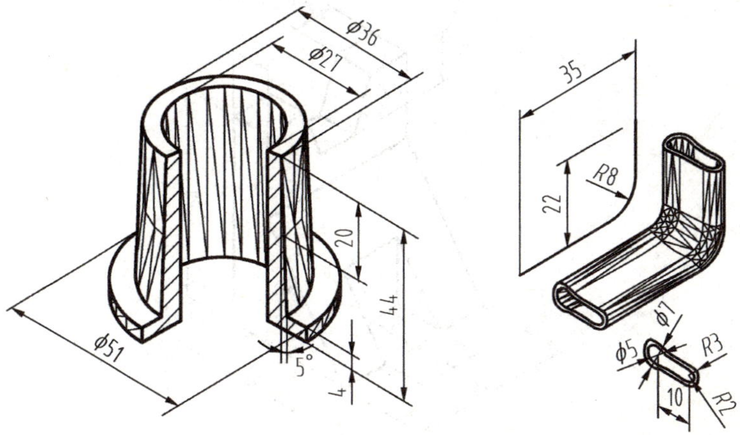

图 14-8

【练习 14-9】 通过拉伸平面图形绘制图 14-9 所示的实体模型。

【练习 14-10】 绘制图 14-10 所示组合体的实体模型。

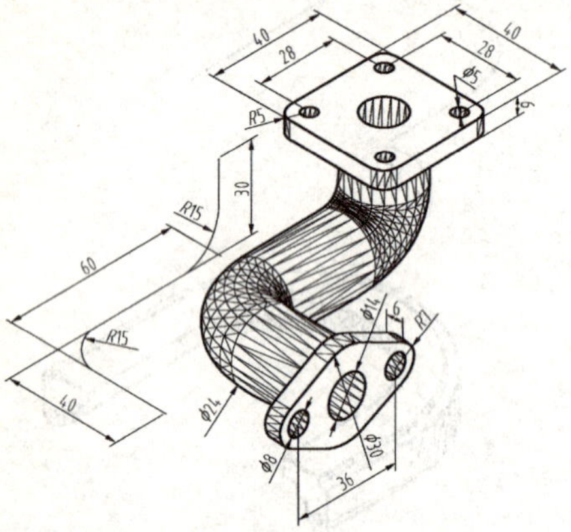

图 14-9

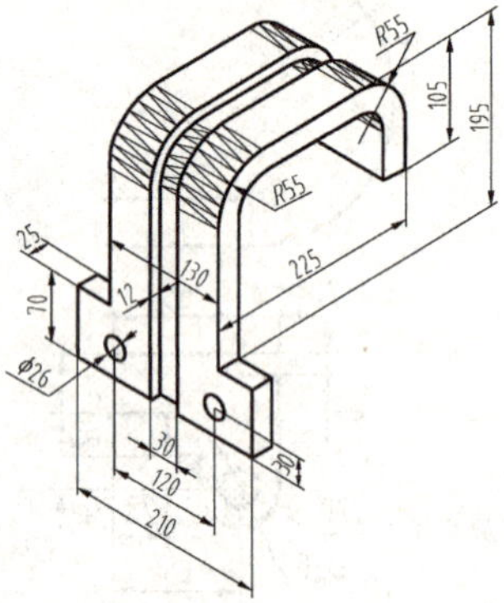

图 14-10

【练习 14-11】 绘制图 14-11 所示组合体的实体模型。

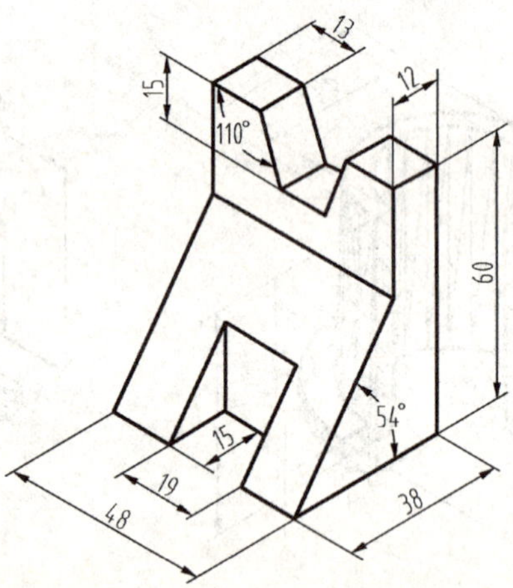

图 14-11

14.3 旋转二维对象形成实体

【练习 14-12】 绘制图 14-12 所示曲面立体的实体模型。

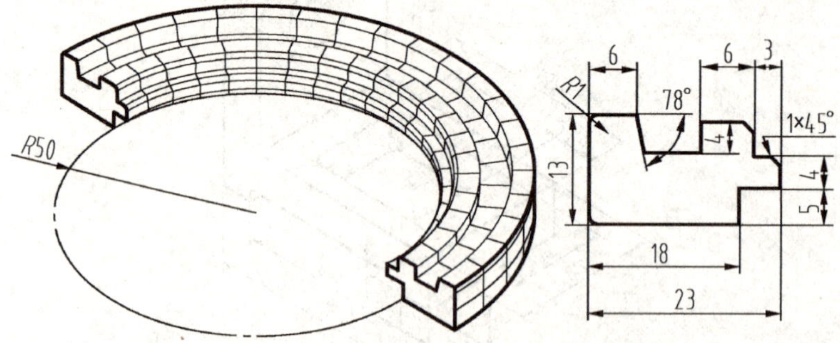

图 14-12

【练习 14-13】 绘制图 14-13 所示曲面立体的实体模型。

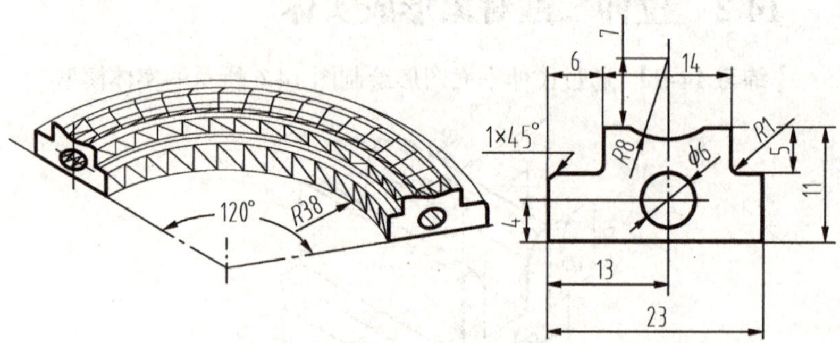

图 14-13

要点提示 将回转体的截面创建成面域后，可利用 REVOLVE 命令一次形成立体的外轮廓及内部的孔。

【练习 14-14】 绘制图 14-14 所示曲面立体的实体模型。

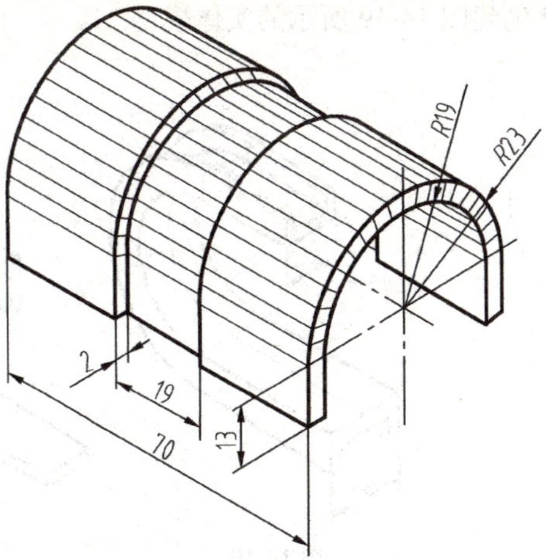

图 14-14

【练习 14-15】 根据二维视图绘制图 14-15 所示的实体模型。

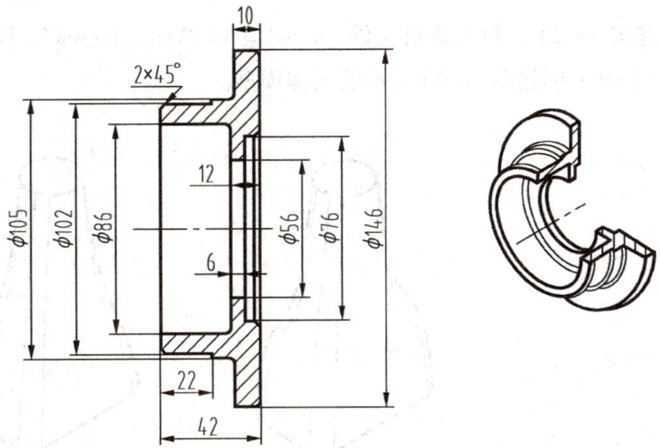

图 14-15

【练习 14-16】 绘制图 14-16 左图所示回转体的实心体模型，右图是该模型截面的形状和尺寸。

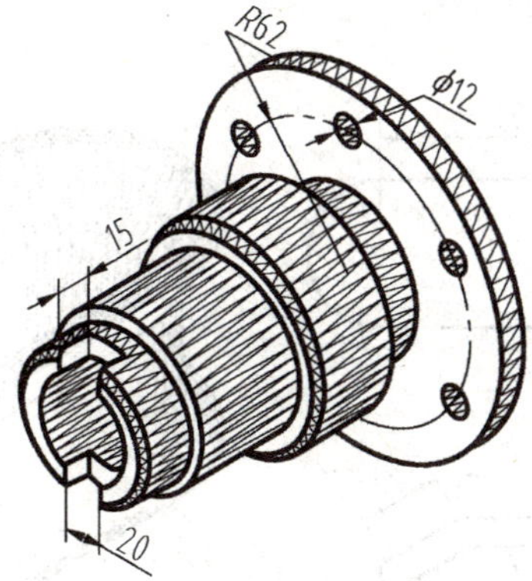

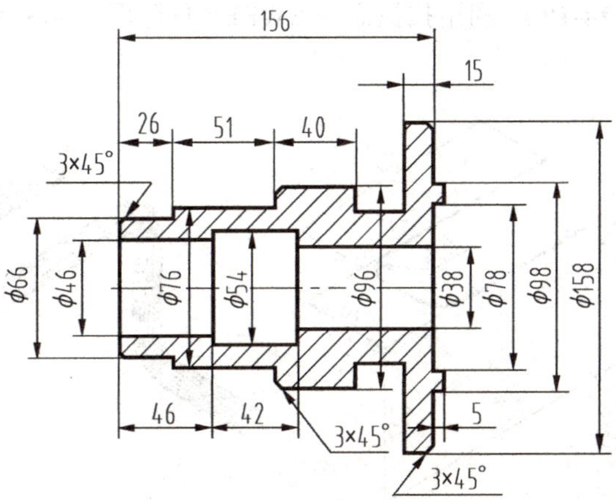

图 14-16

14.4 通过扫掠创建实体

【练习 14-17】 利用扫掠命令 SWEEP 创建图 14-17 所示的实体模型。

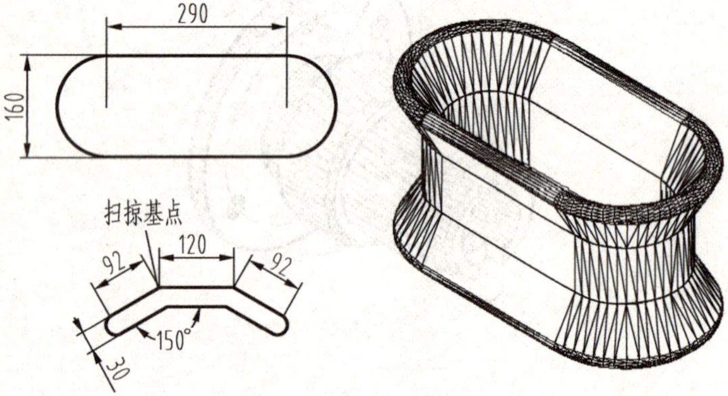

图 14-17

【练习 14-18】 利用扫掠命令 SWEEP 创建图 14-18 所示的实体模型。

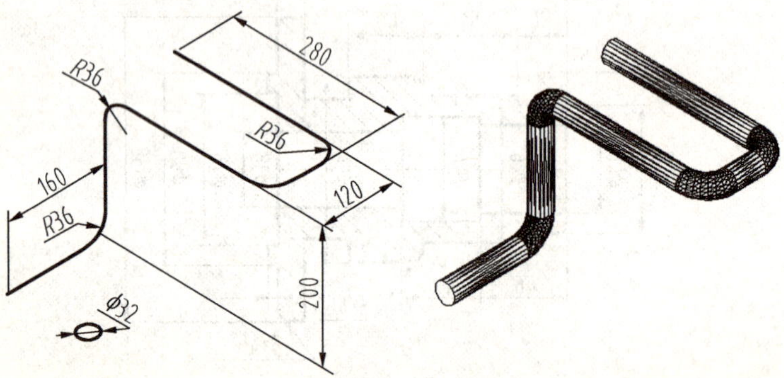

图 14-18

【练习 14-19】 打开素材文件“\dwg\第 14 章\14-19.dwg”，利用扫掠命令 SWEEP 创建图 14-19 所示的实体模型。

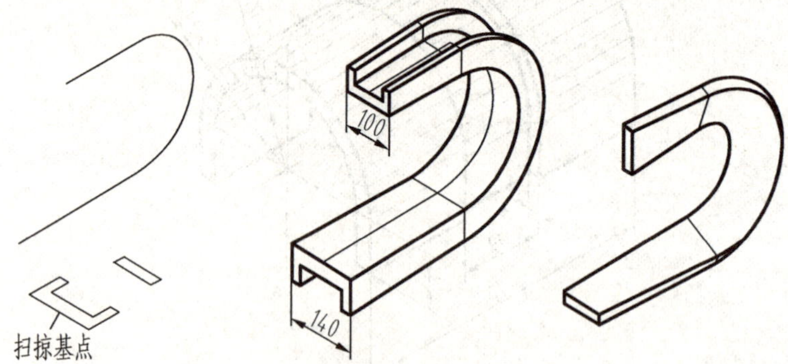

图 14-19

14.5 通过放样创建实体

【练习 14-20】 打开素材文件“\dwg\第 14 章\14-20.dwg”，利用放样命令 LOFT 创建图 14-20 所示的实体模型。

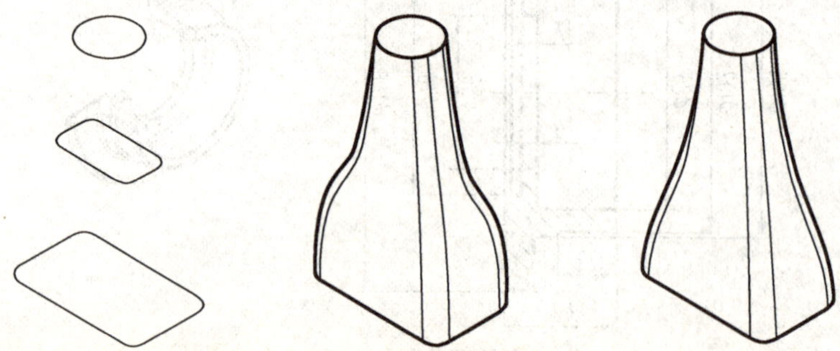

图 14-20

【练习 14-21】打开素材文件“\dwg\第 14 章\14-21.dwg”，利用放样命令 LOFT 创建图 14-21 所示的实体模型。

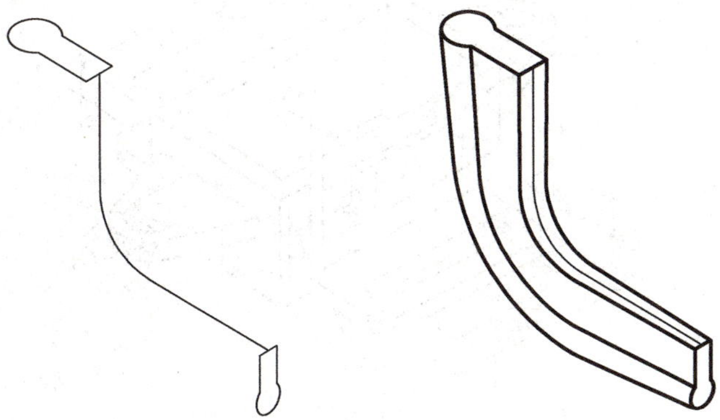

图 14-21

【练习 14-22】打开素材文件“\dwg\第 14 章\14-22.dwg”，利用放样命令 LOFT 创建图 14-22 所示的实体模型。

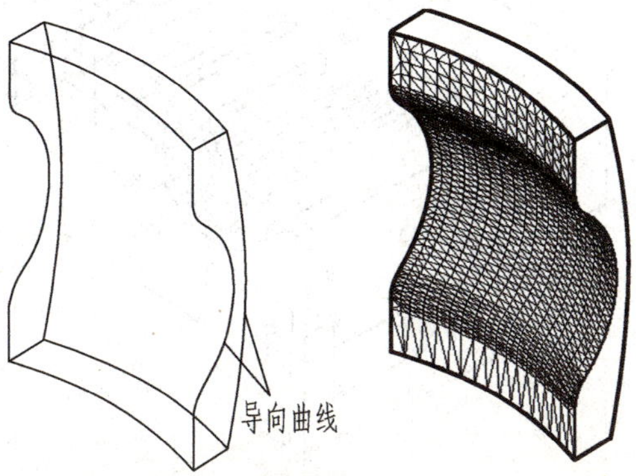

图 14-22

【练习 14-23】打开素材文件“\dwg\第 14 章\14-23.dwg”，利用放样命令 LOFT 创建图 14-23 所示的曲面模型。

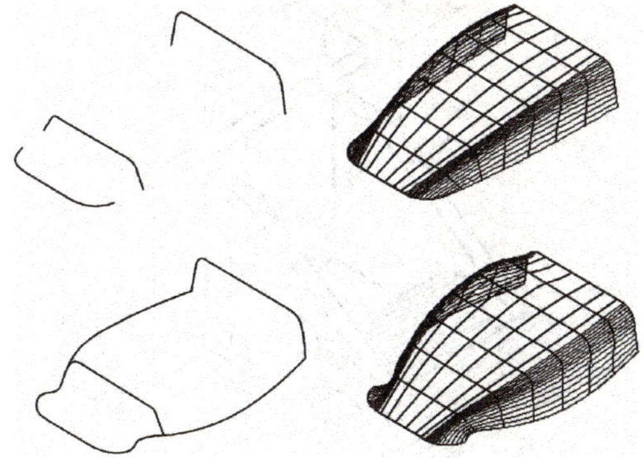

图 14-23

14.6 利用布尔运算创建实体模型

【练习 14-24】利用布尔运算创建图 14-24 所示立体的实体模型。

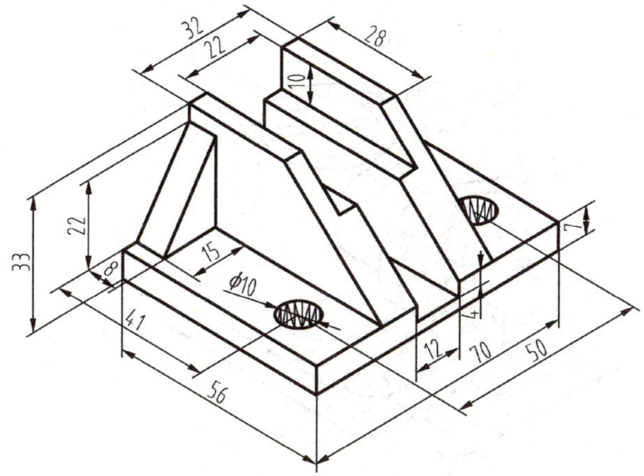

图 14-24

【练习 14-25】 利用布尔运算创建图 14-25 所示立体的实体模型。

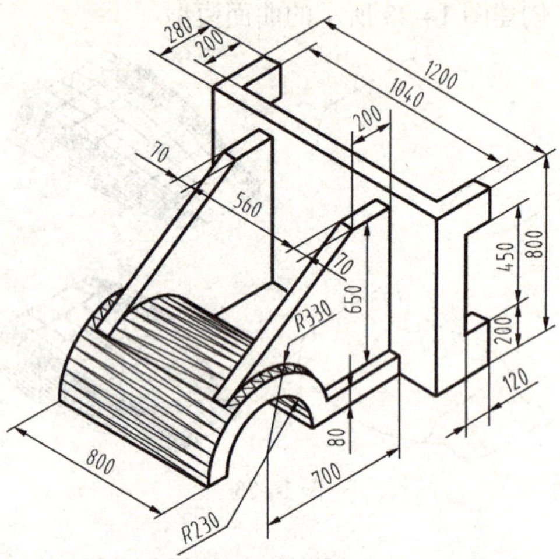

图 14-25

【练习 14-26】 利用布尔运算创建图 14-26 所示立体的实体模型。

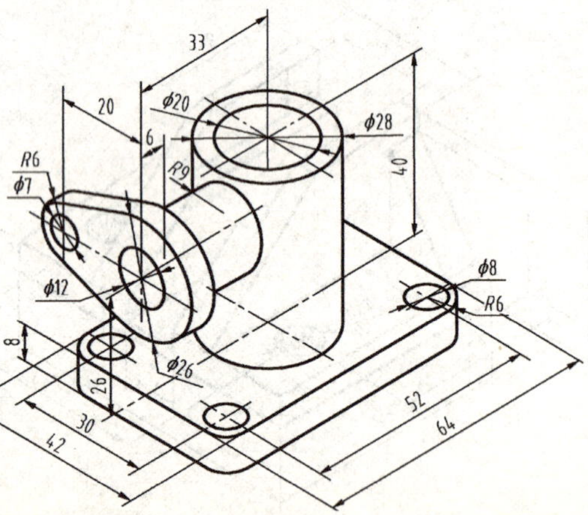

图 14-26

【练习 14-27】 利用布尔运算创建图 14-27 所示立体的实体模型。

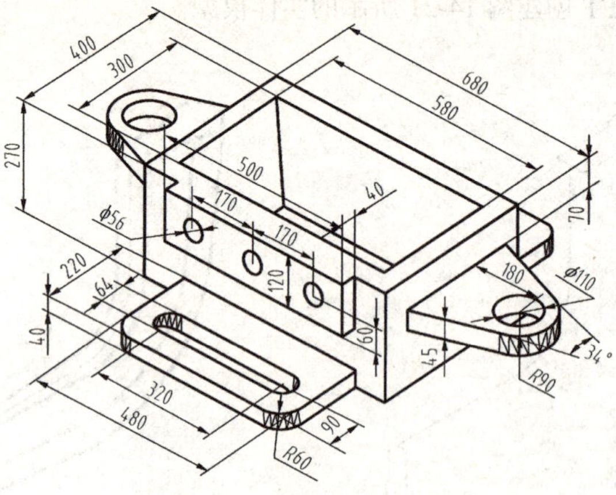

图 14-27

【练习 14-28】 利用布尔运算创建图 14-28 所示立体的实体模型。

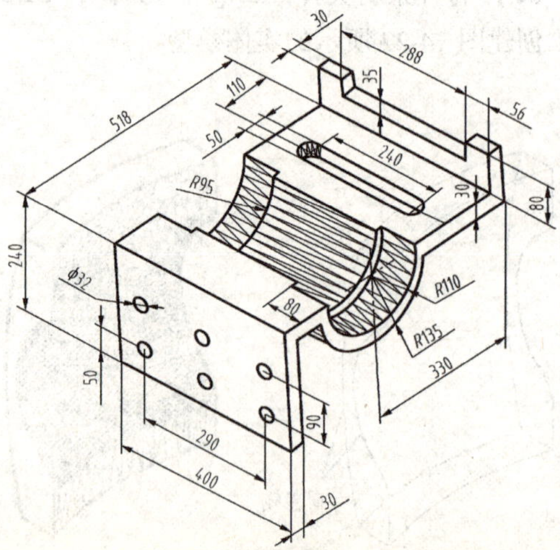

图 14-28

第 15 章　编辑三维模型

15.1　三维镜像

【练习 15-1】 打开素材文件“\dwg\第 15 章\15-1.dwg”，利用三维镜像功能将图 15-1（a）修改为图 15-1（b）。

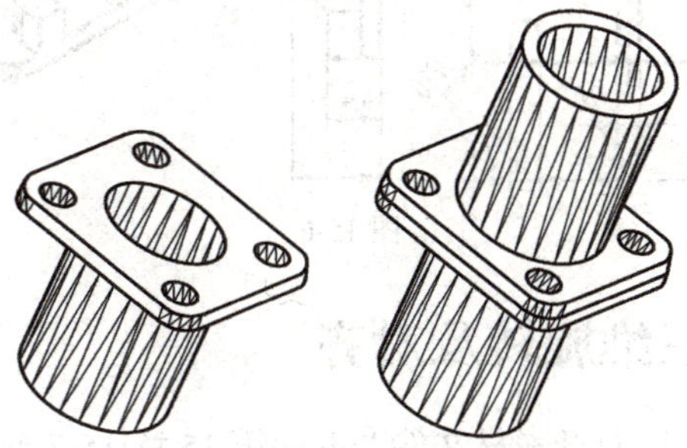

(a)　(b)

图 15-1

【练习 15-2】 绘制图 15-2 所示立体的实体模型。

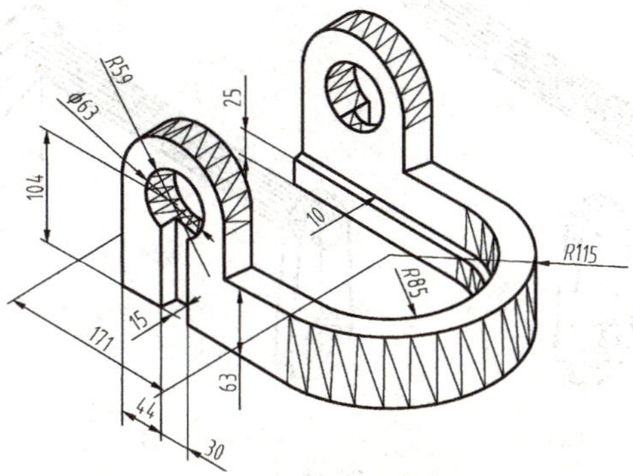

图 15-2

【练习 15-3】 绘制图 15-3 所示立体的实体模型。

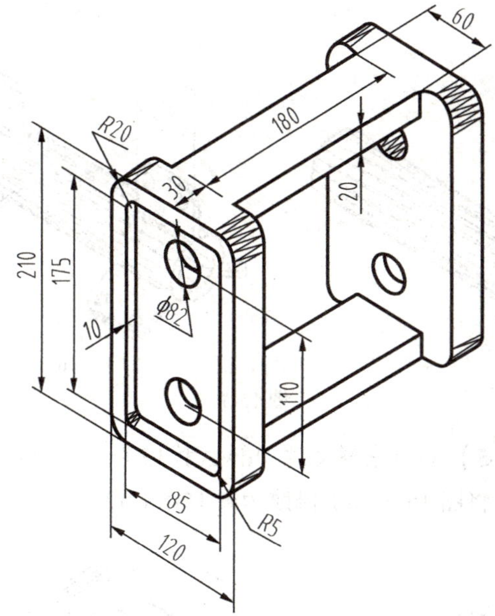

图 15-3

15.2 三维阵列

【练习 15-4】 打开素材文件"\dwg\第 15 章\15-4.dwg"，利用三维环形阵列功能将图 15-4（a）修改为图 15-4（b）。

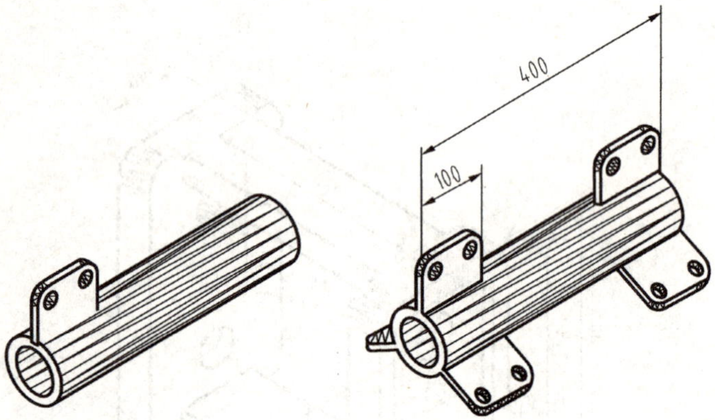

(a) (b)

图 15-4

【练习 15-5】 打开素材文件"\dwg\第 15 章\15-5.dwg"，利用三维矩形阵列功能将图 15-5（a）修改为图 15-5（b）。

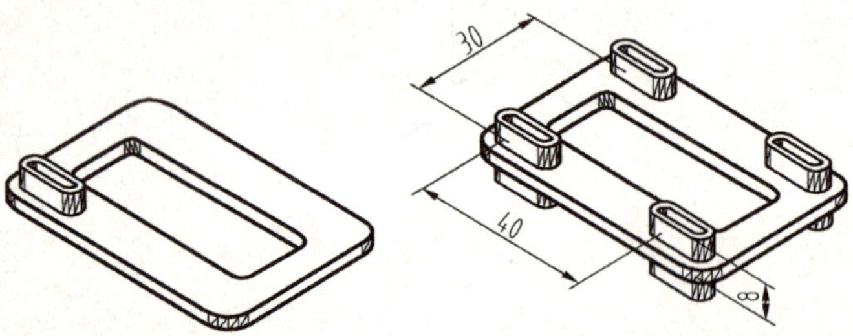

(a) (b)

图 15-5

【练习 15-6】 根据二维视图绘制图 15-6 所示立体的实体模型。

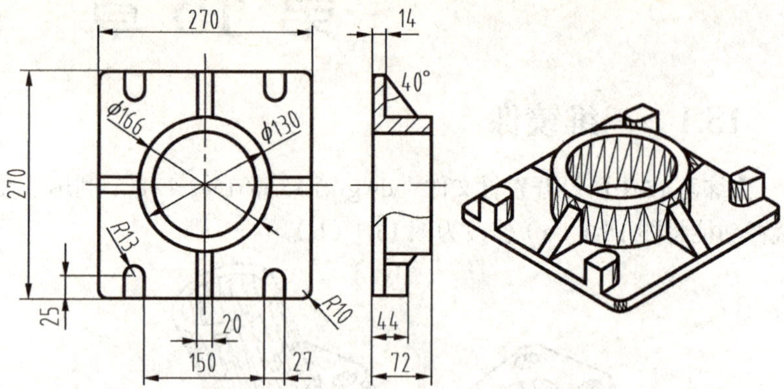

图 15-6

15.3 三维旋转及对齐

【练习 15-7】 打开素材文件"\dwg\第 15 章\15-7.dwg"，利用三维旋转命令将图 15-7（a）修改为图 15-7（b）。

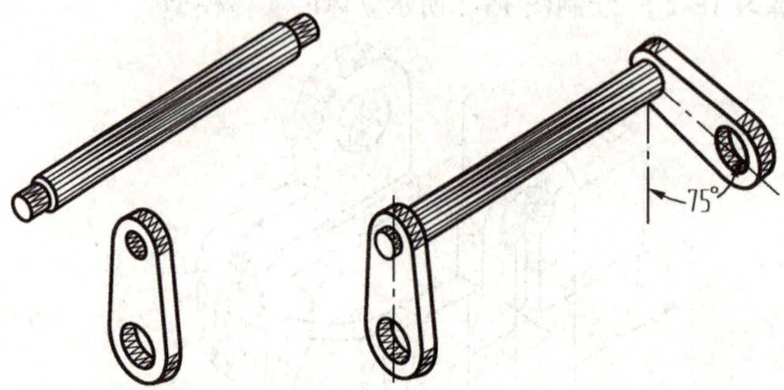

(a) (b)

图 15-7

【练习 15-8】 根据二维视图绘制图 15-8 所示立体的实体模型。

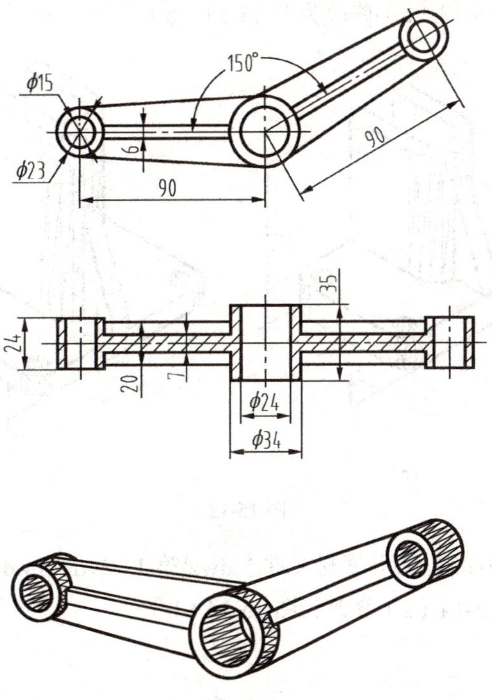

图 15-8

要点提示 在水平位置画出模型的倾斜部分，然后将它旋转到正确的位置。

【练习 15-9】 打开素材文件“\dwg\第 15 章\15-9.dwg”，利用 3DALIGN 命令将图 15-9（a）修改为图 15-9（b）。

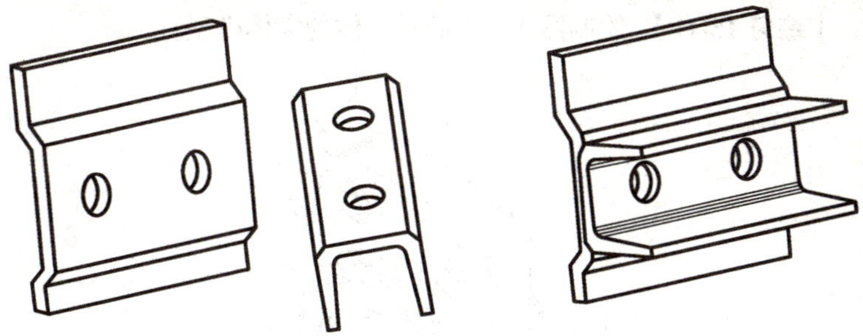

（a）　　（b）

图 15-9

【练习 15-10】 打开素材文件“\dwg\第 15 章\15-10.dwg”，利用 3DALIGN 命令将图 15-10（a）修改为图 15-10（b）。

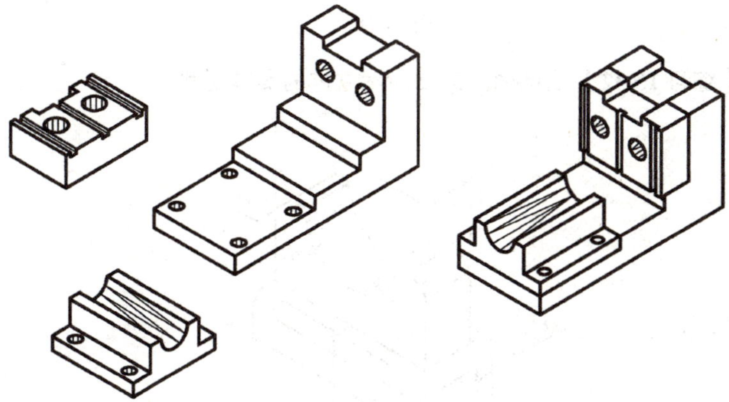

（a）　　（b）

图 15-10

15.4 倒圆角和倒斜角

【练习 15-11】 绘制图 15-11 所示立体的实体模型。

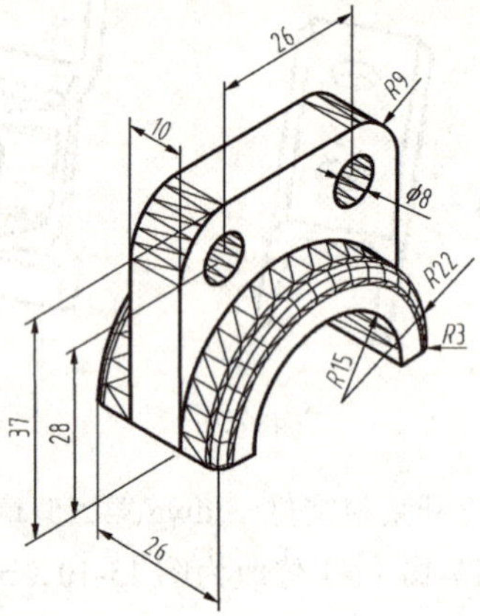

图 15-11

【练习 15-12】 绘制图 15-12 所示立体的实体模型。

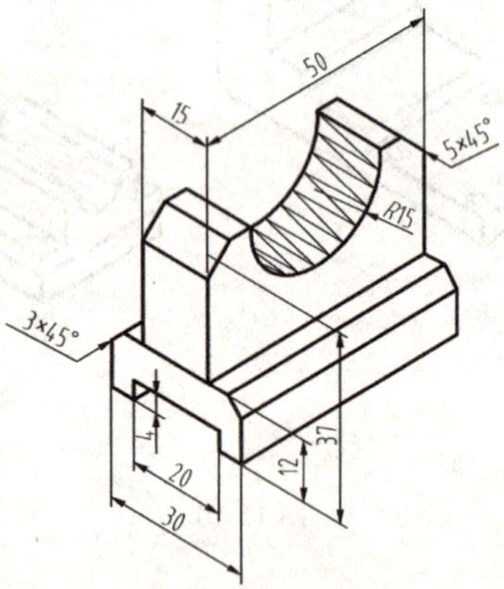

图 15-12

15.5 拉伸实体表面

【练习 15-13】 打开素材文件"\dwg\第 15 章\15-13.dwg"，利用拉伸功能将图 15-13（a）修改为图 15-13（b）。

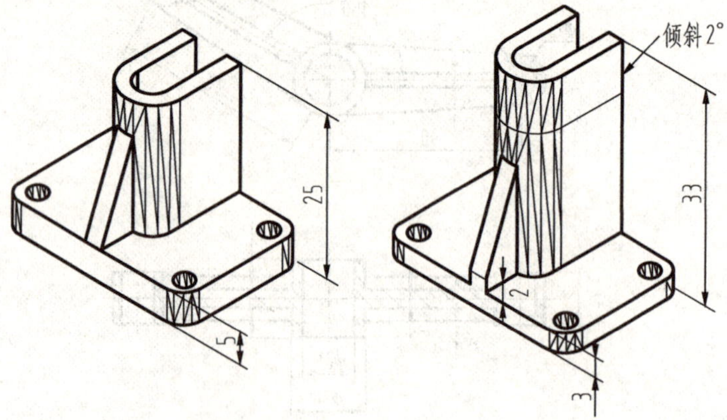

（a） （b）

图 15-13

【练习 15-14】 打开素材文件"\dwg\第 15 章\15-14.dwg"，利用拉伸功能将图 15-14（a）修改为图 15-14（b）。

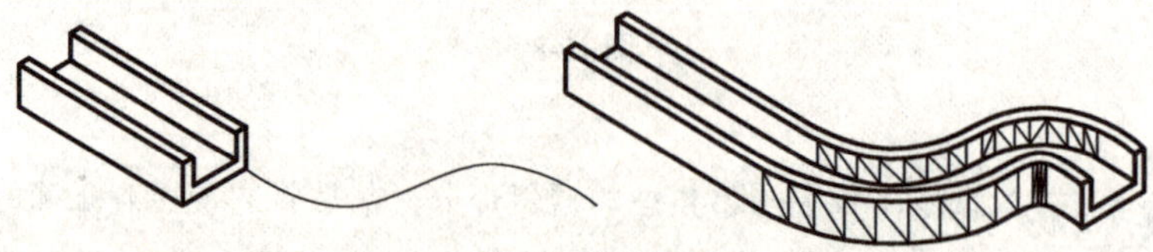

（a） （b）

图 15-14

15.6　移动实体表面

【练习 15-15】 打开素材文件“\dwg\第 15 章\15-15.dwg”，将图 15-15（a）修改为图 15-15（b）。

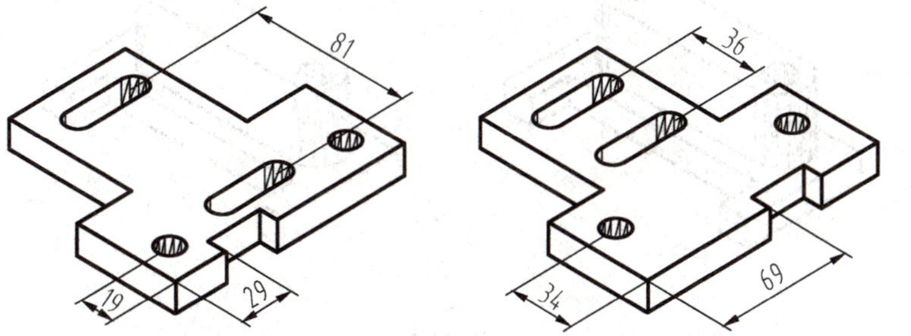

（a）　（b）

图 15-15

【练习 15-16】 打开素材文件“\dwg\第 15 章\15-16.dwg”，将图 15-16（a）修改为图 15-16（b）。

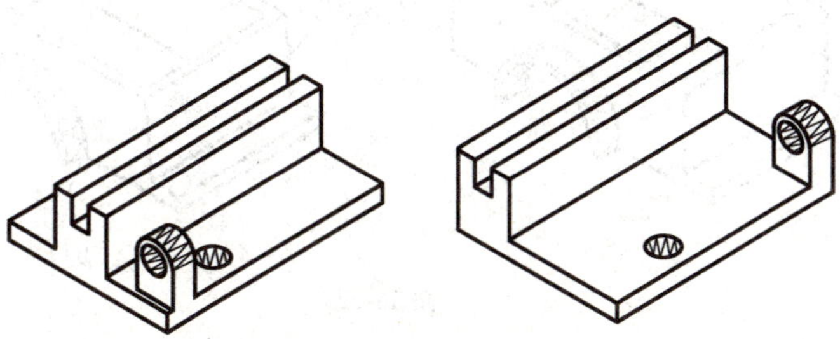

（a）　（b）

图 15-16

15.7　偏置实体表面

【练习 15-17】 打开素材文件“\dwg\第 15 章\15-17.dwg”，将图 15-17（a）修改为图 15-17（b）。

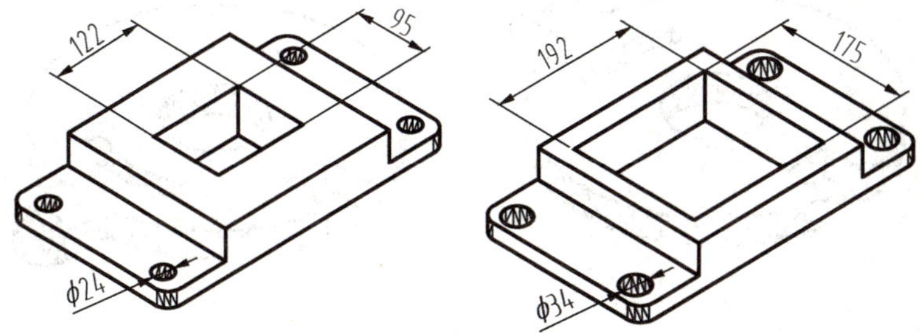

（a）　（b）

图 15-17

【练习 15-18】 打开素材文件“\dwg\第 15 章\15-18.dwg”，将图 15-18（a）修改为图 15-18（b）。

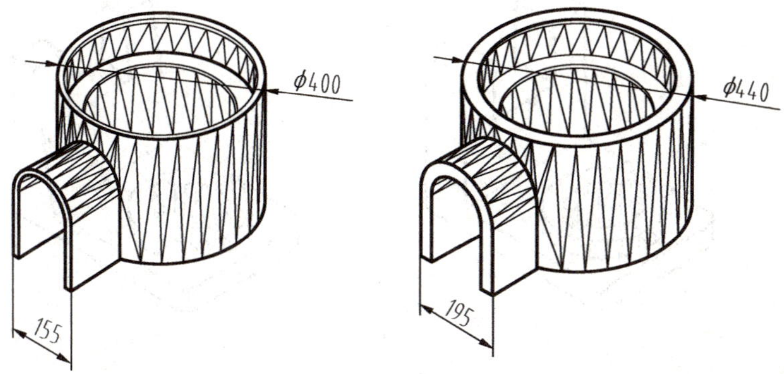

（a）　（b）

图 15-18

15.8 旋转实体表面

【练习 15-19】 打开素材文件“\dwg\第 15 章\15-19.dwg”，将图 15-19（a）修改为图 15-19（b）。

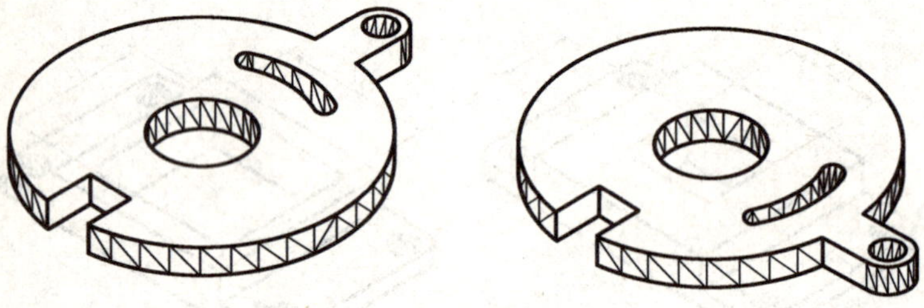

（a）　　（b）

图 15-19

【练习 15-20】 打开素材文件“\dwg\第 15 章\15-20.dwg”，将图 15-20（a）修改为图 15-20（b）。

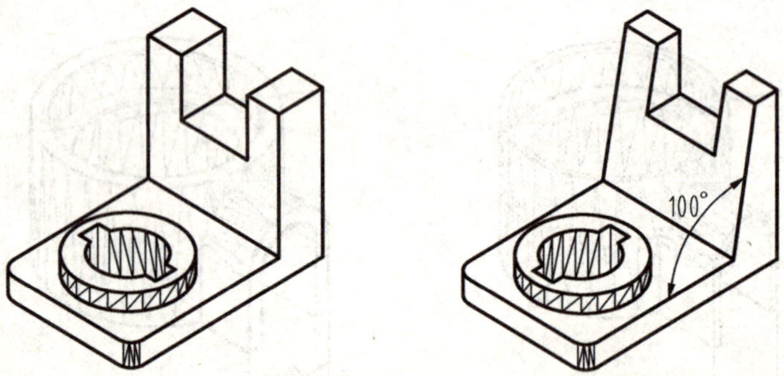

（a）　　（b）

图 15-20

15.9 使实体表面产生锥度或斜度

【练习 15-21】 打开素材文件“\dwg\第 15 章\15-21.dwg”，将图 15-21（a）修改为图 15-21（b）。

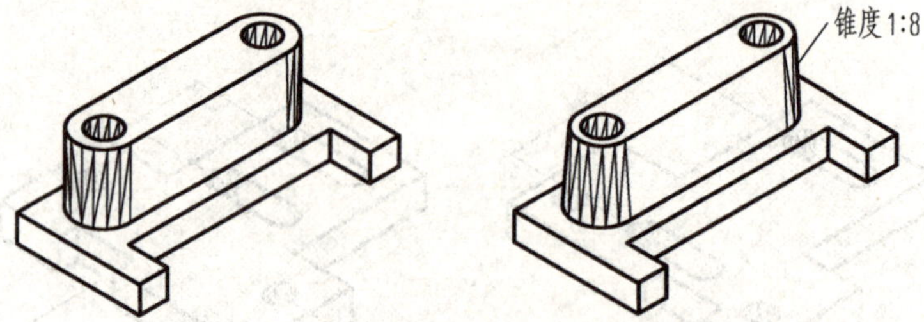

（a）　　（b）

图 15-21

【练习 15-22】 打开素材文件“\dwg\第 15 章\15-22.dwg”，将图 15-22（a）修改为图 15-22（b）。

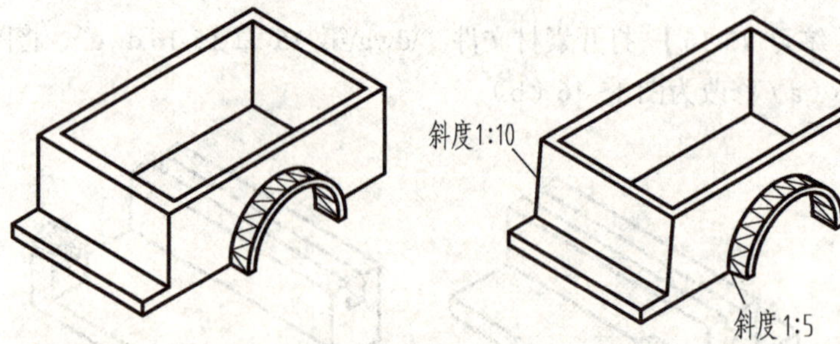

（a）　　（b）

图 15-22

15.10　在实体的表面压印几何对象

【**练习 15-23**】打开素材文件“\dwg\第 15 章\15-23.dwg”，该文件包含一个 3D 实体模型及两个几何图形，如图 15-23（a）所示。请将几何图形压印在实体上，然后拉伸实体表面以形成新特征，结果如图 15-23（b）所示。

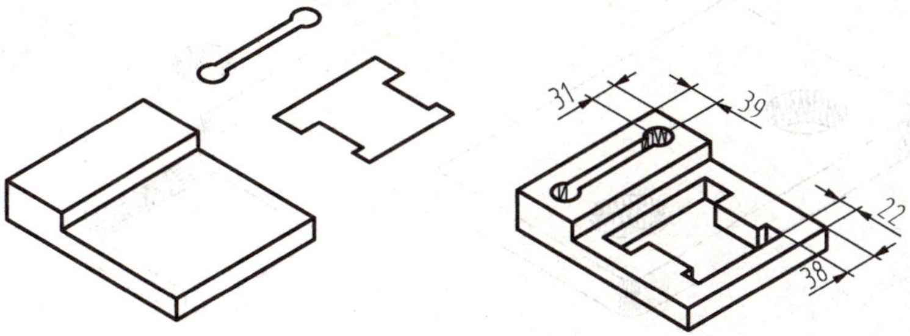

（a）　　　　（b）

图 15-23

【**练习 15-24**】打开素材文件“\dwg\第 15 章\15-24.dwg”，利用压印几何图形并拉伸实体表面的方法将图 15-24(a)修改为图 15-24(b)。

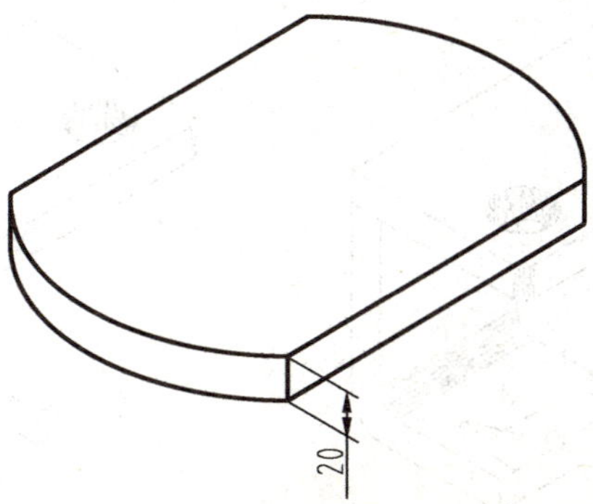

（a）

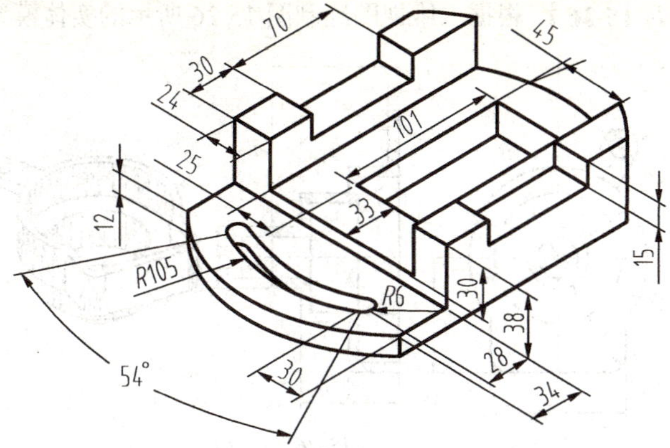

（b）

图 15-24

15.11　抽壳

【**练习 15-25**】打开素材文件“\dwg\第 15 章\15-25.dwg”，将图 15-25（a）修改为图 15-25（b）。

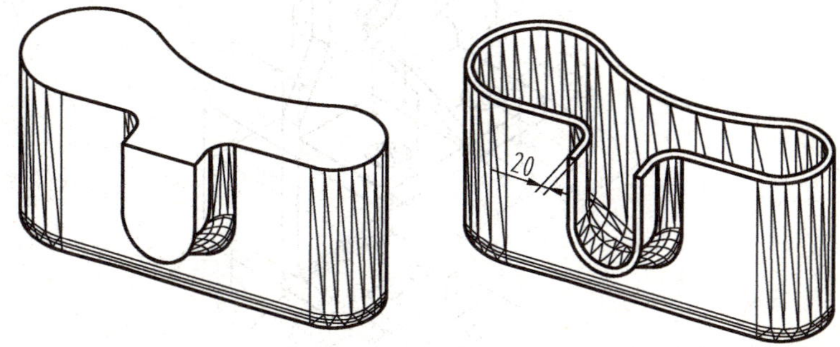

（a）　　　　（b）

图 15-25

【练习 15-26】 根据二维视图绘制图 15-26 所示的实体模型。

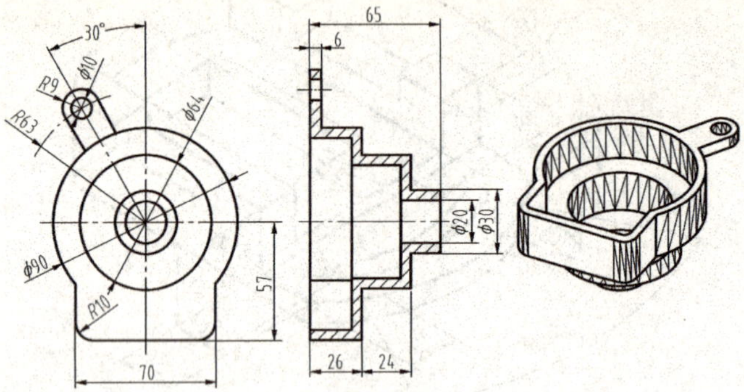

图 15-26

15.12　三维建模综合练习

【练习 15-27】 绘制图 15-27 所示的三维实体模型。

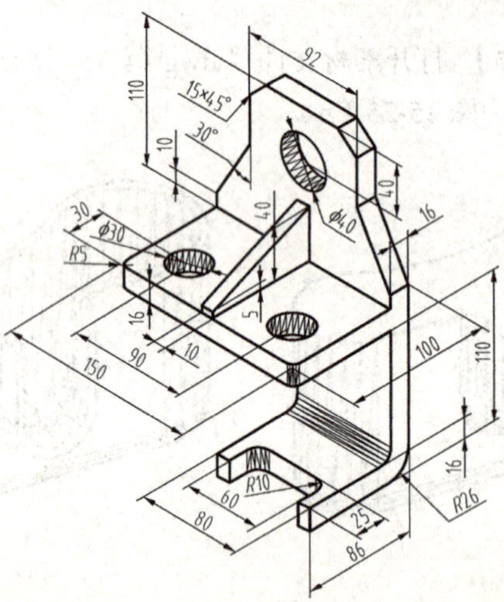

图 15-27

操作步骤提示

1. 绘制零件的中间支撑板，结果如图 15-28 所示。

2. 建立新的用户坐标系，在 *xy* 平面内绘制截面线框，通过拉伸线框形成弯板，结果如图 15-29 所示。

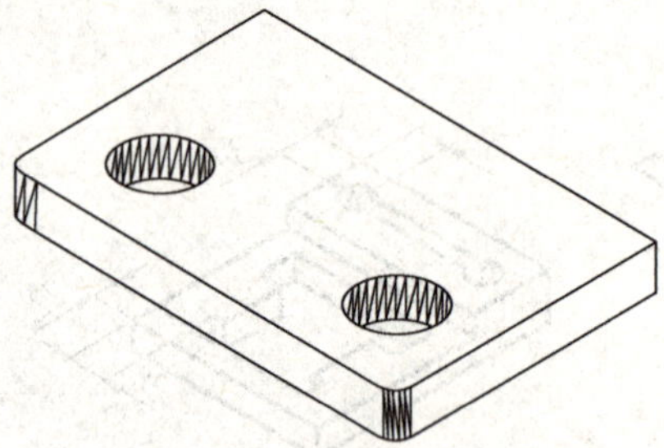

图 15-28

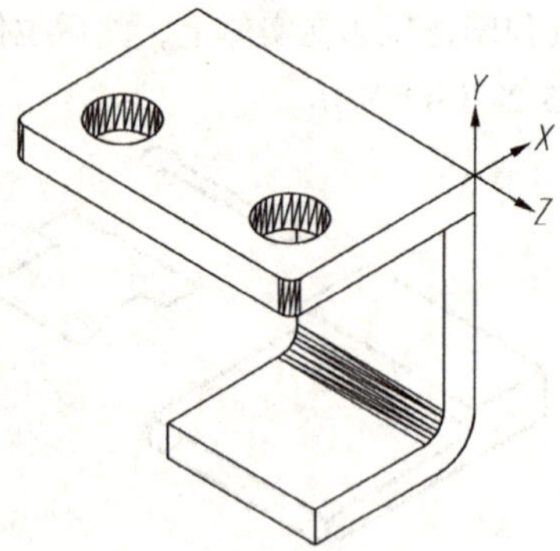

图 15-29

3. 在弯板的水平面上建立新坐标系，然后绘制线框 *A*，并将此线框压印在实体表面上。向下拉伸新的表面 *B* 就形成了弯板上的缺口，结果如图 15-30 所示。

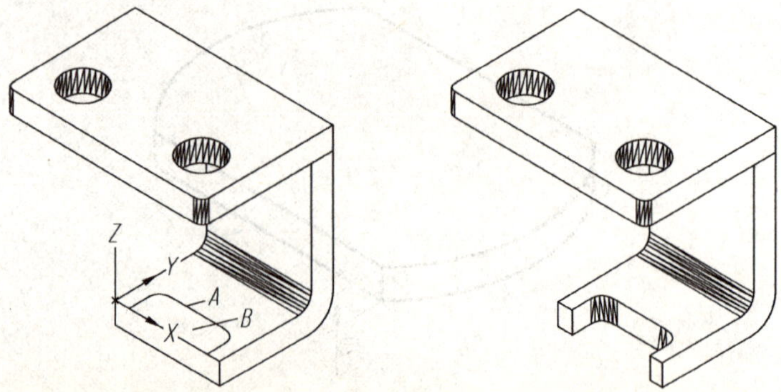

图 15-30

4. 将坐标系绕 x 轴旋转 90°，并把坐标原点移动到 C 点。在 xy 平面内绘制立板的线框，再将此线框创建成面域，拉伸面域形成立板，结果如图 15-31 所示。

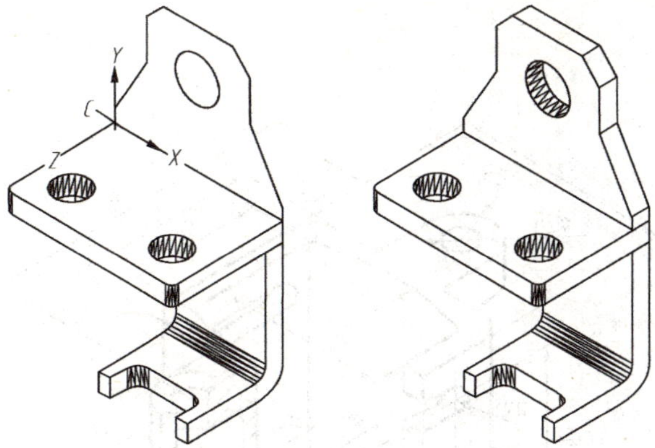

图 15-31

5. 将 UCS 坐标绕 y 轴旋转 90°，在 xy 平面内绘制三角形筋板的截面线框，拉伸线框形成筋板。再利用 MOVE 命令把筋板移动到正确的位置，然后对所有立体执行并运算，结果如图 15-32 所示。

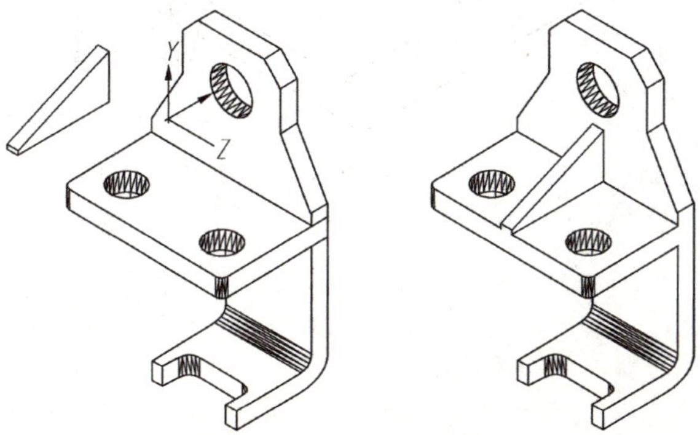

图 15-32

【练习 15-28】 绘制图 15-33 所示的三维实体模型。

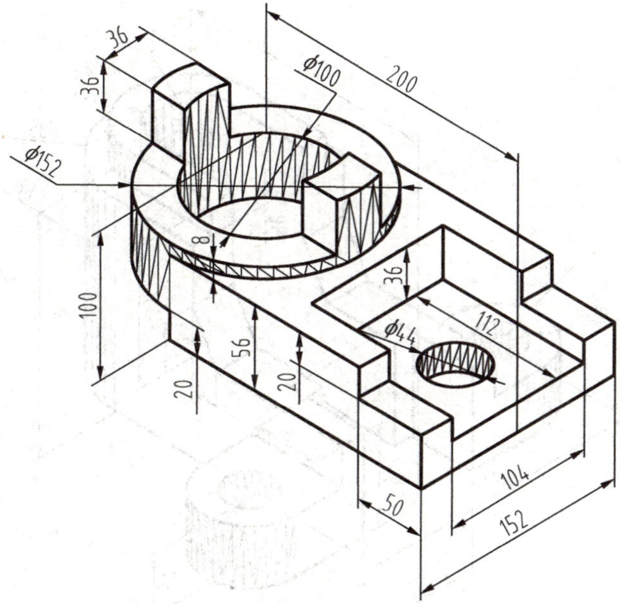

图 15-33

【练习 15-29】 绘制图 15-34 所示的三维实体模型。

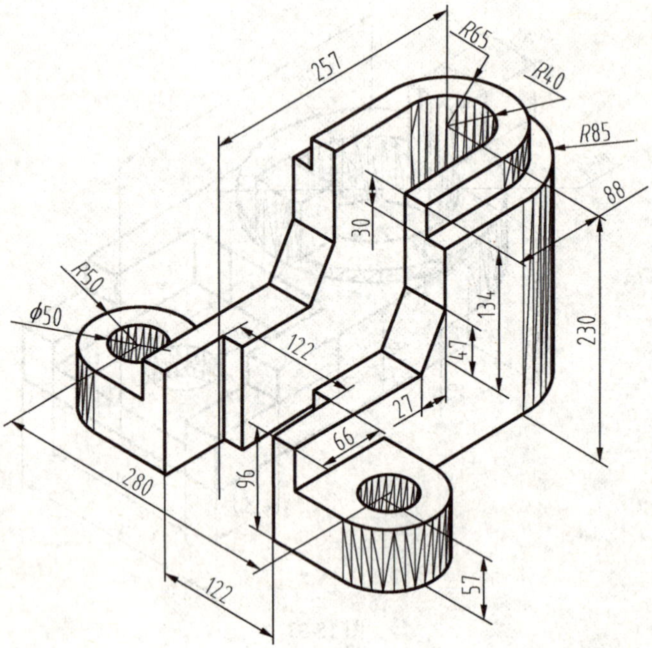

图 15-34

【练习 15-30】 绘制图 15-35 所示的三维实体模型。

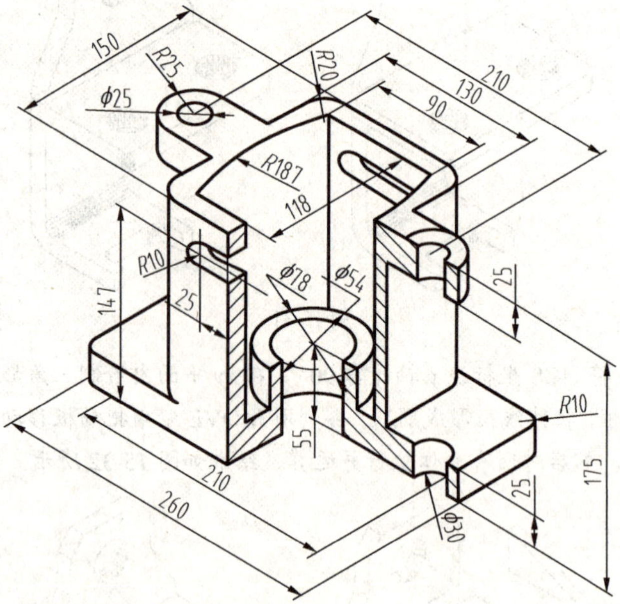

图 15-35

【练习 15-31】根据二维视图绘制零件的实体模型，结果如图 15-36 所示。

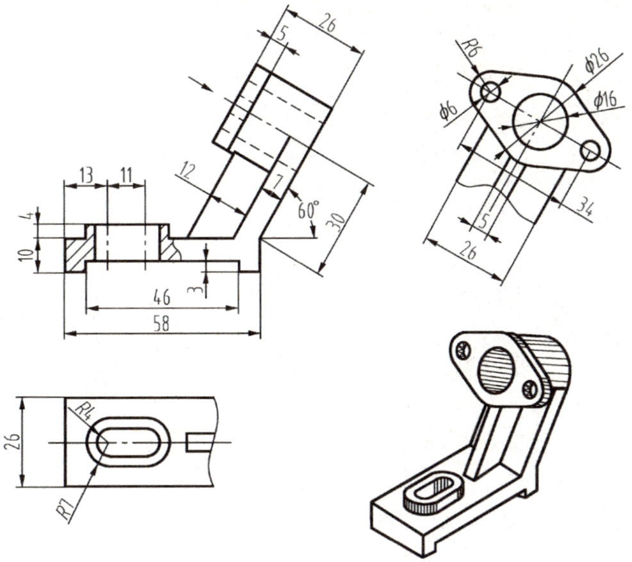

图 15-36

【练习 15-32】 根据图 15-37 所示的二维视图绘制零件的实体模型，结果如图 15-38 所示。

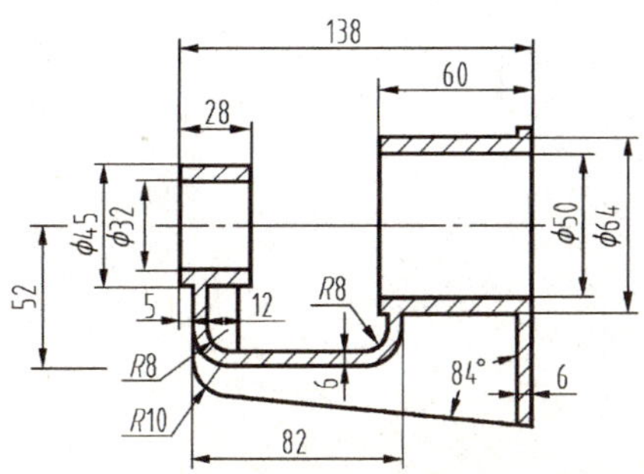

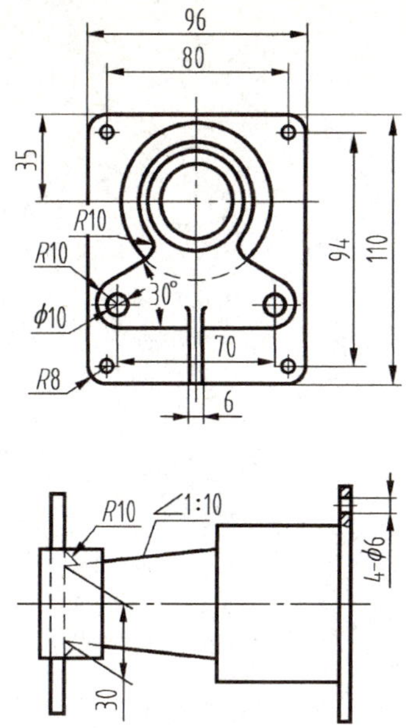

图 15-37

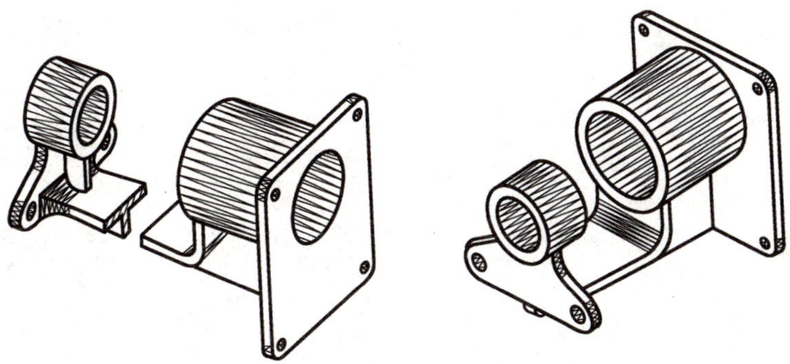

图 15-38